高等职业教育教学改革精品教材

自动控制技术项目教程

主　编　贺力克　邱丽芳
副主编　黄立峰　刘　峥
参　编　张志田　何其文　王彦石
主　审　李德尧

机械工业出版社

本书是根据国家示范性高职院校的课程建设要求，按照项目引导和任务驱动的原则进行编写的，对每一个项目提出了明确的知识目标、能力目标和素质目标。

本书将自动控制原理和自动控制系统融合在自动控制技术项目任务中，介绍了自动控制系统的基本概念；结合直流调速系统和位置随动系统着重叙述了自动控制系统的工作原理、自动调节过程、数学模型的建立及系统性能（稳定性、稳态性能和动态性能）的分析，介绍了系统校正的作用和方法；同时以转差功率不变型调速系统——异步电动机变频调速系统为主，介绍了交流调速系统；还介绍了MATLAB在自动控制中的应用。通过项目任务的完成，提高学生对自动控制技术的理解，使学生能综合运用所学知识完成自动控制系统的建立、分析、校正和仿真。

本书为全国机械行业高等职业教育"十二五"规划教材，可作为高职、高专和各类成人教育院校机电、电气、电子、航天及化工等专业的"自动控制技术""自动控制原理""自动控制系统"及"自动控制原理和系统"等课程的教材，也可供从事自动控制方面的工程技术人员参考。

本教材配有电子教案，凡使用本书作为教材的教师可登录机械工业出版社教材服务网 www.cmpedu.com 下载。咨询邮箱：cmpgaozhi@sina.com。咨询电话：010-88379375。

图书在版编目（CIP）数据

自动控制技术项目教程/贺力克，邱丽芳主编. —北京：机械工业出版社，2013.9（2024.8重印）
高等职业教育教学改革精品教材
ISBN 978-7-111-41087-4

Ⅰ.①自… Ⅱ.①贺…②邱… Ⅲ.①自动控制—高等职业教育—教材 Ⅳ.①TP273

中国版本图书馆CIP数据核字（2013）第050777号

机械工业出版社（北京市百万庄大街22号　邮政编码100037）
策划编辑：崔占军　边　萌　责任编辑：边　萌　苑文环
版式设计：霍永明　　　　　　　责任校对：樊钟英
封面设计：鞠　杨　　　　　　　责任印制：邰　敏
北京富资园科技发展有限公司印刷
2024年8月第1版第7次印刷
184mm×260mm·11.25印张·273千字
标准书号：ISBN 978-7-111-41087-4
定价：39.00元

电话服务　　　　　　　　　网络服务
客服电话：010-88361066　　机　工　官　网：www.cmpbook.com
　　　　　010-88379833　　机　工　官　博：weibo.com/cmp1952
　　　　　010-68326294　　金　书　网：www.golden-book.com
封底无防伪标均为盗版　　机工教育服务网：www.cmpedu.com

前 言

本书是根据国家示范性高职院校的课程建设要求，以典型的自动控制系统为载体，以工作过程为导向，以任务驱动为主要教学方法而编写的。本书内容包括：认识自动控制系统、自动控制系统的数学模型、时域分析法、频域分析法、自动控制系统的校正、直流调速系统、位置随动系统、交流调速系统及 MATLAB 在自动控制中的应用。本书以工作任务为中心组织内容，对每一个项目提出了明确的知识目标、能力目标和素质目标，使学生在完成项目的过程中构建相关的理论知识，提高实践能力。本书融合相关职业资格证书对知识、技能和态度的要求，构建了基于工作过程的课程内容。

根据当今计算机与微机控制的广泛使用、新的自控软件的广泛应用、电力电子器件的更新、交流调速取代直流调速等高新技术的发展趋势和高等职业教育的特点，本书在编写过程中以培养学生的技术应用能力为目的，以方法论为主线，尽量简化理论推导，注重物理概念的阐述与分析。本书中主要的理论教学内容都配有相关的实例分析，做到理论联系实际，学以致用。书中的习题安排了较多的读图练习，有利于学生自学能力、分析能力和实践能力的提高。

建议本书的教学学时为 80 学时。每个项目的时间安排可根据项目内容的多少而定，教学项目评价以形成性考核为主，考查学生在项目任务中表现出来的能力，重点考察运用知识解决实际问题的能力。学生考核成绩采取项目评价与总体评价相结合、理论知识考核与实践操作考核相结合的形式，注重动手实践能力。总之，编者力图使学生学完本教材后能获得作为高素质技能型专门人才所必须掌握的"自动控制技术"的基本知识和实际技能，为后续课程的学习和应用打下坚实的基础。

贺力克、邱丽芳负责本书的编写思路与大纲的总体规划，并对全书进行整理、修改和定稿。项目一由刘峥编写、项目二、项目三由贺力克编写，项目四由何其文编写，项目五由王彦石编写，项目六由邱丽芳编写，项目七、项目九由黄立峰编写，项目八由张志田编写。全书由李德尧审阅，他对本书提出了许多宝贵意见。此外，在编写本书的过程中，还参阅了大量的同类教材，部分资料和图片来自互联网，在这里一并表示感谢！

由于编者水平有限，书中难免存在错误或不妥之处，敬请广大读者批评指正（编者邮箱：HLK6666@126.com，QQ：1758526597）。

目 录

前言
项目一　认识自动控制系统 ·········· 1
  任务一　初识自动控制系统 ············ 1
  任务二　了解自动控制系统的分类 ······ 4
  任务三　对自动控制系统性能的要求 ···· 6
  任务四　自动控制技术的发展历史 ······ 7
  小结 ···································· 8
  思考与练习 ···························· 9
项目二　自动控制系统的数学模型 ··· 11
  任务一　初步认识数学模型 ············ 11
  任务二　典型环节的传递函数和功能框图 ··· 16
  任务三　自动控制系统的框图 ·········· 23
  任务四　系统的闭环传递函数 ·········· 28
  小结 ···································· 31
  思考与练习 ···························· 32
项目三　时域分析法 ···················· 34
  任务一　典型输入信号和动态性能指标 ··· 34
  任务二　控制系统的稳定性分析 ········ 38
  任务三　控制系统的动态性能分析 ······ 42
  任务四　控制系统的稳态误差分析 ······ 52
  小结 ···································· 59
  思考与练习 ···························· 60
项目四　频域分析法 ···················· 63
  任务一　认识频率特性 ················ 63
  任务二　典型环节的对数频率特性 ······ 67
  任务三　系统的开环对数频率特性 ······ 74
  小结 ···································· 77
  思考与练习 ···························· 78
项目五　自动控制系统的校正 ········ 80
  任务一　校正的基本知识 ·············· 80
  任务二　串联校正 ···················· 82
  任务三　反馈校正 ···················· 89

  任务四　复合校正 ···················· 90
  小结 ···································· 92
  思考与练习 ···························· 92
项目六　直流调速系统 ·················· 93
  任务一　转速负反馈晶闸管直流调速系统 ··· 93
  任务二　转速和电流双闭环直流调速系统 ··· 98
  任务三　直流脉宽调速系统 ············ 102
  任务四　晶闸管可逆直流调速系统 ······ 107
  任务五　转速、电流双闭环数字式直流
        调速系统 ···················· 109
  小结 ···································· 111
  思考与练习 ···························· 112
项目七　位置随动系统 ·················· 115
  任务一　什么是位置随动系统 ·········· 115
  任务二　位置信号的检测元件及执行
        元件 ························ 118
  任务三　火炮随动系统 ················ 124
  任务四　直流位置随动系统 ············ 128
  任务五　数控机床的伺服系统 ·········· 132
  小结 ···································· 135
  思考与练习 ···························· 135
项目八　交流调速系统 ·················· 136
  小结 ···································· 154
  思考与练习 ···························· 155
项目九　MATLAB 在自动控制中的
　　　　应用 ······························ 156
  任务一　初识 MATLAB ··············· 156
  任务二　MATLAB 在自动控制系统中的
        应用 ························ 162
  小结 ···································· 173
  思考与练习 ···························· 173
参考文献 ································· 174

项目一　认识自动控制系统

教学要点

(1) 自动控制系统的认识。
(2) 自动控制技术的基本知识。

教学目标

知识目标：(1) 了解开、闭环控制的特点。
　　　　　(2) 了解自动控制系统的分类。
　　　　　(3) 了解自动控制系统的性能指标和研究方法。
能力目标：(1) 能掌握开、闭环控制的特点。
　　　　　(2) 能掌握自动控制系统的分类、性能指标和研究方法。
素质目标：(1) 培养自学能力。
　　　　　(2) 培养文献检索、资料查找与阅读的能力。

教学内容

(1) 开、闭环控制的特点。
(2) 初识自动控制系统。
(3) 自动控制系统的分类。
(4) 自动控制系统的性能指标。
(5) 自动控制系统的研究方法。

任务一　初识自动控制系统

一、任务引入

通过区别开环控制和闭环控制来了解开环控制系统和闭环控制系统，从而步入自动控制技术的大门。

二、任务分析

从开环控制和闭环控制的特点入手，来区分开环控制系统和闭环控制系统。

三、相关知识

所谓控制系统（Control System）就是通过执行规定的功能来实现某一给定目标的一些

相互关联单元的组合。由专人直接或间接操作执行装置的控制方式称为手动控制（Manual Control）；而无需专人去直接或间接操纵执行机构，利用控制装置控制被控制量自动地按预定的规律变化的过程则称为自动控制（Automatic Control）。

自动控制系统一般有两种基本结构，对应着两种基本控制方式，即开环控制和闭环控制。

1. 开环控制

控制装置与受控对象之间只有顺向作用而无反向联系时，称为开环控制，相应的控制系统称为开环控制系统，如图1-1所示。

【实例1-1】 简单的电动机转速控制系统如图1-2所示。

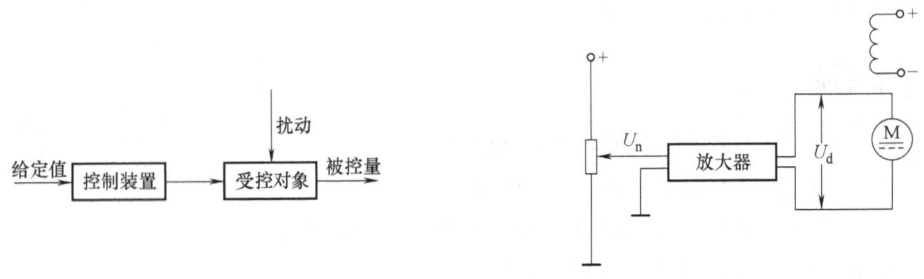

图1-1　开环控制系统　　　　　　图1-2　开环控制的调整系统

本例中，受控对象为电动机，控制装置为电位器、放大器。当改变给定电压 U_n 时，经放大器放大后的电压 U_d 随之变化，作为被控量的电动机转速 n 亦随之变化。就是说，系统正常工作时，应由 U_n 来确定 n。

若由于电网电压波动或负载改变等扰动量的影响使得转速 n 发生变化，而这种变化未能被反馈至控制装置并影响控制过程，则系统将无法克服由此产生的偏差。

开环控制的特点是：系统结构和控制过程均很简单，但由于这类系统无抗扰动能力，因而其控制精度较低，大大限制了它的应用范围。开环控制一般只能用于对控制性能要求不高的场合，特别是当无法预计的扰动因素使输出量产生的偏差超过允许的限度，因而其控制精度较低，大大限制了它的应用范围。因此，当无法预计的扰动因素使输出量产生的偏差超过允许的限度时，开环控制系统便无法满足技术要求，这时就应考虑采用闭环控制系统。

2. 闭环控制

控制装置与受控对象之间不但有顺向作用，而且还有反向联系，即有被控量对控制过程的影响，这种控制称为闭环控制，相应的控制系统称为闭环控制系统，如图1-3所示。

【实例1-2】 采用转速负反馈的直流电动机调速系统如图1-4所示。

此系统与上述开环控制系统不同的是，增加了作为测量装置的测速发电机以及分压电位器。电动机的转速 n 被其转换成反馈电压 U_f，并反馈至输入端，形成闭合回路。加在放大器输入端的电压 e 为给定电压 U_n 与 U_f 的差值，即

$$e = U_n - U_f$$

此闭环控制系统中，输出转速 n 取决于给定电压 U_n。对于由电网电压波动，负载变化以及除测量装置之外的其他部分的参数变化所引起的转速变化，都可以通过自动调整加以抑制。例如，如果由于以上原因使得转速下降（$n\downarrow$），将通过以下的调节过程使 n 基本维持恒定。

$$n\downarrow \to U_f\downarrow \to e\uparrow \to U_d\uparrow \to n\uparrow$$

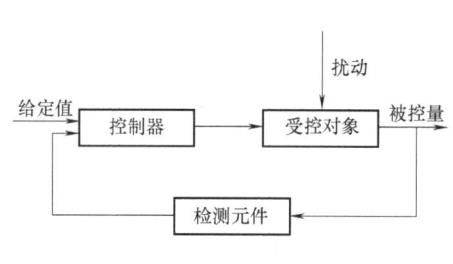

图 1-3 闭环控制系统

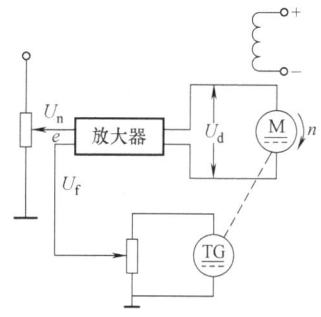

图 1-4 闭环控制的调速系统

【实例 1-3】 水位控制系统。

（1）系统的组成　图 1-5 为一个水位控制系统的示意图。由图可知，系统的控制对象是水箱（而不是控制阀）。被控制量（或输出量）是水位高度 H（而不是 Q_1 或 Q_2）。使水位高度 H 发生改变的外界因素是用水量 Q_2，因此，Q_2 为负载扰动量（它是主要扰动量）。使水位能保持恒定的可控因素是给水量 Q_1，因此，Q_1 为主要扰动量（理清 H 与 Q_1、Q_2 间的关系，是分析本系统组成的关键）。

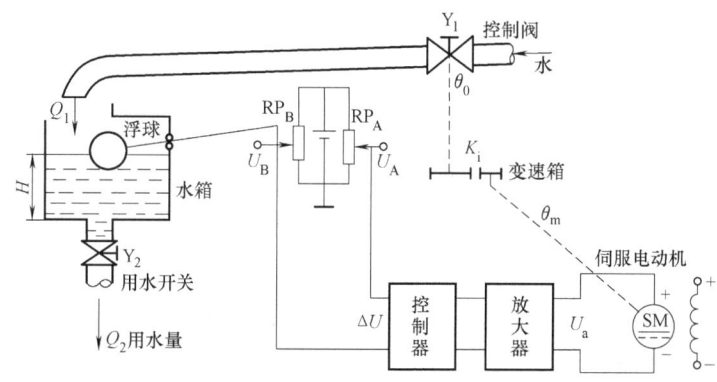

图 1-5 水位控制系统示意图

控制 Q_1 的是由电动机驱动的控制阀 Y_1，因此，电动机—变速箱—控制阀便构成了执行元件。

电压 U_A 由给定电位器 RP_A 给定（电位器 RP_A 为给定元件）。U_B 由电位器 RP_B 给出，U_B 的大小取决于浮球的位置，而浮球的位置取决于水位高度 H。因此，由浮球—杠杆—电位器 RP_B 就构成水位的检测和反馈环节。U_A 为给定量，U_B 为反馈量，U_B 与 U_A 极性相反，所以为负反馈。U_A 与 U_B 的差值即为偏差电压 ΔU（$\Delta U = U_A - U_B$），此电压经控制器与放大器放大后即为伺服电动机的控制电压 U_a。

根据以上的分析，可得系统的组成框图，如图 1-6 所示。

（2）工作原理　当系统处于稳态时，电动机停转，$\Delta U = U_A - U_B = 0$，即 $U_B = U_A$；同时 $Q_1 = Q_2$，$H = H_0$（稳定值，它由 U_A 给定）。若用水量 Q_2 增加，则水位高度 H 将下降，通过浮球及杠杆的反馈作用，将使电位器 RP_B 的滑动点上移，U_B 将增大；这样 $\Delta U = U_A -$

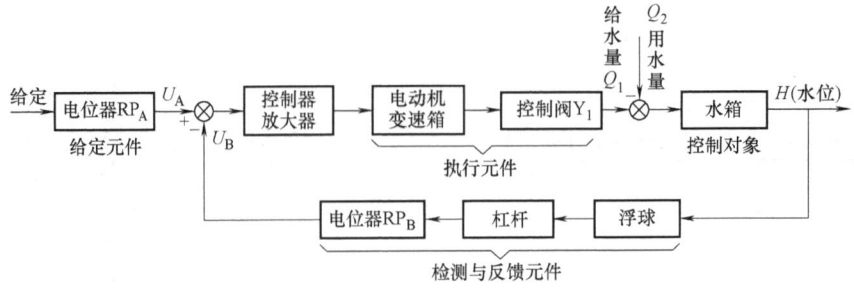

图 1-6　水位控制系统的组成框图

$U_B<0$，此电压经过放大后，使伺服电动机反转，再经减速后，驱动控制阀 Y_1，使阀门开大（这是安装时做成的），从而使给水量 Q_1 增加，水位不再下降，且逐渐上升恢复到原位。这个自动调节的过程一直要持续到 $Q_1=Q_2$，$H=H_0$（恢复到原水位），$U_B=U_A$，$\Delta U=0$，电动机停转为止。

（3）自动调节过程　水位控制系统的自动调节过程如图 1-7 所示。

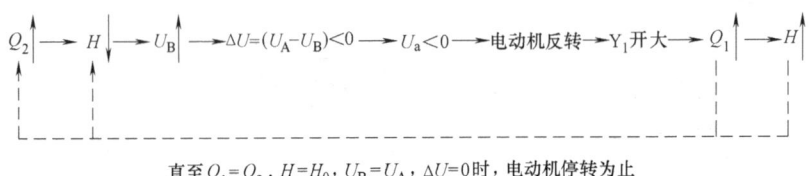

直至 $Q_1=Q_2$，$H=H_0$，$U_B=U_A$，$\Delta U=0$ 时，电动机停转为止

图 1-7　水位控制系统的自动调节过程

由上述实例可知，闭环控制系统有如下的特点：

1）由于系统的控制作用是通过给定量与反馈量的差值进行的，故这种控制常称为按偏差控制，又称为反馈控制。

2）这类系统具有两种传输信号的通道：由给定值至被控量的通道称为前向通道；由被控量至系统输入端的通道称为反馈通道。

3）不论取什么物理量进行反馈，作用在反馈环内前向通道上的扰动引起的被控量偏差值都会得到减小或消除，使得系统的被控量基本不受该扰动的影响。反馈控制可以进行补偿，这是闭环控制一个突出的优点。正是由于这种特性，使得闭环控制系统在控制工程中得到了广泛的应用。

自动控制原理中所讨论的系统主要是闭环控制系统。另外，也可将闭环控制与补偿控制相结合，形成复合控制。

任务二　了解自动控制系统的分类

一、任务引入

想要了解自动控制系统，首先应了解它的分类。下面就来学习自动控制系统分类的相关知识。

二、任务分析

从自动控制系统的分类依据着手来明确地认识自动控制系统是如何分类的。

三、相关知识

1. 按给定信号的形式分类

(1) 恒值控制系统（Fixed Setpoint Control System） 系统的参考输入量是恒值，并要求系统的输出量相应地保持恒定。

恒值控制系统是最常见的一类自动控制系统，如自动调速系统，恒温控制系统，恒张力控制系统，以及工业生产中的恒压（压力）、稳压（电压）、稳流（电流）和恒频（频率）自动控制系统等。

(2) 随动系统（Follow-Up Control System）［又称伺服系统（Servo System）］ 这种控制系统的输入量是变化着的（有时是随机的），并且要求系统的输出量能跟随输入量的变化而变化。这种控制系统通常以功率很小的输入信号操纵大功率的工作机械。

随动系统广泛应用于船闸牵曳系统、刀架跟随系统、火炮控制系统、雷达导引系统和机器人控制系统等。

(3) 过程控制系统（Process Control System） 生产过程通常是指把原料放在一定的外界条件下，经过物理或化学变化而制成产品的过程。在这些过程中，往往要求自动提供一定的外界条件，如温度、压力、流量、液位、粘度和浓度等参量在一定的时间内保持恒值或按一定的程序变化。

在化工、轻工及食品等生产过程中对温度、流量、压力和湿度等的控制就是过程控制系统。

2. 按系统是否满足叠加原理分类

(1) 线性系统（Liner System） 线性系统的特点是系统全部由线性元件组成。线性系统的性能可以用线性微分方程来描述，其最重要的特性是可以应用叠加原理，同时也可以应用拉普拉斯变换。

(2) 非线性系统（Non Liner System） 非线性系统的特点是系统中存在非线性元件（如具有死区、饱和及含有库仑摩擦等非线性特性的元件），要用非线性微分方程来描述。非线性系统不能应用叠加原理。分析非线性系统的工程方法常用相平面法和描述函数法。

3. 按系统参数是否随时间变化分类

(1) 定常系统［又称时不变系统（Time-Invariant System）］ 定常系统的特点是系统的全部参数不随时间变化，它用常微分方程来描述。

(2) 时变系统（Time-Varying System） 时变系统的特点是系统中有的参数是时间 t 的函数，它随时间的变化而改变。

4. 按信号传递的形式分类

(1) 连续控制系统（Continuous Control System）［又称为模拟控制系统（Analogue Control System）］ 系统中各组成部分元件的输入量与输出量都是连续量或模拟量。连续系统的运动规律通常可用微分方程来描述。

（2）离散控制系统（Discrete Control System）［又称采样数据系统（Sampled Data Control System）］ 系统中有的信号是脉冲序列、采样数据或数字量。

任务三　对自动控制系统性能的要求

一、任务引入

要使自动控制系统正常工作，对系统性能就会有一定的要求。本任务通过对系统性能指标的学习加深对自动控制系统技术品质的认识。

二、任务分析

通过对自动控制系统性能及其判断方法的学习，提出对自动控制系统性能的要求。

三、相关知识

各种自动控制系统有时为了完成一定任务，常要求被控量必须迅速而准确地随给定量的变化而变化，并且尽量不受任何扰动的影响。然而，在实际控制系统中，因控制对象和控制装置以及各功能部件的特征参数匹配不同，系统在控制过程中差异很大，甚至因匹配不当而不能正常工作。因此，工程上对自动控制系统的性能提出了一些要求，主要有以下三个方面。

1. 稳定性（Stability）

稳定性是指系统受到外作用后，其动态过程的振荡倾向和恢复平衡的能力。当扰动作用（或给定值发生变化）时，系统的输出量将会偏离原来的稳定值，这时，由于反馈环节的作用，通过系统内部的自动调节，系统能回到（或接近）原来的稳定值（或跟随给定值）稳定下来，则称系统是稳定的，如图 1-8a 所示；如果由于内部的相互作用，使系统出现发散而处于不稳定状态，则称系统是不稳定的，如图 1-8b 所示。

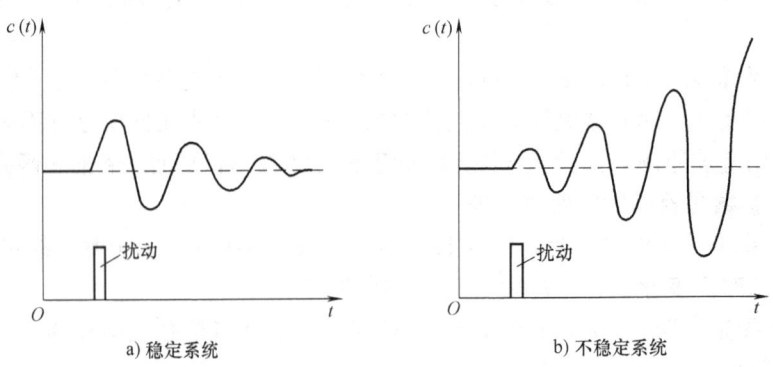

图 1-8　稳定系统和不稳定系统

显然，不稳定的系统是无法进行工作的，因此，对于任何自动控制系统，首要的条件便是系统能稳定正常地运行。另外，对于系统稳定性的要求是要达到一定的稳定裕量，以免由于系统参数随环境等因素的变化而导致系统进入不稳定状态。

2. 快速性

快速性是通过动态过程的时间长短来表征的，如图 1-9 所示。过渡过程时间越短，表明快速性越好。快速性表明了系统输出 $c(t)$ 对输入 $r(t)$ 响应的快慢程度。系统响应越快，说明系统的输出复现输入信号的能力越强。

3. 准确性

对于稳定系统，输出的稳态值与期望值之间的偏差称为系统的稳态误差 e_{ss}，如图 1-9 所示。系统稳态误差的大小反映了系统的稳定精度，说明了系统的准确程度。

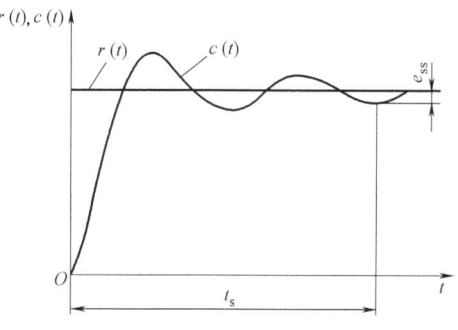

图 1-9　系统对突加给定信号的动态响应曲线

通常，这些性能指标要求在同一个系统中往往是相互矛盾的。这时，就需要根据具体对象所提出的要求对其中的某些指标有所侧重，同时又要注意统筹兼顾。此外，在考虑提高系统性能指标的同时，还要考虑系统的可靠性和经济性，就是要考虑系统性能指标作为衡量自动控制系统技术品质的客观标准，它是订货、验收的基本依据，也是技术合同的基本内容。

任务四　自动控制技术的发展历史

一、任务引入

通过了解自动控制技术的发展历史，明确学习自动控制技术的必要性和重要性。

二、任务分析

从自动控制技术的发展历史入手，了解它是如何发展的。

三、相关知识

自动控制技术已广泛地应用于工业、农业、国防、交通运输、空间技术及管理工程等各个科学技术领域。尽管自动控制系统种类繁多，结构和用途各异，但他们的基本原理是一样的。自动控制理论就是建立在各种自动控制系统之上的一门学科，它是分析、设计和调试自动控制系统的理论基础。

具有自动功能的装置自古有之，瓦特发明的蒸汽机上的离心调速器是运用反馈原理进行设计并取得成功的首例。麦克斯韦对它的稳定性进行分析，于 1868 年发表的论文当属最早的理论依据。从 20 世纪 20 年代到 40 年代形成了以时域法、频域法和根轨迹法为主要内容的古典控制理论。20 世纪 60 年代以后，随着计算机技术的发展和航天等高科技的推动，又产生了基于状态空间模型的现代控制理论。特别是 20 世纪 80 年代后，MATLAB 软件的开发与应用使得自动控制的研究方法发生了深刻的变化。功能强大的 MATLAB 软件使自动控制系统的仿真与设计变得简单、精确和灵活，如今，MATLAB 已成为自动控制领域应用最广泛的计算机辅助工具软件之一。

随着自动化技术的发展，人们力求使设计的控制系统达到最优的性能指标，为了使系统在一定的约束条件下其某项性能指标达到最优而实行的控制，称为最优控制。当对象或环境特性变化时，为了使系统能自行调节，以跟踪这种变化并保持良好的品质，又出现了自适应控制。

虽然现代控制理论的内容很丰富，与古典控制理论相比较，它能解决更多更复杂的控制问题，但对于单输入、单输出线性定常系统而言，用古典控制理论来分析和设计，仍是最实用方便的方法。

真正优良的设计必须允许模型的结构和参数不精确并可能在一定范围内变化，即具有鲁棒性。这是当前的重要前沿课题之一。另外，使理论实用化的一个重要途径就是数学模拟（仿真）和计算机辅助设计（CAD）。

近年来，非线性系统理论、离散事件系统理论、大系统和复杂系统理论等方面均有不同程度的发展。智能控制在实用方面也得到了快速的发展，它主要包括专家系统、模糊控制和人工神经元网络等内容。

总之，自动控制理论正随着技术和生产的发展而不断发展，而它反过来又成为高新技术发展的重要理论根据。本书所介绍的内容是该理论中最基本的也是最重要的内容，即古典理论部分，它在工程实践中用得最多，也是进一步学习自动控制理论的基础。

在自动控制系统方面，本书将通过典型的自动控制系统和实例分析。来阐述如何分析系统的组成，学习系统的工作原理、工作特点和自动调节过程，以及如何建立系统的数学模型和怎样应用自动控制原理来分析系统的性能，探讨改善系统性能的途径。通过学习本书的内容，使读者掌握对自动控制系统的一般分析方法，为读者在自动控制技术方面打下一个初步的但非常重要的基础。

小　　结

（1）自动控制就是在没有人直接参与的情况下，利用控制装置操纵受控对象，使被控量等于给定值。

（2）自动控制的基本方式有开环控制和闭环控制两种。开环控制实行起来简单，但抗扰动能力较差，控制精度也不高。自动控制原理中主要讨论闭环控制方式，其主要特点是抗扰动能力强，控制精度高，但存在能否正常工作即稳定与否的问题。

（3）根据需要，可将自动控制系统按照不同的分类方法进行分类。

（4）一般地，可从稳（能否正常工作）、快（快速响应能力）、准（控制精度）等几方面的性能来评价自动控制系统。这几方面的性能往往是相互制约的，因而需根据不同的工作任务来分析和设计自动控制系统，使其在满足主要性能要求的同时，兼顾其他性能。

（5）自动控制理论是分析和设计自动控制系统的理论基础，大致可分为古典控制理论和现代控制理论两大部分，本书主要介绍古典控制理论。随着生产技术的不断创新和发展，自动控制理论也在不断发展，了解这方面的情况，对于学习和掌握自动控制技术是十分必要的。

思考与练习

1.1 什么是开环控制与闭环控制？试分析它们的特点。

1.2 指出下列系统中哪些属开环控制，哪些属闭环控制。
①家用电冰箱 ②家用空调 ③家用洗衣机 ④抽水马桶 ⑤普通车床 ⑥电饭煲 ⑦多速电风扇 ⑧高楼水箱 ⑨调光台灯 ⑩自动报时电子钟

1.3 恒值控制系统、随动系统和过程控制系统的主要区别是什么？判断下列系统属于哪一类系统。
①电饭煲 ②空调 ③燃气热水器 ④仿形加工机床 ⑤母子钟系统 ⑥自动跟踪雷达 ⑦家用交流稳压器 ⑧数控加工中心 ⑨啤酒自动生产线。

1.4 图 1-10 为一晶体管稳压电源电路，试说明该电路中的给定量、被控量、反馈量和扰动量。画出此系统的组成框图，并写出其自动调节过程。

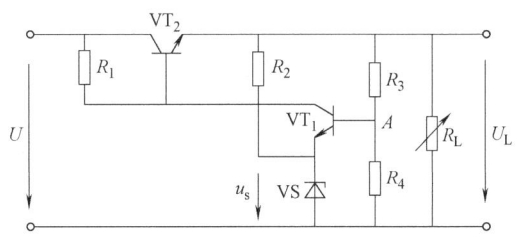

图 1-10 晶体管稳压电源电路

1.5 图 1-11 为仓库大门自动控制系统。试画出系统的组成框图，并说明自动控制大门开启和关闭的工作原理。如果大门不能全开或全关，则应怎样进行调整？

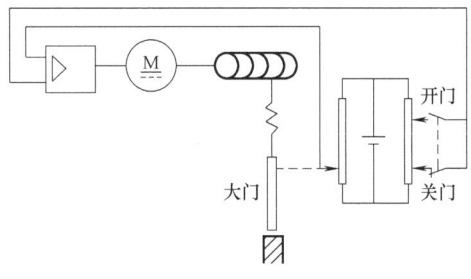

图 1-11 仓库大门自动控制系统

1.6 图 1-12 为电动机直流调速系统，试说明其组成及工作原理，并画出系统组成框图。以此系统为背景，阐述闭环系统的特点。

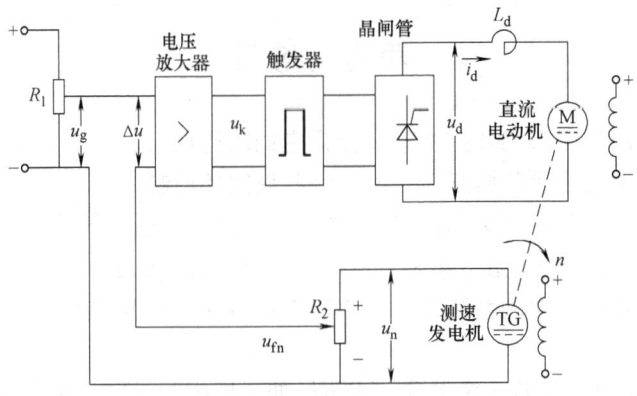

图 1-12 电动机直流调速系统

项目二 自动控制系统的数学模型

 教学要点

(1) 自动控制系统数学模型的建立。
(2) 自动控制系统数学模型的相互转换。

 教学目标

知识目标：(1) 了解系统微分方程的建立方法。
　　　　　(2) 了解传递函数的求取方法及典型环节的传递函数。
　　　　　(3) 了解自动控制系统框图的画法、框图的变换及化简的方法。
　　　　　(4) 了解系统闭环传递函数的求取方法。
能力目标：(1) 会建立系统微分方程。
　　　　　(2) 掌握传递函数的求取方法并熟知典型环节的传递函数。
　　　　　(3) 能掌握自动控制系统框图的画法、框图变换及化简的方法。
　　　　　(4) 能求取系统的闭环传递函数。
素质目标：(1) 培养自学能力。
　　　　　(2) 培养文献检索、资料查找与阅读的能力。
　　　　　(3) 培养严谨的工作作风。

 教学内容

(1) 系统微分方程的建立方法。
(2) 传递函数的求取方法及典型环节的传递函数。
(3) 自动控制系统框图的画法、框图变换及化简的方法。
(4) 系统闭环传递函数的求取方法。

任务一 初步认识数学模型

一、任务引入

研究一个自动控制系统，除了对系统进行定性分析外，还必须对其进行定量分析，进而探讨改善系统稳态和动态性能的具体方法。控制系统的运动方程式（也叫数学模型）是根据系统的动态特性，即通过决定系统特征的物理学定律，如机械、电气、热力、液压及气动等方面的基本定律而得到的。它代表系统在运动过程中各变量之间的相互关系，既定性又定量地描述了整个系统的动态过程。因此，要分析和研究一个控制系统的动态特性，就必须

二、任务分析

常用的数学模型有哪些？如何建立数学模型？建立系统的数学模型是分析和研究自动控制系统的起始，在经典控制理论中，常用的数学模型有微分方程、传递函数和系统框图。它们反映了系统的输出量、输入量和内部各种变量间的关系，也反映了系统的内在特性。它们是经典控制理论中常用的时域分析法、频域分析法和根轨迹法赖以进行分析的基础。

三、相关知识

1. 微分方程（Differential Equations）

（1）微分方程的建立　一个系统通常是由一些环节连接而成的，将系统中每个环节的微分方程求出来，然后将这些微分方程联立，消去中间变量，便可求出整个系统的微分方程。

建立微分方程的一般步骤：

1）确定系统的输入量和输出量。

2）建立初始微分方程组。全面了解系统的工作原理、结构组成和支配系统运动所遵循的物理（化学）规律，分别列写出相应的微分方程，并构成微分方程组。

3）消去中间变量，将式子标准化，即把与输入量有关的各项放在方程的右边，把与输出量有关的各项放在方程的左边。

（2）建立系统微分方程的实例分析

【**实例 2-1**】 图 2-1 为一 RLC 串联电路。若以电源电压作为输入电压 u_i，以电容两端电压作为输出电压 u_o，求此电路的微分方程。

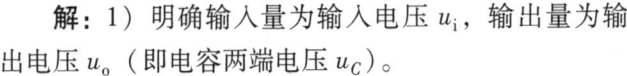

图 2-1　RLC 串联电路

解：1）明确输入量为输入电压 u_i，输出量为输出电压 u_o（即电容两端电压 u_C）。

2）由基尔霍夫定律可得

$$u_i = Ri + L\frac{di}{dt} + u_o$$

而流过电容的电流为

$$i = C\frac{du_o}{dt}$$

$$\frac{di}{dt} = C\frac{d^2 u_o}{dt^2}$$

3）代入并整理成标准形式，其微分方程为

$$LC\frac{d^2 u_o}{dt^2} + RC\frac{du_o}{dt} + u_o = u_i \tag{2-1}$$

【**实例 2-2**】 直流电动机的微分方程。

1）确定输入量与输出量。直流电动机电路如图 2-2 所示。首先需要分析改变电枢电压 u_a 对电动机转速 n 的影响（设励磁电流 i_F 恒定）。应以电枢电压 u_a 为输入量，电动机转速 n

为输出量来列写电动机的微分方程,而将负载转矩 T_L 作为电动机的外界扰动量。

2) 直流电动机各物理量间的基本关系如下。

电枢电路: $$u_a = i_a R_a + L_a \frac{di_a}{dt} + e \tag{2-2}$$

电磁转矩: $$T_e = K_T \Phi i_a \tag{2-3}$$

运动方程: $$T_e - T_L = J \frac{d\omega}{dt} \tag{2-4}$$

反电动势: $$e = K_e \Phi n \tag{2-5}$$

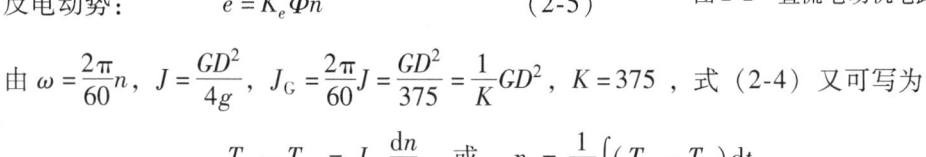

图 2-2 直流电动机电路

由 $\omega = \frac{2\pi}{60}n$, $J = \frac{GD^2}{4g}$, $J_G = \frac{2\pi}{60}J = \frac{GD^2}{375} = \frac{1}{K}GD^2$, $K = 375$,式(2-4)又可写为

$$T_e - T_L = J_G \frac{dn}{dt} \quad \text{或} \quad n = \frac{1}{J_G}\int(T_e - T_L)dt$$

式中 u_a——电枢电压(Armature Voltage);

e——电枢电动势(Armature Electromotive Force)(E. M. F);

i_a——电枢电流(Armature Current);

R_a——电枢电阻(Armature Resistance);

L_a——电枢漏磁电感(Armature Leakage Inductance);

T_e——电磁转矩(Electromagnetic Torque);

Φ——磁通(Magnetic Flux);

K_T——转矩常量;

K_e——电动势常量;

n——转速(Speed);

T_L——摩擦和负载阻力矩(Friction and Load Drag Torque);

J——转动惯量(Moment of Inertia);

J_G——转速惯量;

G——转动部分的重量(Weight);

D——转动部分的等效回转直径(Equivalent Diameter);

GD^2——折合到电动机轴上的机械负载和电动机电枢的飞轮转动惯量。

3) 消去中间变量,并将微分方程整理成标准形式。

将微分方程整理成标准形式,就可得到直流电动机的微分方程,即

$$T_m T_a \frac{d^2 n}{dt^2} + T_m \frac{dn}{dt} + n = \frac{1}{K_e \Phi}u_a - \frac{R_a}{K_e K_T \Phi^2}\left(T_a \frac{dT_L}{dt} + T_L\right) \tag{2-6}$$

其中,T_m 为电动机的机电时间常数,有

$$T_m = \frac{J_G R_a}{K_e K_T \Phi^2}$$

T_a 为电枢回路的电磁时间常数,有

$$T_a = \frac{L_a}{R_a}$$

4) 对微分方程进行分析与简化。

由式 (2-6) 可见,电动机的转速和电动机本身的固有参数 T_m、T_a 有关,和电枢电压 u_a 有关,还和负载转矩 T_L 以及负载转矩对时间的变化率 dT_L/dt 有关。

若不考虑电动机负载转矩的影响(设 $T_L = 0$),则

$$T_m T_a \frac{d^2 n}{dt^2} + T_m \frac{dn}{dt} + n = \frac{1}{K_e \Phi} u_a \tag{2-7}$$

考虑到直流电动机电枢漏磁电感一般较小,假设 $L_a = 0$,则 $T_a = 0$,式 (2-7) 为

$$T_m \frac{dn}{dt} + n = \frac{1}{K_e \Phi} u_a \tag{2-8}$$

2. 传递函数 (Transfer Function)

(1) 传递函数的概念与定义 传递函数是在拉普拉斯变换基础上引入的描述线性定常系统或元件输入、输出关系的函数。它是和微分方程一一对应的一种数学模型,它能方便地分析系统或元件结构参数对系统响应的影响。

当初始条件为零时,线性定常系统或元件输出量 $c(t)$ 的拉普拉斯变换式与输入量 $r(t)$ 的拉普拉斯变换式之比,称为该系统或元件的传递函数,记为 $G(s)$,即

$$G(s) = \frac{L[c(t)]}{L[r(t)]} = \frac{C(s)}{R(s)} \tag{2-9}$$

初始条件为零是指输入量在 $t = 0$ 时刻以后才作用于系统,系统的输入量和输出量及其各阶导数在 $t \leq 0$ 时也均为零。

系统微分方程的一般形式为

$$a_n \frac{d^n}{dt^n} c(t) + a_{n-1} \frac{d^{n-1}}{dt^{n-1}} c(t) + \cdots + a_1 \frac{d}{dt} c(t) + a_0 c(t)$$
$$= b_m \frac{d^m}{dt^m} r(t) + b_{m-1} \frac{d^{m-1}}{dt^{m-1}} r(t) + \cdots + b_1 \frac{d}{dt} r(t) + b_0 r(t)$$

在初始条件为零时,对方程两边进行拉普拉斯变换,经整理得

$$G(s) = \frac{C(s)}{R(s)} = \frac{b_m s^m + b_{m-1} s^{m-1} + \cdots + b_1 s + b_0}{a_n s^n + a_{n-1} s^{n-1} + \cdots + a_1 s + a_0} = \frac{M(s)}{N(s)} \tag{2-10}$$

式中 $M(s)$——传递函数的分子多项式;

$N(s)$——传递函数的分母多项式。

【实例 2-3】 求【实例 2-1】中 RLC 串联电路的传递函数。

解:RLC 串联电路的微分方程为 $LC \frac{d^2 u_o}{dt^2} + RC \frac{du_o}{dt} + u_o = u_i$

对上式进行拉普拉斯变换得

$$LCs^2 U_o(s) + RCs U_o(s) + U_o(s) = U_i(s)$$

传递函数为

$$G(s) = \frac{U_o(s)}{U_i(s)} = \frac{1}{LCs^2 + RCs + 1} \tag{2-11}$$

(2) 传递函数的性质

1) 传递函数和微分方程之间存在着一一对应的关系,传递函数只适用于线性定常系统。

2) 传递函数只与系统本身的内部结构、参数有关,与外施信号的大小和形式无关。它代表了系统的固有特性,是一种数学模型。

3) 传递函数是一种运算函数。由 $G(s) = C(s)/R(s)$ 可得 $C(s) = G(s)R(s)$。

4) 传递函数是一种数学模型,因此对不同的物理模型,它们可以有相同的传递函数。

5) 传递函数一般为复变量 s 的有理分式,它的分母多项式 s 的最高阶次 n 总是大于或等于其分子多项式 s 的最高阶次 m,即 $n \geqslant m$。这是因为如果 $n < m$,则系统传递函数中将出现下面将要讨论的理想微分环节,它没有惯性,并且要有一个能瞬间提供无穷大信号的能源,这在实际中是做不到的,实际的系统或元件总是具有惯性的,外部提供能源的功率也总是有限的。

6) 传递函数式(2-10)也可改写成以下形式:

$$G(s) = \frac{b_m s^m + b_{m-1} s^{m-1} + \cdots + b_1 s + b_0}{a_n s^n + a_{n-1} s^{n-1} + \cdots + a_1 s + a_0} = K \frac{\prod_{j=1}^{m}(s - z_j)}{\prod_{i=1}^{n}(s - p_i)}$$

式中　　K——常数;

$z_1, z_2, \cdots, z_m$——分子多项式 $M(s) = 0$ 的根,称为零点;

$p_1, p_2, \cdots, p_n$——分母多项式 $N(s) = 0$ 的根称为极点,$N(s) = 0$ 是微分方程的特征方程,传递函数的极点就是特征方程的根,它决定了系统动态过程的性质。

3. 框图

框图(Block Diagram)又称结构图,它是传递函数的一种图形描述形式,常用来形象地描述自动控制系统中各单元之间和各作用量之间的相互联系,具有简明直观、运算方便的特点,在分析自动控制系统中获得了广泛的应用。

框图由信号线(Signal Line)、引出点(Pick off Point)、比较点(Comparing Point)和功能框(Block Diagram)四个基本元素组成。信号线的箭头表示信号传输方向;引出点(又称分支点)表示把一个信号分成两路或多路输出,同一位置引出的信号都与原信号相同;比较点(又称相加点)具有对几个信号求和的功能,在信号的输入处要注明它们的极性;功能框表示一个环节或系统,在功能框中填入相应环节或系统的传递函数。框图的基本组成元素如图2-3所示。

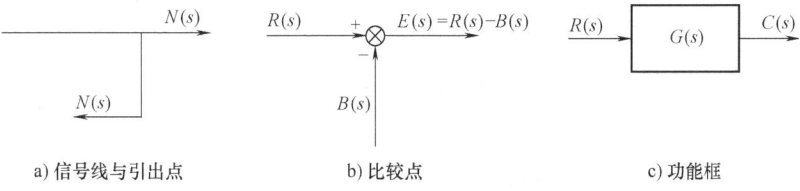

a) 信号线与引出点　　　b) 比较点　　　c) 功能框

图 2-3　框图的基本元素

任务二　典型环节的传递函数和功能框图

一、任务引入

任何一个复杂的系统，总可以看成由一些典型环节（Typical Elements）组合而成的，下面就来学习典型环节的传递函数和功能框图。

二、任务分析

一个物理系统是由许多元件组合而成的。虽然各种元件的具体结构和作用原理是多种多样的，但若抛开其具体结构和物理特点，研究其运动规律和数学模型的共性，就可以划分成为数不多的几种典型环节。这些典型环节是：比例环节、微分环节、积分环节、比例-微分环节、一阶惯性环节、二阶振荡环节和延迟环节。应该指出，由于典型环节是按数学模型的共性划分的，它和具体元件不一定是一一对应的。换句话说，典型环节只代表一种特定的运动规律，不一定是一种具体的元件。

三、相关知识

1. 比例环节

比例环节（Proportional Element）的微分方程为

$$c(t) = Kr(t) \tag{2-12}$$

式中　K——比例系数。

其传递函数是

$$G(s) = K \tag{2-13}$$

其功能框如图 2-4a 所示。

其动态响应为

当 $r(t) = 1(t)$ 时，$c(t) = K$　　(2-14)

比例环节能立即成比例地响应输入量的变化，如图 2-4b 所示。比例环节是自动控制系统中最常见的环节，如电位器、电子放大器、电阻、齿轮减速器、杠杆机构及弹簧等。

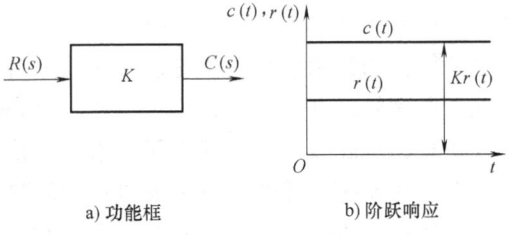

a) 功能框　　b) 阶跃响应

图 2-4　比例环节

【实例 2-4】　比例调节器如图 2-5a 所示。其传递函数为

$$\frac{U_o(s)}{U_i(s)} = K$$

式中　$K = \dfrac{R_1}{R_0}$——比例调节器的比例系数。

【实例 2-5】　电位器对。图 2-5b 所示为一个电位器对的角度误差检测器。K 表示电刷单位转角对应的输出电压，常称为电位器的灵敏度。$\Delta\theta(t) = \theta_1(t) - \theta_2(t)$ 是两个电位器电刷的角位移之差，则两电刷间的电位差为

$$u(t) = K[\theta_1(t) - \theta_2(t)] = K\Delta\theta(t)$$

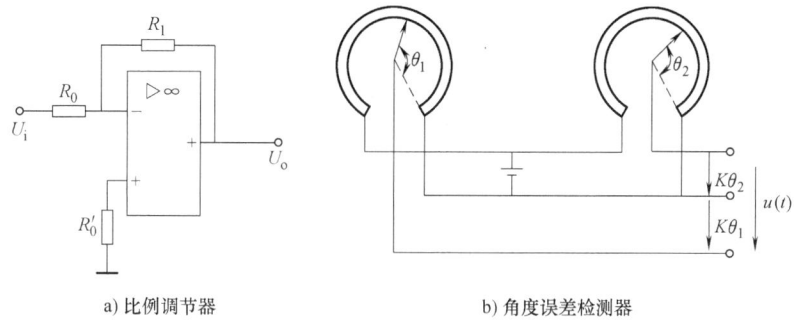

a) 比例调节器　　　　　　　　b) 角度误差检测器

图 2-5　比例环节实例

将上式进行拉普拉斯变换即得到

$$U(s) = K[\Theta_1(s) - \Theta_2(s)] = K\Delta\Theta(s)$$

那么该元件的传递函数为

$$G(s) = \frac{U(s)}{\Delta\Theta(s)} = K$$

2. 积分环节

积分环节（Integrating Element）的微分方程为

$$c(t) = \frac{1}{T}\int_0^t r(t)\,\mathrm{d}t \tag{2-15}$$

式中　T——积分时间常数。

其传递函数是

$$G(s) = \frac{1}{Ts} \tag{2-16}$$

其功能框如图 2-6a 所示。

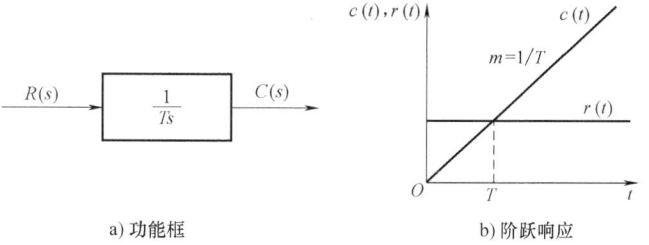

a) 功能框　　　　　　　　b) 阶跃响应

图 2-6　积分环节

其动态响应为

当 $r(t) = 1(t)$ 时

$$c(t) = \frac{1}{T}t \tag{2-17}$$

由图 2-6b 可见，其输出量随着时间的增长而不断增加，增长的斜率为 $1/T$。因此，凡是输出量对输入量有储存和积累特点的元件一般都含有积分环节。例如，水箱的水位与水流量、位移与速度、速度与加速度、电容的电量与电流等。积分环节也是自动控制系统中最常见的环节。

【**实例 2-6**】　积分调节器如图 2-7a 所示。其输入量与输出量为积分关系，即

$$u_o(t) = \frac{-1}{R_0 C}\int u_i(t)\,dt$$

对上式进行拉普拉斯变换可得 $\dfrac{U_o(s)}{U_i(s)} = \dfrac{-1}{R_0 C s} = -\dfrac{1}{Ts}$

式中　T——积分时间常数（$T = R_0 C$）。

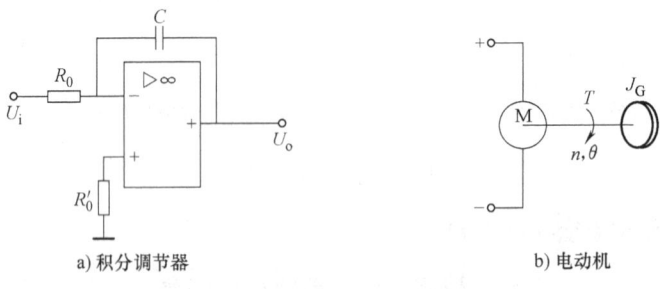

a) 积分调节器　　　　　b) 电动机

图 2-7　积分环节实例

【实例 2-7】　电动机。图 2-7b 中电动机的转速与转矩、角位移和转速均为积分关系。

$$T(t) = J_G \frac{dn(t)}{dt}（\text{式中 } J_G \text{ 为转速惯量}）$$

对上式进行拉普拉斯变换后可得

$$\frac{N(s)}{T(s)} = \frac{1}{J_G s}$$

又 $\dfrac{d\theta(t)}{dt} = \omega(t) = \dfrac{2\pi}{60}n(t)$，经拉普拉斯变换后可得

$$\frac{\Theta(s)}{N(s)} = \frac{2\pi}{60}\frac{1}{s}$$

3. 理想微分环节

理想微分环节（Ideal Derivative Element）的微分方程为

$$c(t) = \tau \frac{dr(t)}{dt} \tag{2-18}$$

式中　τ——微分时间常数。

其传递函数是 $\qquad G(s) = \tau s \tag{2-19}$

其功能框如图 2-8a 所示。

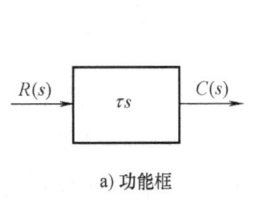 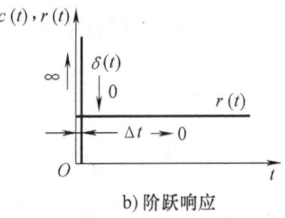 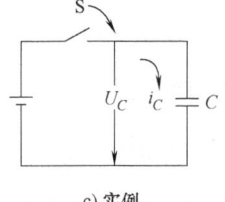

a) 功能框　　　　　b) 阶跃响应　　　　　c) 实例

图 2-8　理想微分环节

其动态响应为

当 $r(t) = 1(t)$ 时 $\qquad c(t) = \tau \dfrac{d1(t)}{dt} = \tau\delta(t) \tag{2-20}$

其阶跃响应曲线如图 2-8b 所示。式（2-20）中，$\delta(t)$ 为单位脉冲函数（Unit Pulse Function）。

理想微分环节的输出量与输入量间的关系恰好与积分环节相反，它们的传递函数互为倒数。

【**实例 2-8**】 若图 2-8c 所示电路不经电阻对电容的充电过程，电流与电压间的关系即为一理想微分环节，有

$$i(t) = C\frac{du_C(t)}{dt}$$

对上式进行拉普拉斯变换后可得

$$\frac{I(s)}{U_C(s)} = Cs$$

4. 惯性环节

惯性环节（Inertial Element）的微分方程为

$$T\frac{dc(t)}{dt} + c(t) = r(t) \tag{2-21}$$

式中　T——惯性时间常数。

其传递函数是
$$G(s) = \frac{1}{Ts+1} \tag{2-22}$$

其功能框如图 2-9a 所示。

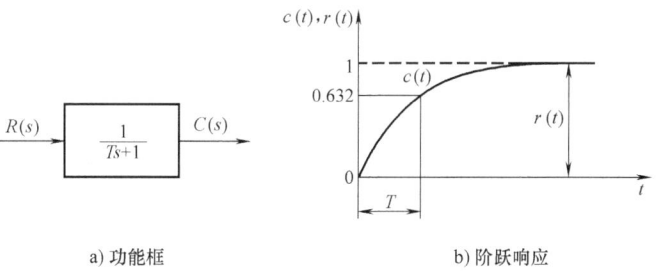

a) 功能框　　　　b) 阶跃响应

图 2-9　惯性环节

其动态响应为

当 $r(t) = 1(t)$ 时　　　　$c(t) = 1 - e^{-t/T} \tag{2-23}$

惯性环节的阶跃响应曲线如图 2-9b 所示。由图可见，当输入量发生突变时，输出量不能突变，只能按指数规律逐渐变化，这就反映了该环节具有惯性。

【**实例 2-9**】　惯性调节器如图 2-10a 所示。

由于运算放大器的开环增益很大、输入阻抗很高，所以有

$$i_0 = -i_f, i_0 = \frac{u_i(t)}{R_0} \text{ 及 } i_f = \frac{u_o(t)}{R_1} + C_1\frac{du_o(t)}{dt}$$

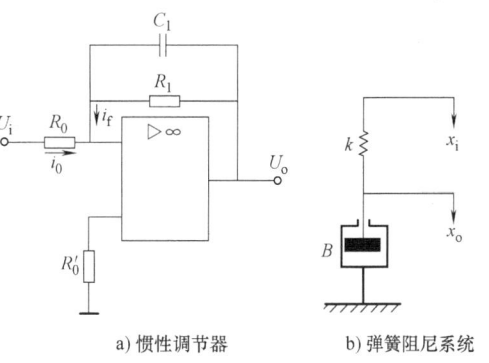

a) 惯性调节器　　b) 弹簧阻尼系统

图 2-10　惯性环节实例

于是有

$$\frac{u_i(t)}{R_0} = -\left[\frac{u_o(t)}{R_1} + C_1 \frac{du_o(t)}{dt}\right]$$

对上式进行拉普拉斯变换，并整理后可得

$$\frac{U_o(s)}{U_i(s)} = \frac{K}{Ts+1}$$

其中 $T = R_1 C_1$，$K = -\dfrac{R_1}{R_0}$。

【实例2-10】 弹簧阻尼系统。图2-10b 中阻尼器的阻力 $f_1 = B\dfrac{dx_o(t)}{dt}$，其中 B 为粘性阻尼系数（粘性阻力与相对速度成正比）。

弹簧力 $f_2 = k[x_i(t) - x_o(t)]$，其中 k 为弹性系数。

由于两力相等，即 $f_1 = f_2$，于是有

$$k[x_i(t) - x_o(t)] = B\frac{dx_o(t)}{dt}$$

对上式进行拉普拉斯变换，并整理后可得

$$\frac{X_o(s)}{X_i(s)} = \frac{1}{Ts+1}$$

其中 $T = \dfrac{B}{k}$。

由以上几个实例可见，一个储能元件（如电感、电容和弹簧等）和一个耗能元件（如电阻、阻尼器等）的组合，就能构成一个惯性环节。

5. 比例-微分环节

比例-微分环节（Proportional-Derivative Element）的微分方程为

$$c(t) = \tau \frac{dr(t)}{dt} + r(t) \tag{2-24}$$

其传递函数是
$$G(s) = \tau s + 1 \tag{2-25}$$

式中 τ—— 微分时间常数。

其功能框如图2-11a 所示。

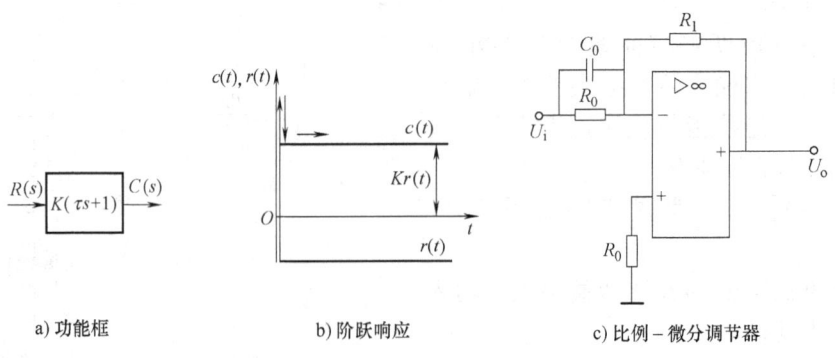

a) 功能框　　　b) 阶跃响应　　　c) 比例-微分调节器

图 2-11　比例-微分环节

比例-微分环节的输入量与输出量的关系恰与惯性环节相反，它们的传递函数互为倒数。
比例-微分环节的阶跃响应为比例环节与微分环节阶跃响应的叠加，如图 2-11b 所示。

【实例 2-11】 图 2-11c 所示为比例-微分调节器，其传递函数为

$$G(s) = \frac{U_o(s)}{U_i(s)} = K(\tau_0 s + 1)$$

其中，$K = -\frac{R_1}{R_0}$，$\tau_0 = R_0 C_0$。

6. 振荡环节

振荡环节（Oscillating Element）的微分方程为

$$T^2 \frac{d^2 c(t)}{dt^2} + 2T\xi \frac{dc(t)}{dt} + c(t) = r(t) \tag{2-26}$$

其传递函数是

$$G(s) = \frac{1}{T^2 s^2 + 2\xi T s + 1} = \frac{\omega_n^2}{s^2 + 2\xi \omega_n s + \omega_n^2} \tag{2-27}$$

式中 T——振荡环节的时间常数，$\omega_n = 1/T$；

ξ——阻尼比。

其功能框如图 2-12a 所示。

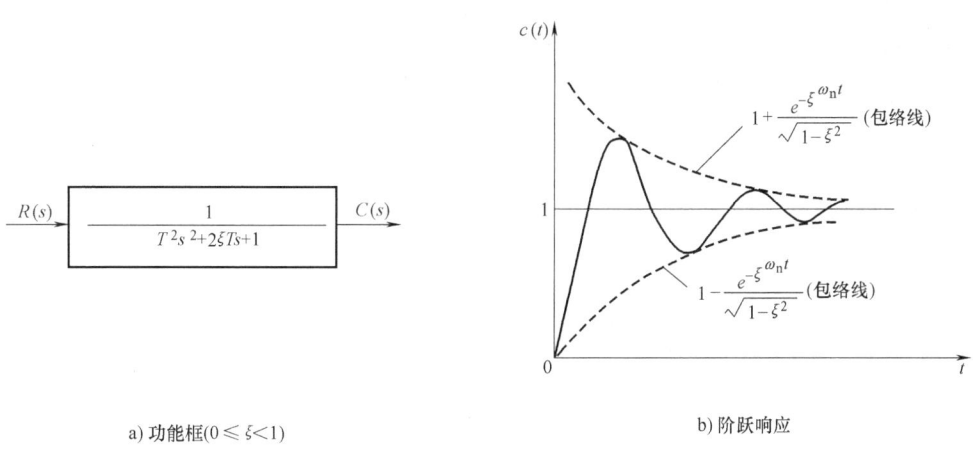

a) 功能框($0 \leq \xi < 1$)   b) 阶跃响应

图 2-12 振荡环节

其动态响应为

当 $\xi = 0$ 时，$c(t)$ 为等幅自由振荡（又称为无阻尼振荡），其振荡频率为 ω_n，ω_n 为无阻尼自然振荡频率。

当 $0 < \xi < 1$ 时，$c(t)$ 为减幅振荡（称为阻尼振荡），其振荡频率为 ω_d，ω_d 为阻尼自然振荡频率。

$$c(t) = 1 - \frac{e^{-\xi \omega_n t}}{\sqrt{1-\xi^2}} \sin(\omega_d t + \varphi) \tag{2-28}$$

式中 $\omega_d = \omega_n \sqrt{1-\xi^2}$；

$\varphi = \arctan \frac{\sqrt{1-\xi^2}}{\xi}$。

其阶跃响应曲线如图 2-12b 所示。

当 $\xi \geqslant 1$ 时，$c(t)$ 为单调上升的曲线。

【实例 2-12】 已建立一 RLC 串联电路的微分方程，【实例 2-3】中已求出此电路的传递函数，现分析此电路为振荡电路的条件。

RLC 串联电路的传递函数为
$$G(s) = \frac{U_o(s)}{U_i(s)} = \frac{1}{LCs^2 + RCs + 1}$$

将上式与式（2-27）相比较，可得
$$\omega_n = \frac{1}{T} = \frac{1}{\sqrt{LC}} \qquad \xi = \frac{RC}{2T} = \frac{RC}{2\sqrt{LC}} = \frac{R}{2}\sqrt{\frac{C}{L}}$$

当 $\xi = \frac{R}{2}\sqrt{\frac{C}{L}} = 0$，即 $R = 0$ 时，其阶跃响应为等幅自由振荡。

当 $0 < \xi = \frac{R}{2}\sqrt{\frac{C}{L}} < 1$，即 $0 < R < \sqrt{\frac{L}{C}}$ 时，其阶跃响应为减幅振荡。

当 $\xi = \frac{R}{2}\sqrt{\frac{C}{L}} \geqslant 1$，即 $R \geqslant 2\sqrt{\frac{L}{C}}$ 时，其阶跃响应为非周期过程，为单调上升曲线，不具有振荡性质。

在自动控制系统中，若包含着两种不同形式的储能单元，这两种单元的能量又能相互交换，则在能量的储存和交换的过程中，就可能出现振荡而构成振荡环节。

7. 延迟环节（又称纯滞后环节）

延迟环节（Pure Time Delay Element）的输出量与输入量变化形式相同，但在时间上要延迟一段。

延迟环节的微分方程为
$$c(t) = r(t - \tau_D) \tag{2-29}$$

式中 τ_D——纯延迟时间常数（Delay Time）。

由拉普拉斯变换延迟定理可得
$$G(s) = e^{-\tau_D s} = \frac{1}{e^{\tau_D s}} \tag{2-30}$$

将其按泰勒（Taylor）级数展开可得
$$e^{\tau_D s} = 1 + \tau_D s + \frac{\tau_D^2 s^2}{2!} + \frac{\tau_D^3 s^3}{3!} + \cdots$$

由于 τ_D 很小，所以近似取前两项，有
$$e^{\tau_D s} \approx 1 + \tau_D s$$

其传递函数为
$$G(s) = \frac{1}{e^{\tau_D s}} \approx \frac{1}{\tau_D s + 1} \tag{2-31}$$

式（2-31）表明，在延迟时间很小的情况下，延迟环节可用一个小惯性环节来代替。

延迟环节的功能框和阶跃响应如图 2-13 所示。

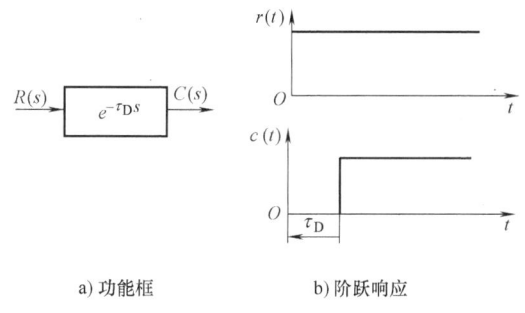

a) 功能框　　　　　　　b) 阶跃响应

图 2-13　延迟环节

【实例 2-13】 晶闸管整流电路中，当控制电压改变时，由于晶闸管导通后即失控，要等到下一个周期开始后才能响应，这意味着在时间上也会造成延迟（对于单相全波整流电路，平均延迟时间 $\tau_0 = 5\text{ms}$；对于三相桥式整流电路，$\tau_0 = 1.7\text{ms}$）。

任务三　自动控制系统的框图

一、任务引入

一个控制系统总是由许多元件组合而成。每一个环节都有对应的输入量、输出量以及它们的传递函数，从信息传递的角度去看，能否把一个系统划分为若干环节来描述呢？

二、任务分析

为了表明每一个环节在系统中的功能，在控制工程中，常常应用所谓"框图"的概念。控制系统的框图是描述系统各元件之间信号传递关系的数学图形，它表示了系统中各变量之间的因果关系以及对各变量所进行的运算，是控制理论中描述复杂系统的一种简便方法，具有简洁、清晰的特点，在自动控制技术中运用较为广泛。

三、相关知识

1. 系统框图的画法概述

（1）系统框图的画法

1）首先是列出系统各个环节的微分方程，然后对其进行拉普拉斯变换，根据各作用量间的相互关系，确定该环节的输入量和输出量，得出对应的传递函数，再由传递函数画出各环节的功能框。

2）在各环节功能框的基础上，首先确定系统的给定量（输入量）和输出量，然后从给定量开始，由左至右，根据相互作用的顺序，依次画出各个环节，直至得出所需要的输出量，并使它们符合各作用量间的关系。

3）然后由内到外画出各反馈环节。

4）最后在图上标明输入量、输出量、扰动量和各中间参变量。这样就可以得到整个控制系统的框图。

（2）系统框图的画法举例　下面通过直流电动机来说明系统框图的画法。

1) 列出直流电动机各个环节的微分方程[参见式(2-2)~式(2-5)],然后由微分方程→拉普拉斯变换式→传递函数→功能框。将直流电动机的各功能框列于表2-1中。

表 2-1 直流电动机各环节的微分方程、传递函数及功能框

	微分方程及其拉普拉斯变换式	传 递 函 数	功 能 框
1	$u_a = R_a i_a + L_a \dfrac{di_a}{dt} + e$ $U_a(s) - E(s) = (L_a s + R_a) I_a(s)$	$\dfrac{I_a(s)}{U_a(s) - E(s)} = \dfrac{1}{L_a s + R_a} = \dfrac{1/R_a}{T_a s + 1}$ $\left(T_a = \dfrac{L_a}{R_a}\right)$	
2	$T_e = K_T \phi i_a$ $T_e(s) = K_T \phi I_a(s)$	$\dfrac{T_e(s)}{I_a(s)} = K_T \phi$	
3	$T_e - T_L = J_G \dfrac{dn}{dt}$ $T_e(s) - T_L(s) = J_G s N(s)$	$\dfrac{N(s)}{T_e(s) - T_L(s)} = \dfrac{1}{J_G s}$	
4	$e = K_e \phi n$ $E(s) = K_e \phi N(s)$	$\dfrac{E(s)}{N(s)} = K_e \phi$	
5	$\dfrac{d\theta}{dt} = \dfrac{2\pi}{60} n(t)$ $s\Theta(s) = \dfrac{2\pi}{60} N(s)$	$\dfrac{\Theta(s)}{N(s)} = \dfrac{2\pi}{60} \dfrac{1}{s}$	

2) 以电动机电枢电压 u_a 作为输入量,以电动机的角位移 θ 为输出量。于是可由 $U_a(s)$ 开始,按照电动机的工作原理,由 $U_a(s) \to I_a(s) \to T_e(s) \to N(s) \to \Theta(s)$ 依次组合各环节的功能框,然后再加上电动势反馈功能框,如图 2-14 所示。

3) 在图 2-14 上,标出输入量 $U_a(s)$、输出量 $\Theta(s)$、扰动量 $T_L(s)$ 及各中间参变量 $I_a(s)$、$T_e(s)$、$E(s)$ 和 $N(s)$。

这样,系统框图便完整地表达出来了。

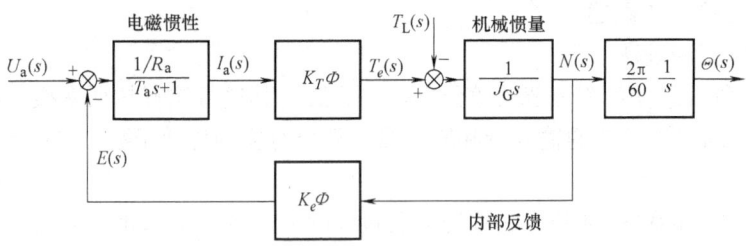

图 2-14 直流电动机的系统框图

2. 系统框图的物理含义

系统框图是一种形象化的数学模型,它之所以重要,是因为它清晰而严谨地表达了系统内部各单元在系统中所处的地位与作用,表达了各单元之间的内在联系,可以使我们更直观地理解它所表达的物理含义。

由图 2-14 可以清楚地看到直流电动机包括以下环节：

1) 一个由电磁电路构成的电磁惯性环节（它的惯性时间常数为 T_a）。
2) 一个因电流受磁场作用产生电磁转矩的比例环节。
3) 在综合转矩（$T_e - T_L$）的作用下使电动机产生（旋转）角加速度的环节（转矩 T 对转速 N 构成一个积分环节），J_G 表征了系统的机械惯性。
4) 电枢在磁场中旋转时，会产生感应电动势 E，它对给定电压（电枢电压 U_a）来说，构成了一个负反馈环节。因此，直流电动机本身就是一个负反馈自动调节系统。

下面就以负载转矩 T_L 增加为例，来说明电动机的自动调节过程。

图 2-15 为负载转矩增大时，直流电动机内部的自动调节过程。由图可见，当负载转矩 T_L 增大时，使 $T_e < T_L$（平衡运行时，$T_e = T_L$），这将使转速 n 下降，它将导致电枢电动势 E 下降、电流 I_a 增大、电磁转矩 T_e 增大，这一过程一直延续到电磁转矩 T_e 达到 T_L 值时，电动机才重新处于新的平衡状态。从以上的分析可以清楚地看到，这个过程主要是通过电动机内部电动势 E 的变化来进行自动调节的。

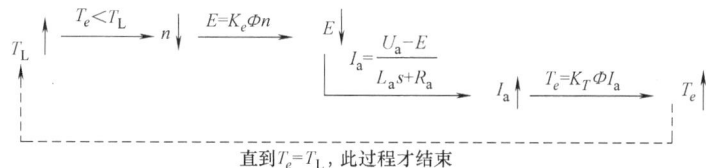

图 2-15 负载转矩增加时电动机内部的自动调节过程

3. 框图的等效变换

框图等效变换的原则是变换后与变换前的输入量和输出量都保持不变。

（1）串联环节的等效传递函数为各环节传递函数之积

如图 2-16 所示，因 $$G(s) = \frac{C(s)}{R(s)} = G_1(s)G_2(s)$$

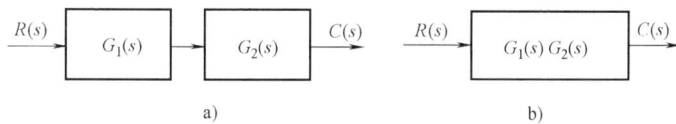

图 2-16 框图串联的等效变换

故 n 个传递函数为 $G_1(s)$，$G_2(s)$，$\cdots$，$G_n(s)$ 的环节相串联，其等效传递函数必为

$$G(s) = \prod_{i=1}^{n} G_i(s) \tag{2-32}$$

（2）并联环节的等效传递函数为各环节传递函数的代数和

如图 2-17 所示，因 $$G(s) = \frac{C(s)}{R(s)} = G_1(s) + G_2(s)$$

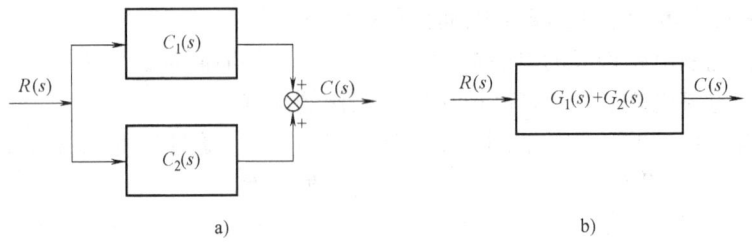

图 2-17 框图并联的等效变换

故 n 个传递函数为 $G_1(s)$、$G_2(s)$，…，$G_n(s)$ 的环节相并联，其等效传递函数必为

$$G(s) = \sum_{i=0}^{n} G_i(s) \tag{2-33}$$

(3) 反馈连接的等效变换　反馈连接的等效变换框图如图 2-18 所示。

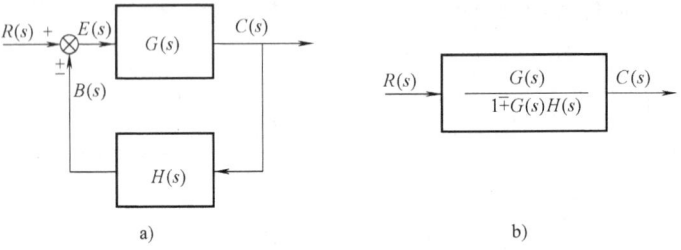

图 2-18　反馈连接的等效变换

由图 2-18a 可见，

$$E(s) = R(s) \pm B(s) \quad B(s) = H(s)C(s) \quad C(s) = G(s)E(s)$$

将以上三个关系式、消去中间变量 $E(s)$ 和 $B(s)$，可得

$$C(s) = \frac{G(s)}{1 \mp G(s)H(s)} R(s)$$

或

$$\Phi(s) = \frac{C(s)}{R(s)} = \frac{G(s)}{1 \mp G(s)H(s)} \tag{2-34}$$

式中　$G(s)$——顺馈传递函数；

$H(s)$——反馈传递函数；

$\Phi(s)$——闭环传递函数；

$G(s)H(s)$——闭环系统的开环传递函数。

式 (2-34) 即为反馈连接的等效传递函数，一般称它为闭环传递函数，用 $\Phi(s)$ 表示。其中，分母中的加号对应负反馈，减号对应正反馈。

(4) 引出点和比较点的移动规则　移动规则的出发点是等效原则，即移动前后的输入量与输出量保持不变。移动前后框图的对照见表 2-2。

现以比较点前移为例来加以说明。

未移动时　　　　　　　　$Y(s) = G(s)X_1(s) - X_2(s)$

比较点前移后　　　$Y(s) = [X_1(s) - X_2(s)/G(s)]G(s) = G(s)X_1(s) - X_2(s)$

可见，两框图输出量完全相同。

表 2-2 引出点和比较点的移动规则

	原 框 图	等 效 框 图
引出点前移	$X(s) \to G(s) \to Y(s)$, $Y(s)$ 引出	$X(s)$（前）$\to G(s) \to Y(s)$（后）；$Y(s) \leftarrow G(s)$
引出点后移	$X(s) \to G(s) \to Y(s)$，$X(s)$ 引出	$X(s) \to G(s) \to Y(s)$；$X(s) \leftarrow 1/G(s)$
比较点前移	$X_1(s) \to G(s) \to \otimes \to Y(s)$，$X_2(s)$ 输入	$X_1(s) \to \otimes \to G(s) \to Y(s)$；$1/G(s) \leftarrow X_2(s)$
比较点后移	$X_1(s) \to \otimes \to G(s) \to Y(s)$，$X_2(s)$ 输入	$X_1(s) \to G(s) \to \otimes \to Y(s)$；$G(s) \leftarrow X_2(s)$

【**实例 2-14**】 简化图 2-14 所示的直流电动机系统框图（略去 T_L），若直流电动机作调速用，求 $N(s)/U_\mathrm{a}(s)$。

解：由图 2-14，参考式（2-34）可得

$$\frac{N(s)}{U_\mathrm{a}(s)} = \frac{\dfrac{1/R_\mathrm{a}}{T_\mathrm{a}s+1}K_T\varPhi\dfrac{1}{J_\mathrm{G}s}}{1+\dfrac{1/R_\mathrm{a}}{T_\mathrm{a}s+1}K_T\varPhi\dfrac{1}{J_\mathrm{G}s}K_e\varPhi}$$

整理可得

$$\frac{N(s)}{U_\mathrm{a}(s)} = \frac{1/(K_e\varPhi)}{T_\mathrm{m}T_\mathrm{a}s^2 + T_\mathrm{m}s + 1} \tag{2-35}$$

上式中

$$T_\mathrm{m} = \frac{J_\mathrm{G}R_\mathrm{a}}{K_eK_T\varPhi^2}$$

由式（2-35）可知，作调速用的直流电动机为一个二阶系统。如图 2-19a 所示。

【**实例 2-15**】 若直流电动机作为位置伺服用，求 $\varTheta(s)/U_\mathrm{a}(s)$。

解：由图 2-14 可知

$$\frac{\varTheta(s)}{U_\mathrm{a}(s)} = \frac{N(s)}{U_\mathrm{a}(s)}\frac{\varTheta(s)}{N(s)}$$

$$= \frac{1/(K_e\varPhi)}{T_\mathrm{m}T_\mathrm{a}s^2 + T_\mathrm{m}s + 1}\frac{2\pi/60}{s} \tag{2-36}$$

由式（2-36）可知，作位置伺服用的直流电动机为一个三阶系统。对于小功率的直流伺服电动机，通常 $T_a \ll T_m$，于是在式（2-35）和式（2-36）分母中的 $T_m T_a s^2$ 可以略去，这样式（2-35）可简化为

$$\frac{N(s)}{U_a(s)} = \frac{1/(K_e\Phi)}{T_m s + 1} \qquad (2\text{-}37)$$

简化后的框图如图 2-19b 所示。同理，当 $T_a \ll T_m$ 时，式（2-36）可简化为

$$\frac{\Theta(s)}{U_a(s)} = \frac{1/(K_e\Phi)}{T_m s + 1} \cdot \frac{2\pi/60}{s} = \frac{K_m}{s(T_m s + 1)} \qquad (2\text{-}38)$$

简化后的框图如图 2-19c 和 2-19d 所示。

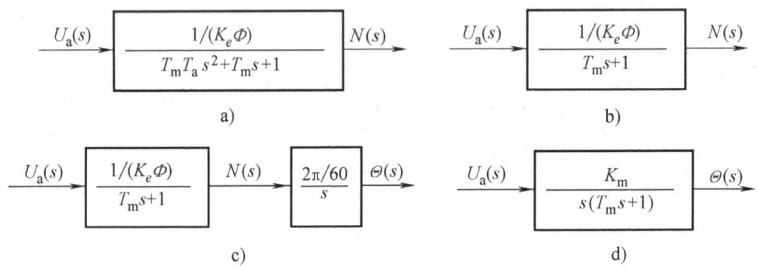

图 2-19 直流电动机系统框图

【实例 2-16】 化简图 2-20a 所示的多回环系统。

解：由于此系统有相互交叉的回环，所以首先要设法通过引出点或比较点的移动来消除反馈回环的交叉，然后应用单个反馈回环闭环传递函数的求取公式，即可由图 2-20b、2-20c 和 2-20d 逐步化简、合成，最后获得整个系统的闭环传递函数，如图 2-20d 所示。

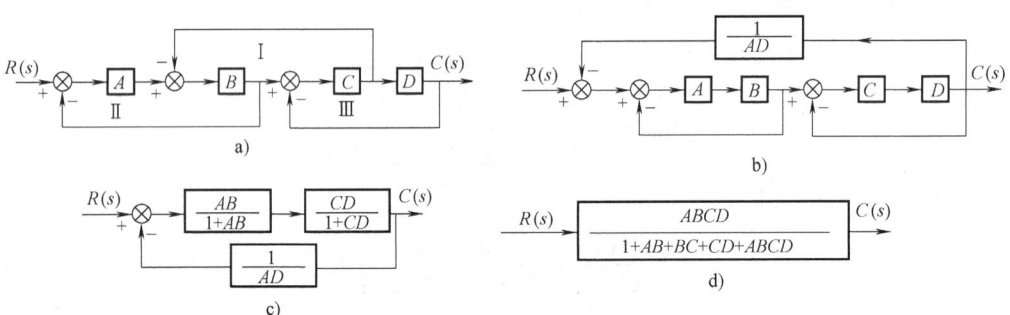

图 2-20 交叉多回环系统的化简

任务四　系统的闭环传递函数

一、任务引入

自动控制系统在工作过程中，经常会有两类输入信号，一类是给定的输入信号 $R(s)$，另一类则是阻碍系统正常工作的扰动信号 $D(s)$。

二、任务分析

自动控制系统在工作过程中有两类输入信号时,应分别求出给定输入信号 $R(s)$ 作用下的闭环传递函数和扰动信号 $D(s)$ 作用下的闭环传递函数,然后再求出两者之和,进而得到系统在两类信号作用下的闭环传递函数。

三、相关知识

1. 自动控制系统闭环传递函数的求取

自动控制系统的典型框图如图 2-21 所示。图中,$R(s)$ 为输入量,$C(s)$ 为输出量,$D(s)$ 为扰动量。

(1) 在输入量 $R(s)$ 作用下的闭环传递函数和系统的输出 若仅考虑输入量 $R(s)$ 的作用,则可暂略去扰动量 $D(s)$。由图 2-22a 可得输出量 $C_r(s)$ 对输入量的闭环传递函数为

$$\Phi_r(s) = \frac{C_r(s)}{R(s)} = \frac{G_1(s)G_2(s)}{1 + G_1(s)G_2(s)H(s)} \tag{2-39}$$

此时系统的输出量为

$$C_r(s) = \Phi_r(s)R(s) = \frac{G_1(s)G_2(s)}{1 + G_1(s)G_2(s)H(s)}R(s) \tag{2-40}$$

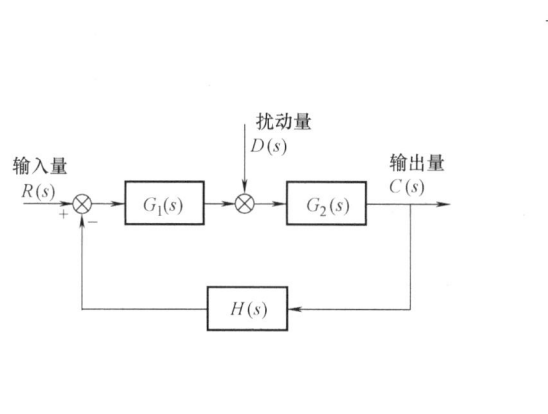

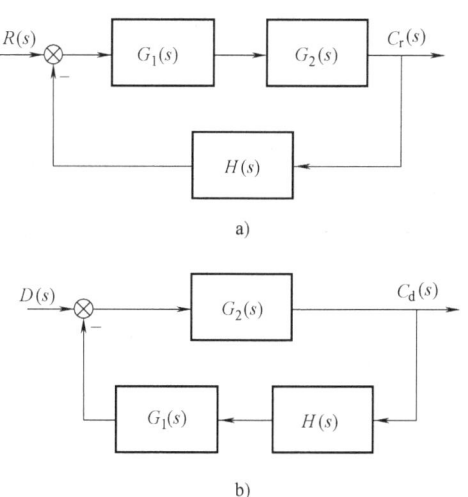

图 2-21 自动控制系统的典型框图   图 2-22 仅考虑一个量时的系统框图

(2) 在扰动量 $D(s)$ 作用下的闭环传递函数和系统的输出 若仅考虑扰动量 $D(s)$ 的作用,则可暂略去输入量 $R(s)$,这时图 2-21 可变换成图 2-22b 的形式(在进行图形变换时,负反馈环节中的负号仍需保留)。输出量 $C_d(s)$ 对扰动量 $D(s)$ 的闭环传递函数为

$$\Phi_d(s) = \frac{C_d(s)}{D(s)} = \frac{G_2(s)}{1 + G_1(s)G_2(s)H(s)} \tag{2-41}$$

此时系统的输出量为

$$C_d(s) = \Phi_d(s)D(s) = \frac{G_2(s)}{1 + G_1(s)G_2(s)H(s)}D(s) \tag{2-42}$$

(3) 在输入量和扰动量同时作用下系统的总输出 由于设定系统为线性系统，因此可以应用叠加原理，即当输入量和扰动量同时作用时，系统的输出可看成两个作用量分别作用的叠加。于是有

$$\begin{aligned}C(s) &= C_r(s) + C_d(s) \\ &= \frac{G_1(s)G_2(s)}{1 + G_1(s)G_2(s)H(s)}R(s) + \frac{G_2(s)}{1 + G_1(s)G_2(s)H(s)}D(s)\end{aligned} \tag{2-43}$$

由以上分析可见，由于给定量和扰动量的作用点不同，即使在同一个系统中，输出量对不同作用量的闭环传递函数 [如 $\Phi_r(s)$ 和 $\Phi_d(s)$] 一般也是不相同的。

2. 梅逊（Mason）公式

应用梅逊公式，可以不经过任何结构变换，一步写出系统的闭环传递函数。

梅逊公式的形式为

$$\Phi(s) = \frac{1}{\Delta}\sum_{k=1}^{n} P_k \Delta_k \tag{2-44}$$

式中 $\Phi(s)$——系统的闭环传递函数；

P_k——从输入端开始第 k 条前向通路的总传递函数；

Δ——特征式，$\Delta = 1 - \sum L_i + \sum L_i L_j - \sum L_i L_j L_k + \cdots$；

Δ_k——在特征式中，将与第 k 条前向通路相接触的回路的 L 项除去后所余下的部分，通常称为余子式。

在特征式中，$\sum L_i$——所有回路的回路传递函数之和；$\sum L_i L_j$——两两互不接触回路的回路传递函数乘积之和；$\sum L_i L_j L_k$——所有三个互不接触回路的回路传递函数乘积之和。

上面所说的回路传递函数是指反馈回路的前向通路和反馈通路的传递函数的乘积，其中包含代表极性的正、负号。

【**实例 2-17**】 求图 2-23 所示多回路系统的闭环传递函数。

图 2-23 所示的多回路系统共有四个回路Ⅰ、Ⅱ、Ⅲ、Ⅳ。其中Ⅱ、Ⅲ两个回路是彼此独立的。

根据梅逊公式

$$\begin{aligned}\sum L_i &= L_1 + L_2 + L_3 + L_4 \\ &= -G_1 G_2 G_3 G_4 G_5 G_6 H_1 - G_2 G_3 H_2 - G_4 G_5 H_3 - G_3 G_4 H_4\end{aligned}$$

由于均为负反馈回路，所以回路传递函数均具有负号。

回路中只有Ⅱ、Ⅲ两个回路互不接触，因此

$$\sum L_i L_j = (-G_2 G_3 H_2)(-G_4 G_5 H_3) = G_2 G_3 G_4 G_5 H_2 H_3$$

由于没有两个以上的独立回路，所以

$$\sum L_i L_j L_k = 0$$

由此可得特征式为

$$\begin{aligned}\Delta &= 1 - \sum L_i + \sum L_i L_j \\ &= 1 + G_1 G_2 G_3 G_4 G_5 G_6 H_1 + G_2 G_3 H_2 + G_4 G_5 H_3 + G_3 G_4 H_4 + G_2 G_3 G_4 G_5 H_2 H_3\end{aligned}$$

由图 2-23 可见，系统只有一条前向通路，所以

$$P_1 = G_1G_2G_3G_4G_5G_6$$

由于所有回路均与前向通路相接触，因此，在特征式中除去各回路的 L 项，就还剩下 1，即

$$\Delta_1 = 1$$

于是由梅逊公式有

$$\Phi(s) = \frac{1}{\Delta}P_1\Delta_1$$

$$= \frac{G_1G_2G_3G_4G_5G_6}{1 + G_1G_2G_3G_4G_5G_6H_1 + G_2G_3H_2 + G_4G_5H_3 + G_3G_4H_4 + G_2G_3G_4G_5H_2H_3}$$

由上可得

$$\Phi(s) = \frac{1}{\Delta}\sum_{k=1}^{n}P_k\Delta_k$$

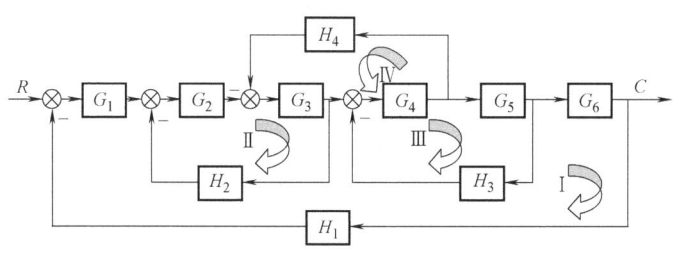

图 2-23 多回路系统

在应用梅逊公式时，要注意区分前向通路和反馈回路，注意相互独立回路的个数。

小　　结

（1）自动控制系统的数学模型有三种形式：微分方程、传递函数和框图。三者之间通过拉普拉斯变换可以方便地相互转换。在自动控制系统的分析中，传递函数和框图最为常用。本章主要介绍了应用解析法建立动态系统数学模型——微分方程、传递函数及框图的方法。通过这些方法可以得到典型元部件或系统的微分方程，然后通过拉普拉斯变换得到其传递函数。由于传递函数不能体现信号在系统中传递的过程，因此引入了框图，它能帮助我们了解信号传递过程中各个环节间的本质联系。

（2）通过对框图的化简运算，可以方便地得到系统的传递函数。在实际系统建模时，可以根据实际情况灵活使用上述方法。若系统结构较简单，且可以用运算电路模型表达，就可以直接建立运算方程（组），进而求得系统的传递函数或绘制出其框图，而不必建立系统的微分方程（组）；若系统结构复杂，就要先进行分析，将其分解成几个典型模块，逐一建立起相应的数学模型，再根据模块间的关系求得整个系统的数学模型。

（3）系统框图的等效变换和梅逊公式是求解系统传递函数的有效工具。

思考与练习

2.1 定义传递函数时附加的一个前提条件是什么？它的含义是什么？为什么要附加这个条件？

2.2 在传递函数的性质中，最重要的是什么？它的根据是什么？

2.3 分析比较开环系统的传递函数、闭环系统的传递函数和闭环系统的开环传递函数三个概念的不同之处。

2.4 惯性环节在什么条件下可以近似看成比例环节？又在什么条件下可近似看成积分环节？

2.5 一个比例积分环节和一个比例-微分环节相串联（或相并联），能否成为比例环节？

2.6 二阶系统是振荡环节和具有振荡的环节一定是二阶系统这两种说法，对不对？为什么？

2.7 图 2-24 为一典型电路，已知 $R_1 = 47\text{k}\Omega$，$C_1 = 1\mu\text{F}$。求传递函数 $U_o(s)/U_i(s)$，并判断该电路为什么环节。[提示：$\tau s/(\tau s + 1)$ 兼有微分和惯性的特性，因而称为惯性微分环节。在工程中，惯性微分环节也是经常遇到的]。

2.8 图 2-25 为一弹簧阻尼系统，已知弹性系数为 k，阻尼器的粘性阻尼系数为 B，求此系统的传递函数 $X_o(s)/X_i(s)$。

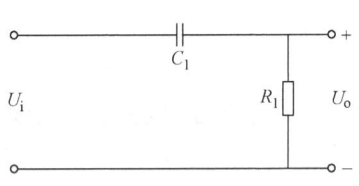
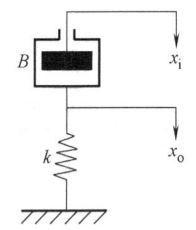

图 2-24 一典型电路　　　　　　　　图 2-25 弹簧阻尼系统

2.9 图 2-26 为一 PID 调节器（图中地线省略），已知 R_0、R_1、C_0、C_1，求此调节器的传递函数 $U_o(s)/U_i(s)$。

2.10 图 2-27 为一调节器电路，若已知 R_0、R_1、C_1、R_2，求此调节器的传递函数 $U_o(s)/U_i(s)$。

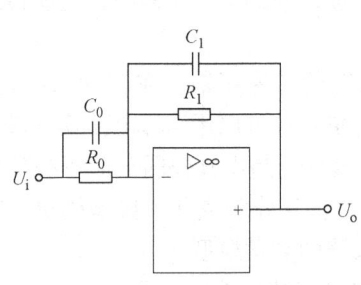
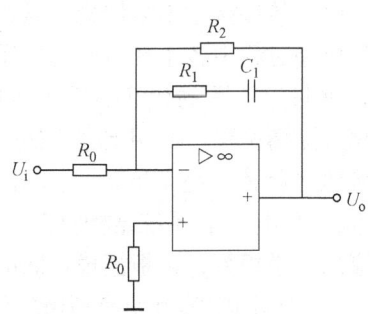

图 2-26 PID 调节器电路　　　　　　　图 2-27 某调节器电路

2.11 图 2-28 为一机械系统,若以冲击力 $f(t)$ 为输入量,小车位移 $x(t)$ 为输出量,求此系统的传递函数 $X(s)/f(s)$。若小车受到的作用力 $f(t)$ 为一单位阶跃作用力,求小车的位移 $x(t)$。图中小车的质量为 m,弹簧的弹性系数为 k,假设没有摩擦阻力。

图 2-28 机械系统

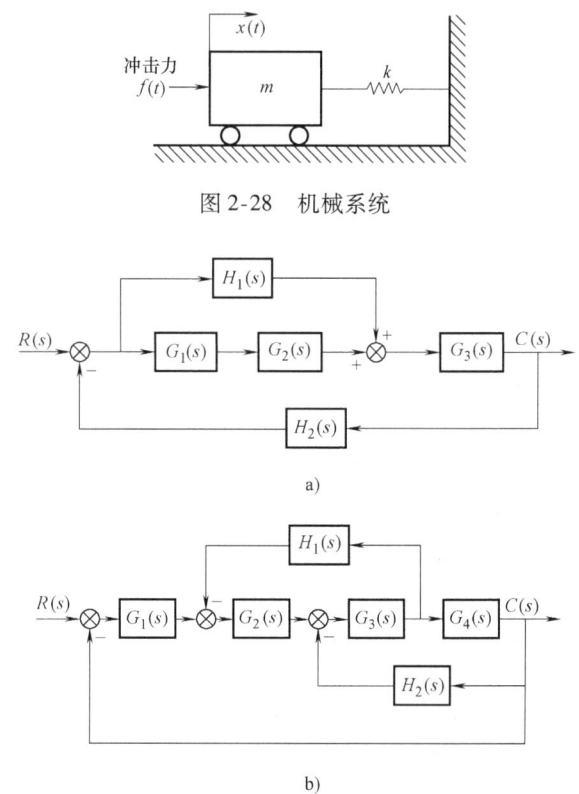

图 2-29 系统框图

2.12 求取图 2-29a、b 所示系统的闭环传递函数 $C(s)/R(s)$。

项目三　时域分析法

教学要点

（1）控制系统的三性分析。
（2）时域分析法。

教学目标

知识目标：（1）正确理解时域响应的性能指标、稳定性、系统的型别等概念。
（2）牢固掌握一阶系统的数学模型和典型时域响应的特点，并能熟练计算性能指标和结构参数。
（3）理解线性定常系统稳定的条件，熟练地应用劳斯-古尔维茨稳定判据判定系统的稳定性。
（4）了解控制系统的动态性能。
（5）了解控制系统的稳态误差分析。
能力目标：（1）能分析控制系统的稳定性。
（2）能分析控制系统的动态性能。
（3）能分析控制系统的稳态误差。
（4）能掌握时域分析法。
素质目标：（1）培养自学能力。
（2）培养文献检索、资料查找与阅读的能力。
（3）培养严谨的工作作风。

教学内容

（1）典型输入信号和动态性能指标。
（2）时域分析法。
（3）劳斯-古尔维茨稳定判据。
（4）控制系统的稳定性分析。
（5）控制系统的动态性能分析。
（6）控制系统的稳态误差分析。

任务一　典型输入信号和动态性能指标

一、任务引入

常见的典型输入信号有哪些？动态性能指标又有哪些呢？下面就来学习典型输入信号和

动态性能指标。

二、任务分析

分析和设计控制系统的首要工作是确定系统的数学模型。建立了合理的、便于分析的数学模型后，就可以对控制系统进行分析，从而得出改进系统性能的方法。时域分析法是通过传递函数、拉普拉斯变换和拉普拉斯反变换求出系统在典型输入信号下的输出表达式，从而得到系统时域响应的全部信息。它是一种直接分析法，具有直观、准确的优点，尤其适用于二阶系统性能的分析和计算。

三、相关知识

1. 典型输入信号

控制系统的输出响应是系统数学模型的解，它是由系统本身的结构参数、初始状态和输入信号的形式所决定的。初始状态可以统一规定，如规定为零初始状态。假如再将输入信号规定为统一的典型形式，则系统响应将由系统本身的结构、参数来确定，因而更便于对各种系统进行比较和研究。自动控制系统常用的典型输入信号有下面几种形式。

（1）阶跃函数　阶跃函数的定义是

$$r(t) = \begin{cases} R & t \geq 0 \\ 0 & t < 0 \end{cases} \tag{3-1}$$

式中，R 是常数，称为阶跃函数的阶跃值。$R=1$ 的阶跃函数称为单位阶跃函数，记为 $1(t)$，如图 3-1 所示。单位阶跃函数的拉普拉斯变换为

$$R(s) = L[r(t)] = \frac{1}{s}$$

在 $t=0$ 处的阶跃信号，相当于一个不变的信号突然加到系统上，如指令的突然转移、电源的突然接通及负荷的突变等，都可视为阶跃信号。

（2）斜坡函数　其定义为

$$r(t) = \begin{cases} Rt & t \geq 0 \\ 0 & t < 0 \end{cases} \tag{3-2}$$

这种函数相当于随动系统中一个按恒速变化的位置信号，该恒速度为 R。当 $R=1$ 时，称为单位斜坡函数，如图 3-2 所示。单位斜坡函数的拉普拉斯变换为

$$R(s) = L[t] = \frac{1}{s^2}$$

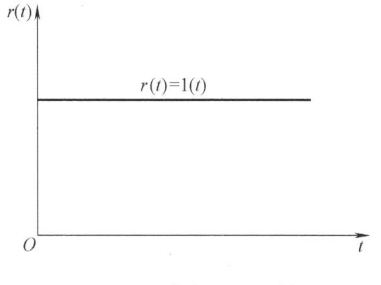

图 3-1　单位阶跃函数

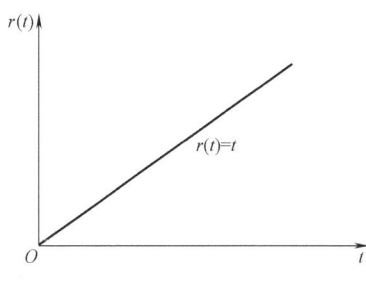

图 3-2　单位斜坡函数

(3) 抛物线函数 其定义为

$$r(t) = \begin{cases} \dfrac{1}{2}Rt^2 & t \geq 0 \\ 0 & t < 0 \end{cases} \tag{3-3}$$

这种函数相当于系统加入一个按恒加速度变化的位置信号，加速度为 R。当 $R=1$ 时，称为单位抛物线函数，如图 3-3 所示。单位抛物线函数的拉普拉斯变换为

$$R(s) = L\left[\dfrac{1}{2}t^2\right] = \dfrac{1}{s^3}$$

(4) 单位脉冲函数 $\delta(t)$ 其定义为

$$r(t) = \begin{cases} \delta(t) = \begin{cases} \infty & (t=0) \\ 0 & (t \neq 0) \end{cases} \\ \int_{-\infty}^{+\infty} \delta(t)\,\mathrm{d}t = 1 \end{cases} \tag{3-4}$$

单位脉冲函数的积分面积是 1。单位脉冲函数如图 3-4 所示，其拉普拉斯变换为

$$R(s) = L[\delta(t)] = 1$$

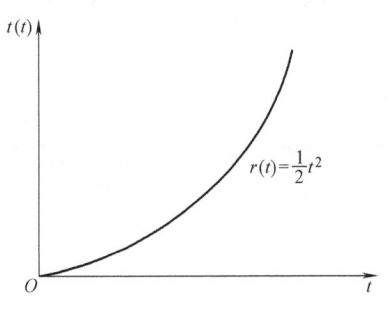

图 3-3 单位抛物线函数

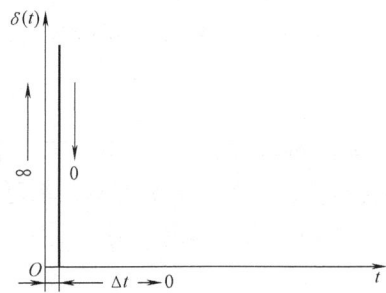

图 3-4 理想单位脉冲函数

单位脉冲函数在现实中是不存在的，它只有数学上的意义。在系统分析中，它是一个重要的数学工具。此外，在实际中有很多信号与单位脉冲函数相似，如脉冲电压信号、冲击力及阵风等。

(5) 正弦函数 其定义为

$$r(t) = A\sin\omega t$$

式中　A——振幅；
　　　ω——角频率。

其拉普拉斯变换为

$$R(s) = \dfrac{A\omega}{s^2 + \omega^2}$$

用正弦函数作为输入信号，可以求得系统对不同频率正弦输入函数的稳态响应，由此可以间接判断系统的性能。

2. 系统的动态性能指标

由于控制系统的元件和被控制对象通常都具有一定的惯性（如机械惯性、电磁惯性及热惯性等），又由于能源功率的限制，系统中各种参数（如速度、位移、电流、电压及温度等）的变化不可能突变。因此，系统从一个稳态过渡到另一个稳态需要经历一段时间，即需要经历一个过渡过程，它表征了系统的动态性能。通常以系统对突加给定信号（阶跃信号）的动态响应来介绍动态性能指标。图 3-5 为系统对突加给定信号的动态响应曲线。

动态性能指标通常用上升时间（t_r）、最大超调量（σ）、峰值时间（t_p）调整时间（t_s）和振荡次数（N）来衡量。

（1）上升时间（t_r）（Rise Time） 指输出量第一次到达稳态值所需的时间，它说明了系统的反应速度。

（2）最大超调量（σ）（Maximum Overshoot） 最大超调量是指输出量与稳态值的最大偏差与稳态值之比，即

$$\sigma = \frac{c(t) - c(\infty)}{c(\infty)} \times 100\% = \frac{\Delta c_{max}}{c(\infty)} \times 100\% \tag{3-5}$$

最大超调量反映了系统的动态精度，最大超调量越小，说明系统过渡过程进行得越平稳。

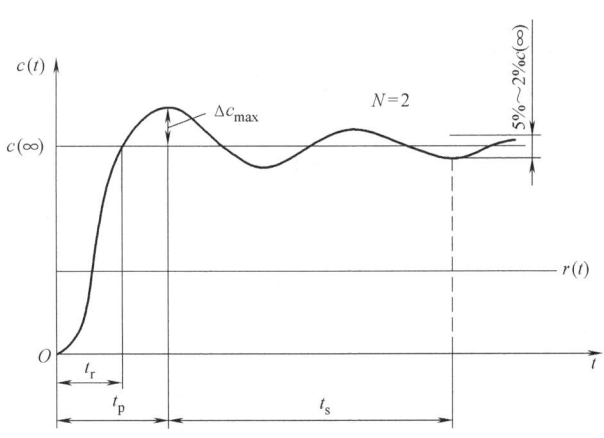

图 3-5 系统对突加给定信号的动态响应曲线

（3）峰值时间 t_p（Peak Time） 峰值时间是指系统输出量第一次到达最大值所需要的时间。峰值时间反映了系统的快速性。

（4）调整时间（t_s）（Settling Time） 调整时间是指系统输出量进入并一直保持在稳态值的允许误差范围 $\delta c(\infty)$ 内所需要的时间，其误差范围一般定为 $\delta = \pm 2\% \sim \pm 5\%$。

调整时间 t_s 反映了系统的快速性。调整时间越短，系统快速性越好。

（5）振荡次数（N）（Order Number） 振荡次数是指在调整时间 t_s 内，输出量在稳态值

上下摆动的周期数,即调整时间 t_s 内系统响应曲线穿越稳态值次数的一半。振荡次数越少,系统的稳定性能越好。

在上述指标中,最大超调量和振荡次数反映了系统的稳定性能,调整时间反映了系统的快速性,后文将学习的稳态误差反映了系统的准确度。一般说来,总是希望最大超调量小一点,振荡次数少一点,调整时间短一些,稳态误差小一点。总之,希望系统能达到稳、快、准。

然而,这些性能指标之间相互制约、相互矛盾。工程上常常按照控制对象的特点,以及控制要求的不同保证重点,兼顾其他。

任务二 控制系统的稳定性分析

一、任务引入

一个不稳定的系统能否正常工作呢?下面就来学习分析控制系统的稳定性。

二、任务分析

从系统稳定的概念及稳定的条件引出系统稳定的判据,进而介绍系统稳定的判断方法。

三、相关知识

1. 系统稳定性的概念和稳定的充分必要条件

一个系统正常工作的首要条件就是它必须是稳定的。所谓稳定性,是指系统受到扰动后偏离原来的平衡状态,在扰动消失后,经过一段过渡过程能否恢复到原来的平衡状态或足够准确地回到原来的平衡状态的性能。若系统能恢复到原来的平衡状态,则称系统是稳定的;若扰动消失后系统不能恢复到原来的平衡状态,则称系统是不稳定的。

系统的稳定性取决于系统本身固有的特性,而与扰动信号无关。它决定于瞬时扰动取消后动态分量的衰减与否,由任务三的动态性能分析将可以看出,动态分量的衰减与否决定于系统闭环传递函数的极点(系统的特征根)在 S 平面(即根平面)的分布。如果所有极点都分布在 S 平面虚轴的左侧,则系统的动态分量将逐渐衰减为零,系统是稳定的;如果有共轭极点分布在 S 平面的虚轴上,则系统的动态分量做等幅振荡,系统处于临界稳定状态;如果有闭环极点分布在 S 平面虚轴的右侧,则系统具有发散的动态分量,系统是不稳定的。所以,系统稳定的充分必要条件是:系统特征方程式所有的根(即闭环传递函数的极点)全部为负实数或为具有负实部的共轭复数,也就是所有的极点分布在 S 平面虚轴的左侧。

因此,可以根据求解特征方程式的根来判断系统的稳定与否。例如,一阶系统的特征方程式为

$$a_0 s + a_1 = 0$$

则特征方程式的根为

$$s = -\frac{a_1}{a_0}$$

显然，特征方程式的根为负的充分必要条件是 a_0、a_1 同时为正或同时为负，但为了分析简便，通常取 a_0、a_1 同为正值，即

$$a_0 > 0, \quad a_1 > 0 \tag{3-6}$$

二阶系统的特征方程式为

$$a_0 s^2 + a_1 s + a_2 = 0$$

特征方程式的根为

$$s_{1,2} = -\frac{a_1}{2a_0} \pm \sqrt{\left(\frac{a_1}{2a_0}\right)^2 - \frac{a_2}{a_0}}$$

要使系统稳定，特征方程式的根必须有负实部。因此二阶系统稳定的充分必要条件是：a_0、a_1 和 a_2 同时为正或同时为负。为了分析简便，通常取三者同为正值，即

$$a_0 > 0, \; a_1 > 0, \; a_2 > 0 \tag{3-7}$$

由于求解高阶系统特征方程式的根较复杂，所以对高阶系统一般都采用间接方法来判断其稳定性。经常采用的间接方法是代数稳定判据（也称劳斯-古尔维茨稳定判据）、频域分析法稳定判据（也称奈魁斯特稳定判据）。本章只介绍代数稳定判据。

2. 代数稳定判据

下面以劳斯-古尔维茨稳定判据为例来介绍稳定判据的应用。

设系统微分方程的特征方程式为

$$a_0 s^n + a_1 s^{n-1} + \cdots + a_{n-1} s + a_n = 0$$

劳斯-古尔维茨行列式由下述方法组成：在主对角线上写出从第二项系数（a_1）到最末一项系数（a_n），在主对角线以上的诸行中填写下标号码递增的诸项系数，而在主对角线以下的各行中填写下标号码递减的诸项系数。如果在某位置上按次序应填入的系数下标大于 a_n 或小于 a_0，则在该位置上填 0。对于 n 阶微分方程来说，其主行列式为

$$D = \begin{vmatrix} a_1 & a_3 & a_5 & a_7 & \cdots & 0 & 0 & 0 \\ a_0 & a_2 & a_4 & a_6 & \cdots & 0 & 0 & 0 \\ 0 & a_1 & a_3 & a_5 & \cdots & 0 & 0 & 0 \\ \vdots & \vdots & \vdots & \vdots & \cdots & \vdots & \vdots & \vdots \\ \vdots & \vdots & \vdots & \vdots & \cdots & \vdots & \vdots & \vdots \\ 0 & 0 & 0 & 0 & \cdots & a_{n-2} & a_n & 0 \\ 0 & 0 & 0 & 0 & \cdots & a_{n-3} & a_{n-1} & 0 \\ 0 & 0 & 0 & 0 & \cdots & a_{n-4} & a_{n-2} & a_n \end{vmatrix} \tag{3-8}$$

劳斯-古尔维茨稳定判据认为系统稳定的充分必要条件是：

1）系统特征方程式的各项系数 a_n，a_{n-1}，$\cdots$，a_0 均为正值。

2）系数的主行列式及其对角线的各子行列式都大于零。

例如，对于四阶特征方程式

$$a_0s^4 + a_1s^3 + a_2s^2 + a_3s + a_4 = 0$$

稳定判别主行列式为

$$D = \begin{vmatrix} a_1 & a_3 & 0 & 0 \\ a_0 & a_2 & a_4 & 0 \\ 0 & a_1 & a_3 & 0 \\ 0 & a_0 & a_2 & a_4 \end{vmatrix}$$

因此，系统稳定的充分必要条件为

$$a_0 > 0, a_1 > 0, a_2 > 0, a_3 > 0, a_4 > 0$$

主行列式及各子行列式也必须大于零，即

$$D_1 = \begin{vmatrix} a_1 & a_3 \\ a_0 & a_2 \end{vmatrix} = a_1a_2 - a_0a_3 > 0$$

$$D_2 = \begin{vmatrix} a_1 & a_3 & 0 \\ a_0 & a_2 & a_4 \\ 0 & a_1 & a_3 \end{vmatrix} = a_1a_2a_3 - a_1^2a_4 - a_0a_3^2 > 0$$

$$D_3 = a_4D_2 > 0$$

【**实例 3-1**】 系统特征方程式为 $2s^4 + s^3 + 3s^2 + 5s + 10 = 0$，试用劳斯-古尔维茨稳定判据判断系统的稳定性。

解：由特征方程式可知，各项系数均大于 0。其主行列式为

$$D = \begin{vmatrix} 1 & 5 & 0 & 0 \\ 2 & 3 & 10 & 0 \\ 0 & 1 & 5 & 0 \\ 0 & 2 & 3 & 10 \end{vmatrix}$$

其中子行列式

$$D_1 = \begin{vmatrix} 1 & 5 \\ 2 & 3 \end{vmatrix} = 1 \times 3 - 2 \times 5 < 0$$

由于 $D_1 < 0$，因此不满足劳斯-古尔维茨行列式全部为正的条件，该系统属于不稳定系统。D_2、D_3 可以不再进行计算。

3. 代数稳定判据的应用

代数稳定判据除可以根据系统特征方程式的系数判别其稳定性外，还可以求解系统的临界参数，分析系统结构参数对稳定性的影响，检验稳定裕量和鉴别延迟系统的稳定性等，并

可以从中得到一些重要的结论。

利用代数稳定判据可以确定系统个别参数变化对稳定性的影响，以及为使系统稳定，这些参数的取值的范围。若讨论的参数为开环放大系数，则为使系统稳定的开环放大系数临界值称为临界放大系数，用 K_L 表示。

【**实例 3-2**】 已知系统框图如图 3-6 所示，试确定使系统稳定的 K 值范围。

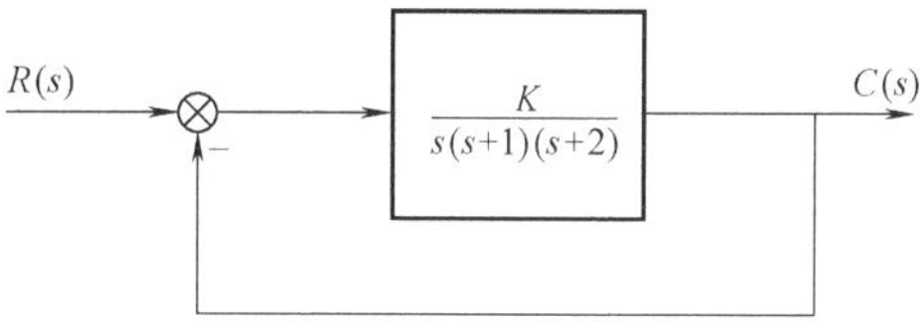

图 3-6

解：闭环系统的传递函数范围为

$$\Phi(s) = \frac{K}{s^3 + 3s^2 + 2s + K}$$

闭环特征方程式为

$$s^3 + 3s^2 + 2s + K = 0$$

可建立劳斯-古尔维茨稳定判据主行列式，即

$$D = \begin{vmatrix} 3 & K & 0 \\ 1 & 2 & 0 \\ 0 & 3 & K \end{vmatrix}$$

因此系统稳定的充分必要条件为

$$K > 0$$

主行列式及各子行列式也必须大于零，即

$$D_1 = \begin{vmatrix} 3 & K \\ 1 & 2 \end{vmatrix} = a_1 a_2 - a_0 a_3 = 6 - K > 0$$

$$D_2 = a_3 D_1 > 0$$

为使系统稳定，必须使 $K > 0$，且 $6 - K > 0$ 即 $K < 6$。因此，K 的取值范围为

$$0 < K < 6$$

临界放大系数为 $K_L = 6$。

【**实例 3-3**】 系统的闭环传递函数为 $\Phi(s) = \dfrac{K}{(T_1 s + 1)(T_2 s + 1)(T_3 s + 1) + K}$，式中 $K = K_1 K_2 K_3$。分析系统内部参数变化对系统稳定性的影响。

解：系统的特征方程为

$$T_1 T_2 T_3 s^3 + (T_1 T_2 + T_1 T_3 + T_2 T_3) s^2 + (T_1 + T_2 + T_3) s + K + 1 = 0$$

根据代数稳定判据，三阶系统稳定的充分必要条件是

$$a_0 > 0,\ a_1 > 0,\ a_2 > 0,\ a_3 > 0,\ a_1 a_2 - a_0 a_3 > 0$$

对应于该系统，由于 T_1、T_2、T_3 和 K 均大于零，所以要使系统稳定，要求

$$(T_1 T_2 + T_1 T_3 + T_2 T_3)(T_1 + T_2 + T_3) > T_1 T_2 T_3 (1 + K)$$

经整理得

$$K < \frac{T_1}{T_2} + \frac{T_2}{T_3} + \frac{T_3}{T_1} + \frac{T_2}{T_1} + \frac{T_3}{T_2} + \frac{T_1}{T_3} + 2$$

假使 $T_1 = T_2 = T_3$，则使系统稳定的临界放大系数 $K_L = 8$。如果取 $T_1 = T_3 = 10 T_2$。则临界放大系数变为 $K_L = 24.2$。由此可见，各环节的时间常数错开程度越大，系统的临界开环

放大系数越大。反过来，如果系统的开环放大系数一定，则时间常数的错开程度越大，系统的稳定性越好。

任务三　控制系统的动态性能分析

一、任务引入

自动控制系统的输出量一般都包含两个分量，一个是稳态分量，另一个是暂态分量。暂态分量反映了控制系统的动态性能。

二、任务分析

凡是可用一阶微分方程或二阶微分方程描述的系统，就称为一阶系统或二阶系统。在工程实践中，一阶系统和二阶系统不乏其例。特别是不少高阶系统的特性常可用一阶系统或二阶系统的特性来近似表征。因此，研究一、二阶系统的分析和计算方法具有很大的实际意义。

三、相关知识

1. 一阶系统的动态性能分析

一阶系统的传递函数为

$$\Phi(s) = \frac{C(s)}{R(s)} = \frac{1}{Ts+1} \tag{3-9}$$

式中　T——时间常数，它是表征系统惯性的一个重要参数，所以一阶系统也称为惯性环节。

式（3-9）称为一阶系统的数学模型。令输入信号为不同形式的时间函数，利用拉普拉斯反变换即可求得一阶系统的各种输出响应。

设一阶系统的输入信号为单位阶跃函数 $r(t)=1(t)$，则系统输出量的拉普拉斯变换为

$$C(s) = \frac{1}{s(Ts+1)} = \frac{1}{s} - \frac{T}{Ts+1}$$

对上式进行拉普拉斯反变换，得单位阶跃响应为

$$c(t) = 1 - e^{-t/T} \quad (t \geq 0)$$

或写成

$$c(t) = C_{ss} + C_{tt} \tag{3-10}$$

式中　$C_{ss} = 1$——输出量中的稳态分量；

$C_{tt} = e^{-t/T}$——输出量中的暂态分量，当时间 t 趋于无穷大时，C_{tt} 衰减为零。

由式（3-10）可见，一阶系统的单位阶跃响应是一条初始值为零，以指数规律上升到稳态值为1的曲线，如图3-7所示。由于响应曲线在[0，∞)的时间区间内始终不会超过其稳态值，因此，通常把这样的响应称为非周期响应。一阶系统的非周期响应具备以下两个重要

的特点。

第一，可以用时间常数 T 去度量系统输出量的数值。例如，当 $t=T$ 时，$c(t)$ 的数值等于其稳态值的 63.2%，而当 t 等于 $2T$、$3T$、$4T$ 和 $5T$ 时，$c(t)$ 的数值将分别等于稳态值的 86.5%、95%、98.2% 和 99.3%。根据这个特点，可以用实验的方法确定待测系统是否属于一阶系统或等效一阶系统。

第二，响应曲线的初始斜率等于 $\frac{1}{T}$。

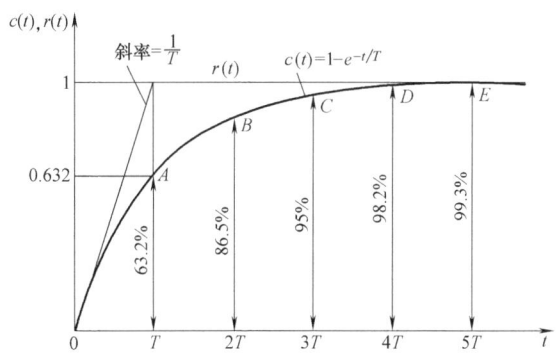

图 3-7　典型一阶系统的单位阶跃响应曲线

因为

$$\frac{dc(t)}{dt}\Big|_{t=0} = \frac{1}{T}e^{-t/T}\Big|_{t=0} = \frac{1}{T} \tag{3-11}$$

上式表明，一阶系统的单位阶跃响应如果以初始速度等速上升至稳态值 1 所需要的时间恰好为 T。式（3-11）正是在单位阶跃响应实验曲线上确定一阶系统时间常数的方法之一。

根据动态性能指标的定义，可以求得调节时间

$$t_s = 3T \text{（对应 5% 误差带）}$$
$$t_s = 4T \text{（对应 2% 误差带）}$$

显然，时间常数 T 越小，调整时间 t_s 越小，响应的快速性也越好。

上升时间 $t_r = 2.20T$

而峰值时间 t_p 和超调量 σ 显然都不存在。

【**实例 3-4**】　一阶系统框图如图 3-8 所示。试求系统单位阶跃响应的调整时间 t_s。如果要求 $t_s \leq 0.1\text{s}$，试问系统的反馈系数应取何值？

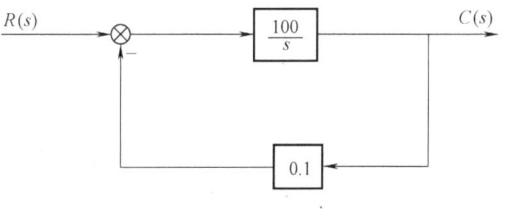

图 3-8　一阶系统框图

解： 由系统结构图写出闭环传递函数为

$$\Phi(s) = \frac{C(s)}{R(s)} = \frac{100/s}{1 + \frac{100}{s} \times 0.1} = \frac{10}{0.1s + 1}$$

其中时间常数

$$T = 0.1\text{s}$$

因此调整时间

$$t_s = 3T = 0.3\text{s}\text{（对应 5% 误差带）}$$

下面来求满足 $t_s \leq 0.1\text{s}$ 的反馈系数的值。假设该值为 $K_t (K_t > 0)$，那么同样可由框图写出闭环传递函数为

$$\Phi(s) = \frac{100/s}{1 + \frac{100}{s}K_t} = \frac{1/K_t}{\frac{0.01}{K_t}s + 1}$$

令时间常数

$$T = (0.01/K_t)$$

根据题意要求 $t_s \leq 0.1s$,则

$$t_s = 3T = (0.03/K_t)s \leq 0.1s$$

所以

$$K_t \geq 0.3$$

2. 二阶系统的动态性能分析

图 3-9 为典型的二阶系统框图,系统的开环传递函数为

$$G(s) = \frac{\omega_n^2}{s^2 + 2\xi\omega_n s} \quad (3-12)$$

系统的闭环传递函数为

$$\Phi(s) = \frac{C(s)}{R(s)} = \frac{\omega_n^2}{s^2 + 2\xi\omega_n s + \omega_n^2} \quad (3-13)$$

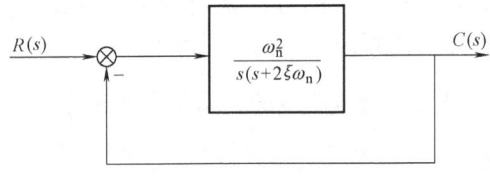

图 3-9 典型二阶系统的框图

式(3-13)称为典型二阶系统的传递函数,其中,ξ 为典型二阶系统的阻尼比(或相对阻尼系数),ω_n 为无阻尼振荡角频率(或称为自然振荡角频率)。

典型二阶系统的特征方程式为

$$s^2 + 2\xi\omega_n s + \omega_n^2 = 0$$

它的两个特征根为

$$s_{1,2} = -\xi\omega_n \pm \omega_n\sqrt{\xi^2 - 1} \quad (3-14)$$

在单位阶跃函数的作用下,二阶系统输出的拉普拉斯变换为

$$C(s) = \Phi(s)R(s) = \Phi(s)\frac{1}{s}$$

求 $C(s)$ 的拉普拉斯反变换,可得典型二阶系统的单位阶跃响应。由于特征根 $s_{1,2}$ 与阻尼比有关,当阻尼比为不同值时,单位阶跃响应有不同的形式。下面分几种情况来分析二阶系统的动态性能。

(1)欠阻尼情况($0 < \xi < 1$) 由于 $0 < \xi < 1$,若令

$$\omega_d = \omega_n\sqrt{1 - \xi^2} \quad (3-15)$$

则系统的一对共轭复数根可写为

$$s_{1,2} = -\xi\omega_n \pm j\omega_d$$

式中 $\xi\omega_n$——衰减系数,具有频率的量纲;

ω_d——阻尼振荡频率。

当输入信号为单位阶跃函数时,系统输出量的拉普拉斯变换为

$$\begin{aligned}C(s) &= \frac{\omega_n^2}{s^2 + 2\xi\omega_n s + \omega_n^2}\frac{1}{s} = \frac{1}{s} - \frac{s + 2\xi\omega_n}{s^2 + 2\xi\omega_n s + \omega_n^2}\\ &= \frac{1}{s} - \frac{s + \xi\omega_n}{(s + \xi\omega_n)^2 + \omega_d^2} - \frac{\xi\omega_n}{(s + \xi\omega_n)^2 + \omega_d^2}\end{aligned} \quad (3-16)$$

对上式进行拉普拉斯反变换可得

$$c(t) = 1 - e^{-\xi\omega_n t}\left(\cos\sqrt{1-\xi^2}\omega_n t + \frac{\xi}{\sqrt{1-\xi^2}}\sin\sqrt{1-\xi^2}\omega_n t\right) \quad (t \geq 0)$$

令

$$\sin\varphi = \sqrt{1-\xi^2} \quad \cos\varphi = \xi \tag{3-17}$$

则欠阻尼二阶系统的单位阶跃响应可简化为

$$c(t) = 1 - \frac{1}{\sqrt{1-\xi^2}}e^{-\xi\omega_n t}\sin(\omega_d t + \varphi) \quad (t \geq 0) \tag{3-18}$$

其中，$\varphi = \arctan\frac{\sqrt{1-\xi^2}}{\xi}$ 或 $\varphi = \arccos\xi$。

由式（3-18）可知，欠阻尼二阶系统的单位阶跃响应由两部分组成：稳态分量为1，图3-10表明系统在单位阶跃函数作用下不存在稳态误差；暂态分量是阻尼正弦振荡项，其振荡频率为 ω_d，故称为阻尼振荡频率，其数值与阻尼比 ξ 有关。由于暂态分量衰减的快慢程度取决于包络线 $1 \pm e^{-\xi\omega_n t}/\sqrt{1-\xi^2}$ 的收敛快慢程度，而当阻尼比 ξ 一定时，包络线收敛的速率取决于指数函数 $e^{-\xi\omega_n t}$ 的幂，所以称 $\xi\omega_n$ 为衰减系数。

$c(t)$ 是一衰减振荡曲线，又称阻尼振荡曲线。由式（3-18）还可知，根据不同的 ξ（$0 < \xi < 1$），可画出一簇阻尼振荡曲线，参见图3-10。由图3-10可见，ξ 越小，振荡的最大振幅越大。

（2）临界阻尼情况（$\xi = 1$）
当 $\xi = 1$ 时，系统有两个相等的负数根，为

$$s_{1,2} = -\omega_n$$

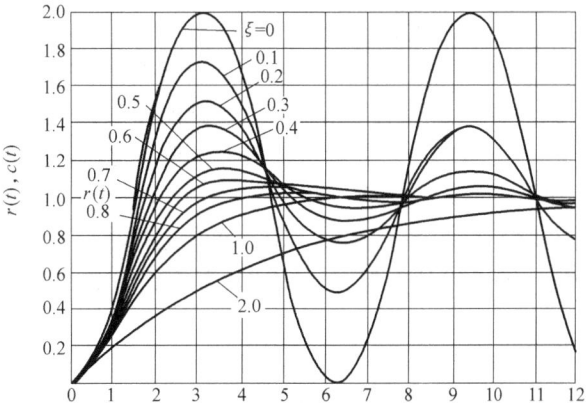

图 3-10　典型二阶系统的单位阶跃响应曲线

在单位阶跃函数的作用下，输出量的拉普拉斯变换为

$$C(s) = \frac{\omega_n^2}{s^2 + 2\omega_n s + \omega_n^2}\frac{1}{s} = \frac{\omega_n^2}{s(s+\omega_n)^2}$$

其反拉普拉斯变换为

$$c(t) = 1 - e^{-\omega_n t}(1 + \omega_n t) \quad (t \geq 0) \tag{3-19}$$

式（3-19）表明，临界阻尼时的阶跃响应为稳态值是1的非周期上升过程，整个响应特性不产生振荡，为单调上升曲线。

（3）过阻尼情况（$\xi > 1$）　当 $\xi > 1$ 时，系统有两个不相等的负实根，为

$$s_{1,2} = -\xi\omega_n \pm \omega_n\sqrt{\xi^2 - 1}$$

当输入信号为单位阶跃函数时，输出量的拉普拉斯变换为

$$C(s) = \frac{\omega_n^2}{(s + \xi\omega_n + \omega_n\sqrt{\xi^2-1})(s + \xi\omega_n - \omega_n\sqrt{\xi^2-1})}\frac{1}{s}$$

$$= \frac{1}{s} + \frac{[2\sqrt{\xi^2-1}(\xi+\sqrt{\xi^2-1})]^{-1}}{s+\xi\omega_n+\omega_n\sqrt{\xi^2-1}} - \frac{[2\sqrt{\xi^2-1}(\xi-\sqrt{\xi^2-1})]^{-1}}{s+\xi\omega_n-\omega_n\sqrt{\xi^2-1}}$$

其反拉普拉斯变换为

$$c(t) = 1 - \frac{1}{2\sqrt{\xi^2-1}}\left[\frac{e^{-(\xi-\sqrt{\xi^2-1})\omega_n t}}{\xi-\sqrt{\xi^2-1}} - \frac{e^{-(\xi+\sqrt{\xi^2-1})\omega_n t}}{\xi+\sqrt{\xi^2-1}}\right] \quad (t \geq 0) \quad (3-20)$$

式（3-20）表明，系统响应含有两个单调衰减的指数项，它们的代数和绝不会超过稳态值1，因而过阻尼的阶跃响应曲线也为单调上升曲线，不过其上升的斜率较临界阻尼更慢。

（4）无阻尼情况（$\xi=0$） 当$\xi=0$时，输出量的拉普拉斯变换为

$$C(s) = \frac{\omega_n^2}{s(s^2+\omega_n^2)}$$

特征方程式的根为一对纯虚根，即

$$s_{1,2} = \pm j\omega_n$$

因此，二阶系统的输出响应为

$$c(t) = 1 - \cos\omega_n t \quad (t \geq 0) \quad (3-21)$$

式（3-21）表明，系统为不衰减的振荡，即等幅振荡曲线，其振荡频率为ω_n。

由以上分析，可以看出，在不同阻尼比时，二阶系统的动态响应有很大区别，因此，阻尼比ξ为二阶系统的重要特征参量。当$\xi=0$时，系统不能正常工作，而在$\xi \geq 1$时，系统动态响应进行得太慢。所以，对二阶系统来说，欠阻尼情况（$0<\xi<1$）是有意义的，下面讨论这种情况下的动态性能指标。

3. 二阶系统的动态性能指标

在推导公式之前，需说明欠阻尼二阶系统特征量之间的关系。由图 3-11 可知，衰减系数 $\xi\omega_n$ 是闭环极点到虚轴之间的距离；阻尼振荡频率 ω_d 是闭环极点到实轴的距离，无阻尼振荡频率 ω_n 是闭环极点到原点的距离。设直线 os_1 与负实轴夹角为 φ，则

$$\xi = \cos\varphi \quad (3-22)$$

下面推导无零点欠阻尼二阶系统动态响应的性能指标和计算公式。

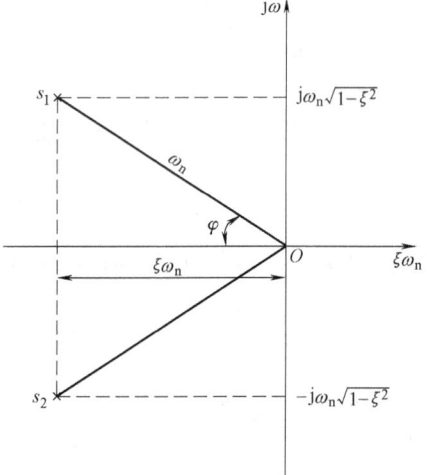

图 3-11 $\xi<1$ 时的根分布

（1）上升时间 t_r 根据定义，当 $t=t_r$ 时，$c(t_r)=1$。由式（3-18），得

$$c(t_r) = 1 - \frac{\xi}{\sqrt{1-\xi^2}}e^{-\xi\omega_n t_r}\sin(\omega_d t_r + \varphi) = 1$$

则

$$\frac{\xi}{\sqrt{1-\xi^2}}e^{-\xi\omega_n t_r}\sin(\omega_d t_r + \varphi) = 0$$

由于 $\dfrac{\xi}{\sqrt{1-\xi^2}} \neq 0$，$e^{-\xi\omega_n t_r} \neq 0$，所以必有

$$\omega_d t_r + \varphi = \pi$$

于是上升时间为

$$t_r = \frac{\pi - \varphi}{\omega_d} \tag{3-23}$$

显然，增大 ω_n 或减小 ξ，均能减小 t_r，从而加快系统的初始响应速度。

（2）峰值时间 t_p　将式（3-18）对时间 t 求导，并令其为零，可求得峰值时间 t_p，即

$$\frac{dc(t)}{dt}\bigg|_{t=t_p} = \omega_d \cos(\omega_d t_p + \varphi) - \xi\omega_n \sin(\omega_d t_p + \varphi) = 0$$

从而得

$$\tan(\omega_d t_p + \varphi) = \tan\varphi$$
$$\omega_d t_p = 0, \pi, 2\pi, \cdots$$

按峰值时间的定义，它对应最大超调量，即 $c(t)$ 第一次出现峰值所对应的时间，所以应取

$$t_p = \frac{\pi}{\omega_d} = \frac{\pi}{\omega_n \sqrt{1-\xi^2}} \tag{3-24}$$

式（3-24）说明，峰值时间恰好等于阻尼振荡周期的一半。当 ξ 一定时，极点距实轴越远，t_p 越小。

（3）超调量 σ　当 $t = t_p$ 时，$c(t)$ 有最大值 $c(t)_{\max}$，即 $c(t)_{\max} = c(t_p)$。对于单位阶跃输入，系统的稳态值 $c(\infty) = 1$，将峰值时间表达式（3-24）代入式（3-18），得最大输出为

$$c(t)_{\max} = c(t_p) = 1 - \frac{e^{-\xi\omega_n t_p}}{\sqrt{1-\xi^2}}\sin(\omega_d t_p + \varphi) = 1 - \frac{e^{-\frac{\xi\pi}{\sqrt{1-\xi^2}}}}{\sqrt{1-\xi^2}}\sin(\pi + \varphi)$$ 由图 3-11 可知

$$\sin(\pi + \varphi) = -\sin\varphi = -\sqrt{1-\xi^2}$$

则

$$c(t_p) = 1 + e^{-\frac{\xi\pi}{\sqrt{1-\xi^2}}} \tag{3-25}$$

所以最大超调量为

$$\sigma = e^{-\frac{\xi\pi}{\sqrt{1-\xi^2}}} \times 100\%$$

可见，最大超调量仅由 ξ 决定。ξ 越大，σ 越小。

σ 和 ξ 的关系如图 3-12 所示。

在动态过程中的偏差为

$$\Delta c = c(\infty) - c(t)$$
$$= \frac{e^{-\xi\omega_n t}}{\sqrt{1-\xi^2}}\sin(\sqrt{1-\xi^2}\omega_n t + \varphi)$$

当 $\Delta c = 0.05$ 或 $\Delta c = 0.02$ 时，得

$$\frac{e^{-\xi\omega_n t}}{\sqrt{1-\xi^2}}\sin(\sqrt{1-\xi^2}\omega_n t + \varphi)$$

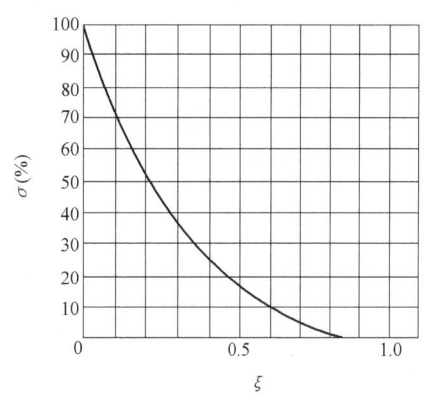

图 3-12　最大超调量 σ 与阻尼比 ξ 的关系

$$= 0.05 (\text{或} 0.02)$$

由上式可看出，满足上述条件的 t 有多个，其中最大值就是调节时间 t_s。由于正弦函数的存在，t_s 与 ξ 之间的函数关系是不连续的。为了简便起见，可采用近似的计算方法，忽略正弦函数的影响，认为指数项衰减到 0.05 或 0.02 时，动态过程即进行完毕。这样便得到

$$\frac{e^{-\xi\omega_n t}}{\sqrt{1-\xi^2}} = 0.05 (\text{或} 0.02)$$

由此求得

$$t_s(5\%) = \frac{1}{\xi\omega_n}\left[3 - \frac{1}{2}\ln(1-\xi^2)\right] \approx \frac{3}{\xi\omega_n}, \quad 0 < \xi < 0.9 \tag{3-26}$$

$$t_s(2\%) = \frac{1}{\xi\omega_n}\left[4 - \frac{1}{2}\ln(1-\xi^2)\right] \approx \frac{4}{\xi\omega_n}, \quad 0 < \xi < 0.9 \tag{3-27}$$

根据式 (3-26) 绘成曲线如图 3-13 所示。

如果考虑正弦项时，由于调整时间 t_s 与 ξ 之间的复杂函数关系，只能用数值计算求取 $t_s = f(\xi)$ 的函数关系曲线，或者由图 3-13 所示的曲线测定与 ±5% 允许误差相对应的调整时间。同理也可以得到与 ±2% 允许误差相对应的调整时间。

通过以上分析可知，t_s 近似与 $\xi\omega_n$ 成反比。在设计系统时，ξ 通常由要求的最大超调量决定，所以调整时间 t_s 由无阻尼自然振荡频率 ω_n 所决定。也就是说，在不改变超调量的条件下，通过改变 ω_n 值来改变调整时间 t_s。

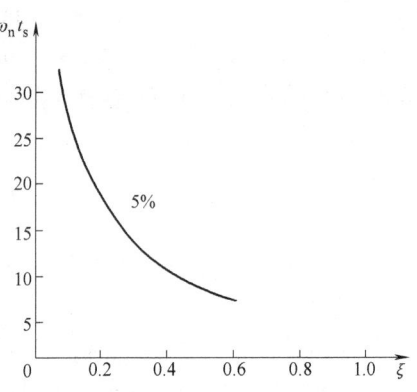

图 3-13 调节时间 t_s 与阻尼比的关系

(4) 振荡次数 N 振荡次数是指在调节时间 t_s 内，$c(t)$ 波动的次数。根据其定义可得

$$N = \frac{t_s}{t_f} \tag{3-28}$$

式中 $t_f = \frac{2\pi}{\omega_d} = \frac{2\pi}{\omega_n\sqrt{1-\xi^2}}$ ——阻尼振荡的周期时间。

由以上讨论，可以得到如下结论：

1) 阻尼比 ξ 是二阶系统的一个重要参数，由 ξ 值的大小可以间接判断一个二阶系统的动态品质。在过阻尼（$\xi > 1$）的情况下，动态性能曲线为单调变化的曲线，没有超调量和振荡，但调整时间较长，系统反应迟缓。当 $\xi = 0$，输出量作等幅振荡，系统不能稳定工作。

2) 一般情况下，系统在欠阻尼（$0 < \xi < 1$）情况下工作。但是 ξ 过小，则超调量大，振荡次数多，调整时间长，动态品质差。应该注意，超调量只和阻尼比有关，因此，通常可以根据允许的超调量来选择阻尼比 ξ。

3) 调整时间与系统阻尼比 ξ 和 ω_n 这两个特征参数的乘积成反比。在阻尼比一定时，可通过改变 ω_n 来改变动态响应的持续时间。ω_n 越大，系统的调整时间越短。

4) 为了限制超调量，并使调整时间 t_s 较短，阻尼比 ξ 一般为 0.4~0.8，这时阶跃响应的超调量将为 25%~1.5%。

【实例 3-5】 开环传递函数 $G(s) = \dfrac{K}{s(Ts+1)}$ 的单位反馈随动系统如图 3-14 所示。若

$K=16$，$T=0.25$s。试求：(1) 典型二阶系统的特征参数 ξ 和 ω_n；(2) 动态性能指标 σ 和 t_s；(3) 欲使 $\sigma=16\%$，当 T 不变时，K 应取何值？

解：1）闭环系统的传递函数为

$$\Phi(s)=\frac{K}{Ts^2+s+K}=\frac{\dfrac{K}{T}}{s^2+\dfrac{1}{T}s+\dfrac{K}{T}}$$

令

$$\Phi(s)=\frac{\omega_n^2}{s^2+2\xi\omega_n s+\omega_n^2}$$

比较上述两式得

$$\omega_n=\sqrt{\frac{K}{T}},\ \xi=\frac{1}{2\sqrt{KT}} \tag{3-29}$$

2）已知 K、T 值，由式（3-29）可得

$$\omega_n=\sqrt{\frac{K}{T}}=\sqrt{\frac{16}{0.25}}\text{rad/s}=8\text{rad/s},\ \xi=\frac{1}{2\sqrt{KT}}=\frac{1}{2\times\sqrt{16\times 0.25}}=0.25$$

由式（3-25）可得

$$\sigma=e^{\frac{-0.25\pi}{\sqrt{1-0.25^2}}}\times 100\%=47\%$$

由式（3-26）和式（3-27）得

$$t_s\approx\frac{4}{\xi\omega_n}=\frac{4}{0.25\times 8}\text{s}=2\text{s}\quad（取 2\% 误差带）$$

$$t_s\approx\frac{3}{\xi\omega_n}=\frac{3}{0.25\times 8}\text{s}=1.5\text{s}\quad（取 5\% 误差带）$$

3）为使 $\sigma=16\%$，由图 3-12，查得 $\xi=0.5$，即应使 ξ 由 0.25 增大到 0.5，此时

$$K=\frac{1}{4T\xi^2}=\frac{1}{4\times 0.25\times 0.5^2}=4$$

即 K 值应减小到原来的 $\dfrac{1}{4}$。

【实例 3-6】 系统框图如图 3-15 所示。要求系统性能指标 $\sigma=20\%$，$t_p=1$s。试确定系统的 K 值和 A 值，并计算 t_r 和 t_s 值。

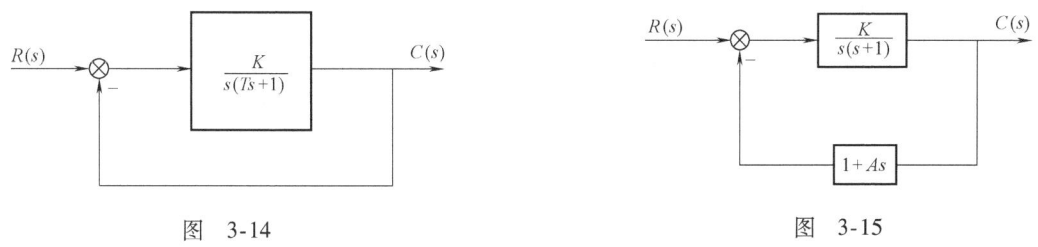

图 3-14　　　　　　　　　　　　　　　图 3-15

解：由框图可知，系统的闭环传递函数为

$$\Phi(s)=\frac{K}{s^2+(1+KA)s+K}$$

与标准形式相比较，得

$$\omega_n = \sqrt{K}, \quad 2\xi\omega_n = 1 + KA$$

由给定的 σ，求取对应的阻尼比 ξ

$$\frac{\pi\xi}{\sqrt{1-\xi^2}} = \ln\frac{1}{\sigma} = \ln\frac{1}{0.2} = 1.61$$

解得
$$\xi = 0.456$$

根据 $t_p = 1\text{s}$ 求取 ω_n，得

$$\omega_n = \frac{\pi}{t_p\sqrt{1-\xi^2}} = \frac{\pi}{\sqrt{1-(0.456)^2}}\text{rad/s} = 3.52\text{rad/s}$$

由 $\omega_n = \sqrt{K}$，解得
$$K = 12.44$$

再由 $2\xi\omega_n = 1 + KA$，解得

$$A = \frac{2\xi\omega_n - 1}{K} = 0.178$$

最后，计算 t_r 及 t_s 为

$$t_r = \frac{\pi - \varphi}{\omega_n\sqrt{1-\xi^2}} = 0.58\text{s}$$

$$t_s = \frac{3}{\xi\omega_n} = 1.86\text{s}(\text{取}5\%\text{误差带})$$

【实例 3-7】 为了改善系统的动态性能指标，满足单位阶跃输入下系统的超调量 $\sigma \leq 5\%$ 的要求，现加入微分负反馈 τs，如图 3-16 所示。求微分时间常数 τ。

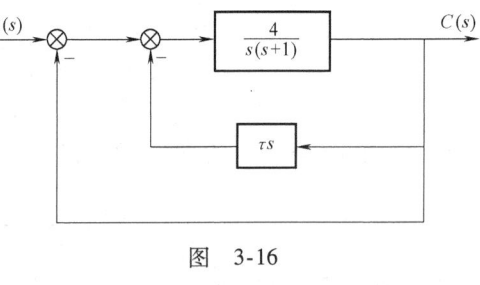

图 3-16

解：系统的开环传递函数为

$$G(s) = \frac{4}{s(s+1+4\tau)} = \frac{4}{1+4\tau}\frac{1}{s\left(\frac{1}{1+4\tau}s+1\right)}$$

由上式可以看出，加入微分负反馈等效于控制对象的时间常数减小为 $\frac{1}{1+4\tau}$，开环放大系数由 4 降低为 $\frac{4}{1+4\tau}$。系统的闭环传递函数为

$$\Phi(s) = \frac{4}{s^2 + (1+4\tau)s + 4}$$

为了使 $\sigma \leq 5\%$，令 $\xi = 0.707$。$2\xi\omega_n = (1+4\tau)$，$\omega_n^2 = 4$，可以求得

$$\tau = \frac{2\xi\omega_n - 1}{4} = \frac{2\times 0.707\times 2 - 1}{4}\text{s} = 0.457\text{s}$$

并由此求得开环放大系数为

$$K = \frac{4}{1+4\tau} = 1.414$$

可以看出，当系统加入局部微分负反馈时，相当于增加了系统的阻尼比，提高了系统的稳定性，但同时降低了系统的开环放大系数。

4. 高阶系统的动态性能分析

高阶系统的闭环传递函数可表示为如下形式

$$\Phi(s) = \frac{C(s)}{R(s)} = \frac{b_0 s^m + b_1 s^{m-1} + \cdots + b_{n-1} s + b_m}{a_0 s^n + a_1 s^{n-1} + \cdots + a_{n-1} s + a_n}$$

将分子和分母分解成因式，上式可写为

$$\Phi(s) = \frac{C(s)}{R(s)} = \frac{K(s+z_1)(s+z_2)\cdots(s+z_m)}{(s+s_1)(s+s_2)\cdots(s+s_n)}$$

式中 $-z_1, -z_2, \cdots, -z_m$——系统的闭环零点；

$-s_1, -s_2, \cdots, -s_n$——系统的闭环极点。

如果系统是稳定的，全部极点和零点都互不相同，并且极点中包含有共轭复数极点。当输入为单位阶跃函数时，输出量的拉普拉斯变换为

$$C(s) = \frac{K \prod_{i=1}^{m}(s+z_i)}{s \prod_{j=1}^{q}(s+s_j) \prod_{K=1}^{\gamma}(s^2 + 2\xi_K \omega_{nK} s + \omega_{nK}^2)}$$

式中 q——实数极点的个数；

γ——共轭复数极点的对数。

用部分分式展开得

$$C(s) = A_0 + \sum_{j=1}^{q} A_j e^{-s_j t} + \sum_{K=1}^{\gamma} B_K e^{-\xi_K \omega_{nK} t} \cos\sqrt{1-\xi_K^2}\,\omega_{nK} t +$$

$$\sum_{K=1}^{\gamma} \frac{C_K - \xi_K \omega_{nK} B_K}{\sqrt{1-\xi_K^2}\,\omega_{nK}} e^{-\xi_K \omega_{nK} t} \sin\sqrt{1-\xi_K^2}\,\omega_{nK} t \qquad (3\text{-}30)$$

由上述分析可知，高阶系统的动态响应是由一阶惯性环节和二阶振荡响应分量合成的。系统的响应不仅与 ξ_K、ω_{nK} 有关，还和闭环零点及系数 A_j、B_K、C_K 的大小有关。这些系数的大小和闭环系统所有的极点和零点有关，所以单位阶跃响应取决于高阶系统闭环零、极点的分布情况。从分析高阶系统单位阶跃响应表达式可以得到如下结论：

1) 高阶系统动态响应各分量衰减的快慢由 $\xi_K \omega_{nK}$ 和 ξ_K、ω_{nK} 决定，即由闭环极点在 S 平面左半边离虚轴的距离决定。闭环极点离虚轴越远，响应的指数分量衰减越快，对系统暂态分量的影响越小；反之，闭环极点离虚轴越近，相应的指数衰减分量衰减越慢，对系统暂态分量的影响越大。

2) 高阶系统动态响应各分量的系数不仅和极点在 S 平面上的位置有关，还与零点的位置有关。如果某一极点 $-s_j$ 靠近一个闭环零点，又远离原点及其他极点，则相应的系数 A_j 比较小，该暂态分量的影响也就越小。如果极点和零点靠得很近，则该极点对动态响应几乎没影响。

3) 假如高阶系统中距虚轴最近的极点的实部绝对值仅为其他极点的 1/5 或更小，并且附近又没有零点，则可以认为系统的响应主要由该极点（或共轭复数极点）来决定。这种对高阶系统动态响应起主导作用的极点，称为系统的主导极点。在通常情况下，总是希望高阶系统的动态响应能获得衰减振荡的过程，所以主导极点常常是共轭复数极点。找到一对共轭复数主导极点后，高阶系统就可近似作为二阶系统来分析，相应的动态响应性能指标就可

以根据二阶系统的计算公式进行近似估算。

任务四　控制系统的稳态误差分析

一、任务引入

稳态误差始终存在于系统的稳态工作状态之中,稳态误差是控制系统的时域指标之一,主要用来评价系统稳态性能的好坏。

二、任务分析

稳态误差仅在稳定系统中才有意义。稳态条件下输入量的期望值与稳态值之间存在的误差,称为系统的稳态误差。影响系统稳态误差的因素很多,如系统的结构、系统的参数以及输入量的形式等。没有稳态误差的系统称为无差系统,具有稳态误差的系统称为有差系统。

为了分析方便,把系统的稳态误差按输入信号形式的不同分为扰动稳态误差和给定稳态误差。对于恒值系统,由于给定量是不变的,常用扰动稳态误差衡量系统的稳态品质;而对随动系统,由于给定量是变化的,要求输出量以一定的精度跟随给定量变化,因此,给定稳态误差变成衡量随动系统稳态品质的指标。

三、相关知识

1. 系统稳态误差的概念

(1) 系统误差 $e(t)$（Error）　现以图 3-17 所示的典型系统来说明系统误差的概念。系统误差 $e(t)$ 的一般定义是:希望值 $c_r(t)$ 与实际值 $c(t)$ 之差,即 $e(t) = c_r(t) - c(t)$。

系统误差的拉普拉斯式为

$$E(s) = C_r(s) - C(s) \tag{3-31}$$

对于输出希望值,通常以偏差信号 ε 为零来确定,即

$$\varepsilon(s) = R(s) - H(s)C_r(s) = 0$$

于是,输出希望值的拉普拉斯式为

$$C_r(s) = \frac{R(s)}{H(s)}$$

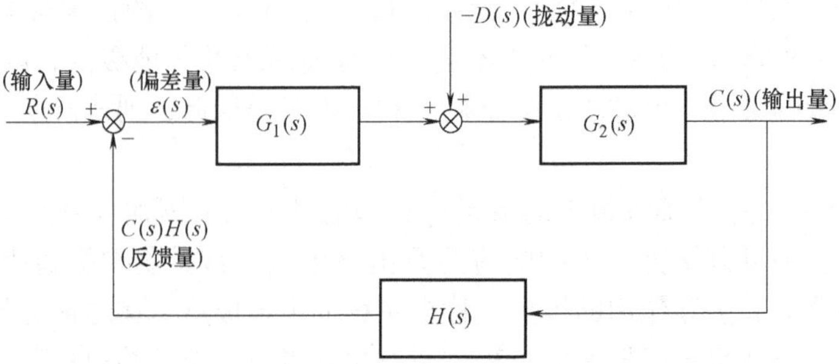

图 3-17　典型系统框图

将其代入式（3-31），可得系统误差的拉普拉斯式为

$$E(s) = \frac{R(s)}{H(s)} - C(s) \tag{3-32}$$

由图 3-17 可知，系统的实际输出量为

$$C(s) = \frac{G_1(s)G_2(s)}{1+G_1(s)G_2(s)H(s)}R(s) + \frac{G_2(s)}{1+G_1(s)G_2(s)H(s)}[-D(s)]$$

式中　$R(s)$——输入量的拉普拉斯式；
　　　$D(s)$——扰动量的拉普拉斯式。

于是，将 $C_r(s)$ 及 $C(s)$ 的值代入式（3-31）便可得系统误差 $E(s)$，即

$$\begin{aligned}
E(s) &= C_r(s) - C(s) \\
&= \frac{R(s)}{H(s)} - \left[\frac{G_1(s)G_2(s)}{1+G_1(s)G_2(s)H(s)}R(s) - \frac{G_2(s)}{1+G_1(s)G_2(s)H(s)}D(s)\right] \\
&= \frac{1}{[1+G_1(s)G_2(s)H(s)]H(s)}R(s) + \frac{G_2(s)}{1+G_1(s)G_2(s)H(s)}D(s) \\
&= E_r(s) + E_d(s)
\end{aligned} \tag{3-33}$$

式（3-33）中 $E_r(s)$ 为输入量产生的误差（拉普拉斯式）（又称跟随误差），即

$$E_r(s) = \frac{1}{[1+G_1(s)G_2(s)H(s)]H(s)}R(s) \tag{3-34}$$

式（3-34）中 $E_d(s)$ 为扰动量产生的误差（拉普拉斯式），即

$$E_d(s) = \frac{G_2(s)}{1+G_1(s)G_2(s)H(s)}D(s) \tag{3-35}$$

对 $E_r(s)$ 进行拉普拉斯反变换，即可得 $e_r(t)$，$e_r(t)$ 为跟随动态误差；对 $E_d(s)$ 进行拉普拉斯反变换，即可得 $e_d(t)$，$e_d(t)$ 为扰动动态误差。两者之和即为系统误差，即

$$e(t) = e_r(t) + e_d(t) \tag{3-36}$$

式（3-36）表明，系统的误差 $e(t)$ 为时间的函数，是动态误差，它是跟随动态误差 $e_r(t)$ 和扰动动态误差 $e_d(t)$ 的代数和。

对于稳定的系统，当 $t \to \infty$ 时，$e(t)$ 的极限值即为稳态误差 e_{ss}，即

$$e_{ss} = \lim_{t \to \infty} e(t) \tag{3-37}$$

（2）系统稳态误差 e_{ss}（Steady-State Error）　利用拉普拉斯变换终值定理可以直接由拉普拉斯式 $E(s)$ 求得稳态误差，即

$$e_{ss} = \lim_{t \to \infty} e(t) = \lim_{s \to 0} sE(s) \tag{3-38}$$

由式（3-34）~式（3-37）可得，给定稳态误差（又称跟随稳态误差）为

$$e_{ssr} = \lim_{s \to 0} sE_r(s) = \lim_{s \to 0} \frac{sR(s)}{[1+G_1(s)G_2(s)H(s)]H(s)} \tag{3-39}$$

扰动稳态误差为

$$e_{ssd} = \lim_{s \to 0} sE_d(s) = \lim_{s \to 0} \frac{sG_2(s)D(s)}{1+G_1(s)G_2(s)H(s)} \tag{3-40}$$

于是系统的稳态误差为

$$e_{ss} = e_{ssr} + e_{ssd} \tag{3-41}$$

由式（3-39）~式（3-41）可见，$G_1(s)$、$G_2(s)$、$H(s)$ 取决于系统的结构、参数；$R(s)$ 取决于输入，$D(s)$ 取决于外界扰动的影响；式（3-40）分子中的 $G_2(s)$ 取决于扰动量的作用点。

因此，由以上分析可见：系统的稳态误差由跟随稳态误差和扰动稳态误差两部分组成。它们不仅和系统的结构、参数有关，而且还和作用量（输入量和扰动量）的大小、变化规律和作用点有关。当然，这个结论对系统误差（动态误差）也是适用的，因为稳态误差仅是系统误差在 $t \to \infty$ 时的极限值。

2. 系统稳态误差与系统型别及系统开环增益之间的关系

一个复杂的控制系统通常可看成是由一些典型环节组成的。设控制系统的开环传递函数为

$$G(s) = \frac{K \prod (\tau s + 1)(b_2 s^2 + b_1 s + 1)}{s^v \prod (Ts + 1)(a_2 s^2 + a_1 s + 1)} \tag{3-42}$$

在这些典型环节中，当 $s \to 0$ 时，除比例环节 K 和积分环节 s^v 外，其他各项均趋于 1。这样，系统的稳态误差将主要取决于系统中的比例和积分环节。这是一个十分重要的结论。

在图 3-17 所示的典型系统中，设 $G_1(s)$ 中包含 v_1 个积分环节，其增益为 K_1，于是有

$$\lim_{s \to 0} G_1(s) = \lim_{s \to 0} \frac{K_1}{s^{v_1}} \tag{3-43}$$

式中 v_1——扰动作用点前的积分环节个数。

设 $G_2(s)$ 中包含 v_2 个积分环节，其增益为 K_2，于是有

$$\lim_{s \to 0} G_2(s) = \lim_{s \to 0} \frac{K_2}{s^{v_2}} \tag{3-44}$$

式中 v_2——扰动作用点后的积分环节个数。

设 $H(s)$ 中不含积分环节，其增益为 α，于是有

$$\lim_{s \to 0} H(s) = \alpha \tag{3-45}$$

系统的跟随稳态误差为

$$e_{ssr} = \lim_{s \to 0} \frac{sR(s)}{[1 + G_1(s)G_2(s)H(s)]H(s)} = \lim_{s \to 0} \frac{sR(s)}{\left[1 + \frac{K_1 K_2 \alpha}{s^{(v_1 + v_2)}}\right] \alpha}$$

若设 $K_1 K_2 \alpha = K$（开环增益），$v_1 + v_2 = v$（前向通路积分环节个数），且当 $K \gg 1$ 时，特别是当 $\varepsilon \to 0$ 时，$\left[1 + \frac{K}{s^v}\right] \approx \frac{K}{s^v}$，于是有

$$e_{ssr} = \lim_{s \to 0} \frac{sR(s)}{\left[1 + \frac{K}{s^v}\right] \alpha} \approx \lim_{s \to 0} \frac{sR(s)}{\frac{\alpha K}{s^v}} = \lim_{s \to 0} \frac{s^{(v+1)}}{\alpha K} R(s) \tag{3-46}$$

同理，系统的扰动稳态误差为

$$e_{ssd} = \lim_{s \to 0} \frac{sG_2(s)D(s)}{1 + G_1(s)G_2(s)H(s)}$$

$$= \lim_{s \to 0} \frac{\frac{sK_2}{s^{v_2}}D(s)}{\left[1 + \frac{K_1 K_2 \alpha}{s^{(v_1+v_2)}}\right]} \approx \lim_{s \to 0} \frac{s^{(v_1+1)}}{K_1 \alpha}D(s) \tag{3-47}$$

分析式（3-46）和式（3-47），可以看出：

1）系统的稳态误差与系统中所包含的积分环节个数 v（或 v_1，下同）有关，因此工程上往往把系统中所包含的积分环节个数 v 称为型别（Type）或无静差度。

若 $v=0$，称为 0 型系统（又称零阶无静差）；若 $v=1$，称为 I 型系统（又称一阶无静差）；若 $v=2$，称为 II 型系统（又称二阶无静差）。

由于含两个以上积分环节的系统不易稳定，所以很少采用 II 型以上的系统。

2）对于同一个系统，由于作用量和作用点不同，一般说来，其跟随稳态误差和扰动稳态误差是不同的。对于随动系统来说，前者是主要的；对于恒值控制系统，则后者是主要的（对动态误差也大致如此）。

① 跟随稳态误差 e_{ssr} 与前向通路积分环节个数 v 和开环增益 K 有关。v 越多，K 越大，跟随稳态精度越高（对于该跟随信号，系统为 v 型系统）。

② 扰动稳态误差 e_{ssd} 与扰动量作用点前的前向通路的积分环节个数 v_1 和增益 K_1 有关，v_1 越多，K_1 越大，则该扰动信号的稳态精度越高（对于该扰动信号，系统为 v_1 型系统）。

由以上分析可见，对于不同的作用量，系统的型别是不相同的。

3. 系统稳态误差与输入信号间的关系

（1）典型输入信号 由式（3-39）和式（3-40）还可看出，对变化规律不同的输入信号，系统的稳态误差也将是不同的。在实际应用中，常用三种典型输入信号来进行分析，它们是：

1）单位阶跃信号 $\qquad r(t) = 1(t), R(s) = \frac{1}{s}$

2）等速信号（斜坡信号） $\qquad r(t) = t, R(s) = \frac{1}{s^2}$

3）等加速信号（抛物线信号） $\qquad r(t) = \frac{1}{2}t^2, R(s) = \frac{1}{s^3}$

三种典型输入信号见表 3-1 中第一行图形。

（2）系统跟随稳态误差与系统型别及输入信号类型间的关系 现分析 e_{ssr} 与 $r(t)$ 之间的关系。

对于 0 型系统，$v=0$，代入式（3-46）有

$$e_{ssr} = \underset{\text{（零阶无净差）}}{\lim_{s \to 0} \frac{s}{\alpha(1+K)}R(s)} \begin{cases} R(s) = \frac{1}{s}, \text{则 } e_{ssr} = \frac{1/\alpha}{1+K} \\ R(s) = \frac{1}{s^2}, \text{则 } e_{ssr} \to \infty \\ R(s) = \frac{1}{s^3}, \text{则 } e_{ssr} \to \infty \end{cases} \tag{3-48}$$

表 3-1 系统稳态误差、输入信号及系统型别间的关系

系统型别 \ 输入信号	单位阶跃信号	等速信号	等加速信号
	$r(t)=1(t)$	$r(t)=t$	$r(t)=\frac{1}{2}t^2$
0 型系统	$e_{ss}\ (\frac{1/\alpha}{1+K})$	$e_{ss}\to\infty$	$e_{ss}\to\infty$
I 型系统	$e_{ss}=0$	$e_{ss}\ (\frac{1/\alpha}{K})$	$e_{ss}\to\infty$
II 型系统	$e_{ss}=0$	$e_{ss}=0$	$e_{ss}\ (\frac{1/\alpha}{K})$

0 型系统响应曲线及系统误差参见表 3-1 中第二行图形。

对于 I 型系统：$v=1$，代入式（3-46）有

$$e_{ssr}=\lim_{s\to 0}\frac{s^2}{\alpha K}R(s) \underset{\text{（一阶无净差）}}{} \begin{cases} R(s)=\dfrac{1}{s}, \text{则 } e_{ssr}=0 \\ R(s)=\dfrac{1}{s^2}, \text{则 } e_{ssr}=\dfrac{1/\alpha}{K} \\ R(s)=\dfrac{1}{s^3}, \text{则 } e_{ssr}\to\infty \end{cases} \quad (3\text{-}49)$$

I 型系统响应曲线及系统误差参见表 3-1 中第三行图形。

对于 II 型系统：$v=2$，代入式（3-46）有

$$e_{ssr}=\lim_{s\to 0}\frac{s^3}{\alpha K}R(s) \underset{\text{（二阶无净差）}}{} \begin{cases} R(s)=\dfrac{1}{s}, \text{则 } e_{ssr}=0 \\ R(s)=\dfrac{1}{s^2}, \text{则 } e_{ssr}=0 \\ R(s)=\dfrac{1}{s^3}, \text{则 } e_{ssr}=\dfrac{1/\alpha}{K} \end{cases} \quad (3\text{-}50)$$

Ⅱ型系统响应曲线及系统误差参见表3-1中第四行图形。

（3）系统跟随稳态误差分析　综上所述，系统含有的积分环节个数（v）越多，开环放大系数 K 越大，系统的稳态性能越好。但在上一节中已知，v 增多、K 增大将使系统的稳定性变差。这表明，对于自动控制系统，它的稳态性能和稳定性往往是相互矛盾的。

对于扰动稳态误差，同理可得到上述结论，只要将 v_1 取代 v，K_1 取代 K 即可。

4. 自动控制系统稳态性能分析举例

（1）随动系统的稳态性能分析　随动系统稳态性能的特点如下。

1）随动系统的给定量是不断变化着的，输入信号可能是位置的突变（阶跃信号），也可能是位置的等速递增（等速信号）或者加速递增（等加速信号）。

2）对于随动系统来讲，主要误差是跟随稳态误差 e_{ssr}。

【实例3-8】　控制系统如图3-18所示，输入信号 $r(t)=1(t)$，试分别确定当 K_K 为1和0.1时，系统输出量的稳态误差。

解： 系统的开环传递函数为

$$G(s)=\frac{10}{s+11}$$

由于是0型系统，$v=0$，$r(t)=1(t)$，$R(s)=\frac{1}{s}$，$K=10K_\text{K}$，$\alpha=K_\text{K}$。

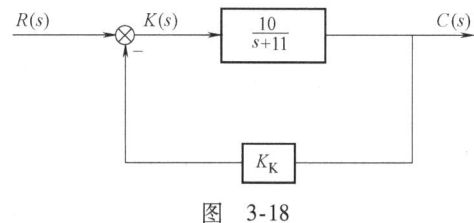

图　3-18

当 $K_\text{K}=1$ 时，$e_{\text{ssr}}=\lim\limits_{s\to 0}\frac{s^{(v+1)}}{\alpha K}R(s)=\lim\limits_{s\to 0}\frac{s}{10}\frac{1}{s}=\frac{1}{10}=0.1$

当 $K_\text{K}=0.1$ 时，$e_{\text{ssr}}=\lim\limits_{s\to 0}\frac{sR(s)}{\left(1+\dfrac{K}{s^v}\right)\alpha}=\lim\limits_{s\to 0}\frac{s\dfrac{1}{s}}{(1+1)\times 0.1}=5$

可以看出，随着 K_K 的增加，稳态误差 e_{ssr} 下降。

【实例3-9】　已知单位负反馈系统的开环传递函数 $G(s)=\dfrac{10(s+1)}{s^2(s+4)}$，当参考输入为 $r(t)=4+6t+3t^2$ 时，试求该系统的稳态误差。

解： 由于系统为Ⅱ型系统，所以对阶跃输入和斜坡输入下的稳态误差均为零，对于抛物线输入，由于

$$v=2, K=10, \alpha=1, r(t)=3t^2, R(s)=\frac{6}{s^3}$$

所以稳态误差为

$$e_{\text{ssr}}=\lim_{s\to 0}\frac{s^{(v+1)}}{\alpha K}R(s)=\lim_{s\to 0}\frac{s^3}{10}\frac{6}{s^3}=\frac{6}{10}=0.6$$

（2）自动调速（恒值控制）系统的稳态性能分析　自动调速系统稳态性能的特点如下。

1）自动调速系统是恒值控制系统，其给定量是恒定的，因此给定量产生的稳态误差总是可以通过调节给定量来加以补偿的。所以，对于自动调速系统来说，主要误差是扰动量产生的稳态误差。这是因为扰动量是事先无法确定的，并且在不断地变化。

2）对于恒值控制系统来说，作用信号一般都以阶跃信号为代表，这是因为从稳态性能

来看，阶跃信号是一个恒值的控制信号，从动态性能来看，阶跃信号是突变信号中最严重的一种输入信号。因此，对于恒值控制系统，其扰动量一般以 $D(s) = D/s$ 为代表。

根据以上分析，自动调速系统的稳态误差为

$$e_{\text{ssd}} = \lim_{s \to 0} \frac{s^{(v_1+1)}}{\alpha K_1} D(s) = \lim_{s \to 0} \frac{s^{(v_1+1)}}{\alpha K_1} \frac{D}{s} = \lim_{s \to 0} \frac{s^{v_1} D}{\alpha K_1} \quad (3\text{-}51)$$

由式（3-51）可知，要使自动调速系统实现无静差，则在扰动量作用点前的前向通路中应含有积分环节；要减小稳态误差，则应使作用点前的前向通路中增益 K_1 适当大一些。

自动调速系统的稳态误差用转速降 Δn 来表示（即 $e_{\text{ssr}} = \Delta n$）。转速降 Δn 对额定转速的相对值称为静差率 s，而调速系统的静差率通常对最低额定转速而言，即

$$s = \frac{\Delta n_\text{N}}{n_\text{Nmin}} \times 100\%$$

式中　Δn_N——负载由空载到额定负载的转速降（它就是负载阶跃扰动产生的稳态误差）；

　　　n_Nmin——系统最低额定转速。

对于不同的生产机械，允许的调速静差率也是不同的，如普通车床允许静差率为10%~20%，龙门刨床为6%，冷轧机为2%，热轧机为0.2%~0.5%，造纸机为1%以下等。

【实例3-10】　在图3-19所示的调速系统中，已知电网电压波动值（扰动量）$\Delta U(s) = -\frac{20}{s}$，1）求电网电压波动产生的转速降 Δn；2）若系统的额定给定量 $U_s(s) = \frac{10}{s}$，求此时系统的稳态输出 n_N；3）此时的相对转速降 $\Delta n/n_\text{N}$ 为多少？（式中 n_N 为额定转速）。

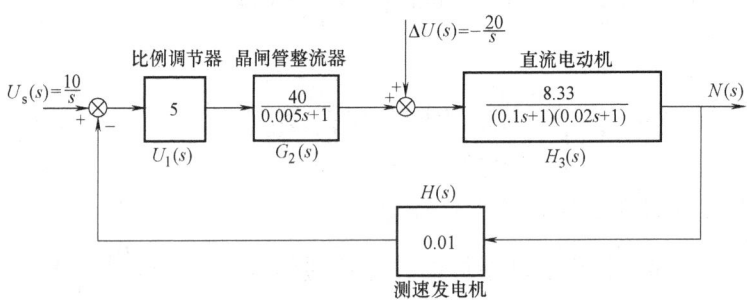

图3-19　晶闸管直流调速系统框图

解： 由图3-19可见，ΔU 作用点前的积分个数 $v_1 = 0$，作用点前的增益 $K_1 = 5 \times 40 = 200$，于是，由式（3-51）有

1）$\Delta n = \lim\limits_{s \to 0} \dfrac{s^{v_1} \Delta U}{\alpha K_1} = \dfrac{-20}{0.01 \times 200}\text{r/min} = -10\text{r/min}$

若不按式（3-51）的近似计算式计算，而按式（3-47）的准确计算式计算，则 $\Delta n = -9.4\text{r/min}$。

2）系统的稳态输出 n 由式（3-38）根据终值定理有

$$\begin{aligned}
n &= \lim_{s \to 0} sN(s) = n_\text{N} + \Delta n \\
&= \lim_{s \to 0} \left[\frac{sG_1(s)G_2(s)G_3(s) \times (10/s)}{1 + G_1(s)G_2(s)G_3(s)H(s)} + \frac{sG_3(s) \times (-20/s)}{1 + G_1(s)G_2(s)G_3(s)H(s)} \right] \\
&= \left(\frac{5 \times 40 \times 8.33 \times 10}{1 + 5 \times 40 \times 8.33 \times 0.01} - \frac{8.33 \times 20}{1 + 5 \times 40 \times 8.33 \times 0.01} \right) \text{r/min}
\end{aligned}$$

$$= (943 - 9.4)\text{r/min} = 933.6\text{r/min}$$

上式中，943r/min 为额定给定量下的输出，即额定转速 n_N；-9.4r/min 为电网电压波动（突降20V）产生的转速降 Δn。

3）相对转速降为

$$\frac{\Delta n}{n_N} = \frac{-9.4}{943} \approx -1\%$$

(3) 减小稳态误差的方法　通过上面的分析，下面概括出为了减小系统给定量或扰动量作用下的稳态误差所采取的几种方法。

1）保证系统中各个环节（或元件）特别是反馈回路中元件的参数具有一定的精度和恒定性，必要时需采用误差补偿措施。

2）增大系统开环放大系数，以提高系统对给定输入的跟踪能力；增大扰动作用前系统前向通道的增益，以降低扰动稳态误差。

增大系统开环放大系数是降低稳态误差的一种简单而有效的方法，但增大开环放大系数的同时会使系统的稳定性降低。为了解决这个矛盾，在增大开环放大系数的同时应附加校正装置，以确保系统的稳定性。

3）增加系统前向通道中积分环节的个数，使系统型号提高，可以消除不同输入信号时的稳态误差。但是，积分环节个数增加会降低系统的稳定性，并影响到其他动态性能指标。在过程控制系统中，采用比例-积分调节器可以消除系统在扰动作用下的稳态误差，但为了保证系统的稳定性，相应地要降低比例增益。如果采用比例-积分-微分调节器，则可以得到更满意的调节效果。

4）用前馈增益控制（复合控制）。为了进一步减小给定量和扰动量的稳态误差，可以采用补偿方法。所谓补偿是指作用于控制对象的控制信号中，除了偏差信号外，还引入与扰动或给定量有关的补偿信号，以提高系统的控制精度，减小误差。这种控制称为复合控制或前馈控制。

小　　结

时域分析法是通过直接求解系统在典型输入信号作用下的时域响应来分析控制系统的稳定性、动态性能和稳态性能。对于稳定系统，在工程上常用单位阶跃响应的超调量、调整时间和稳态误差等性能指标来评价控制系统性能的优劣。

由于传递函数和微分方程之间具有确定的关系，故常利用传递函数进行时域分析。例如，由闭环传递函数的极点决定系统的稳定性，由阻尼比确定超调量以及由开环传递函数中积分环节的个数和放大系数确定稳态误差等。可见，无需直接求解微分方程就可以对系统进行分析，使系统分析工作大为简化。

二阶系统的分析在时域分析中占有重要位置，应掌握系统性能和系统特征参数间的关系。一、二阶系统理论分析的结果常是分析高阶系统的基础。

稳定性是系统正常工作的首要条件。线性系统的稳定性是系统的一种固有特性，完全由系统的结构和参数所决定。判别系统稳定性的代数方法是劳斯-古尔维茨稳定判据。

稳态误差是系统很重要的性能指标之一，它标志着系统最终可能达到的精度。稳态误差既和系统的结构、参数有关,又和外作用的形式及大小有关。系统型别和开环放大系数既是衡量稳态误差的一种标志,同时也是计算稳态误差的简便方法。系统型号越高、开环放大系数越大,系统的稳态误差越小。

思考与练习

3.1 系统的性能指标[稳态性能、动态性能(相对稳定性、快速性)]有哪些?它们的定义是什么?

3.2 为什么自动控制系统会产生不稳定现象?开环系统是不是总是稳定的?

3.3 系统的稳定性与系统特征方程的根有怎样的关系?为什么?

3.4 系统稳定的充分必要条件是什么?

3.5 分析直流电动机构成振荡环节的条件。

3.6 在调试中,发现一采用比例-积分调节器控制的调速系统持续振荡,试分析可采取哪些措施使系统稳定下来?

3.7 在研制有厚度检测反馈控制的以电动机为驱动部件的铜箔轧制系统时,发现轧制出来的铜箔严重厚薄不匀,你认为应该从哪些方面进行改进与调整?

3.8 调试时,若将双闭环调速系统中速度调节器(比例-积分调节器)的反馈电容 C_n 短接,对系统的稳定性会产生怎样的影响?为什么?

3.9 求典型一阶系统(惯性环节)的单位斜坡响应。

3.10 试述劳斯-右尔维茨稳定判据的优点与不足。

3.11 系统相对稳定性和绝对稳定性有什么不同?

3.12 提高系统稳态性能的途径有哪些?采取这些改善系统稳态性能的措施可能产生的副作用又有哪些?

3.13 在分析稳态误差时,对调速系统为什么通常以阶跃输入信号为代表,而对随动系统为什么又通常以速度输入信号为代表?

3.14 试分析改善系统相对稳定性的途径,采用这些措施又可能产生哪些副作用?

3.15 试分析改善系统快速性的途径,采用这些措施又可能产生哪些副作用?

3.16 试分析系统中的积分环节和大惯性环节对系统性能产生的影响。

3.17 试分析增大系统开环增益对系统性能产生的影响。

3.18 图 3-20 为一随动系统框图,设图中 $K_1 = 2\text{V}/(°)$,$K_2 = 10°/(\text{V} \cdot \text{s})$,$T_x = 0.01\text{s}$,

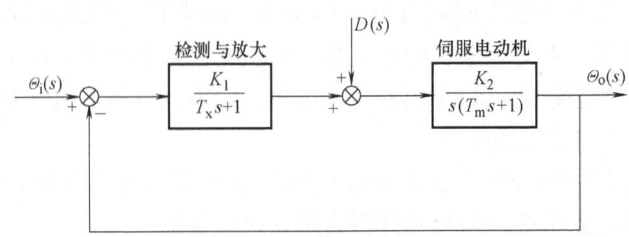

图 3-20 某随动系统框图

$T_m = 0.1\text{s}$,输入量 θ_i 为位移突变 $10°$,扰动量为电压突变 $+2\text{V}$,求此系统的稳态误差 e_{ss}。

3.19　图 3-21 为一调速系统框图。
(1) 求该系统因扰动而产生的转速降 Δn；
(2) 求转速降对此时转速 n 的百分比 $\Delta n/n$；
(3) 若要此调速系统实现无静差（即 $\Delta n = 0$），请提出改进方案。

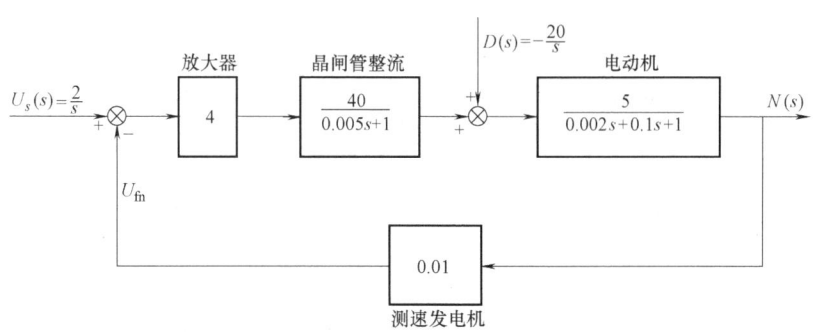

图 3-21　某调速系统框图

3.20　图 3-22 为仿形机床位置随动系统示意图。求：
(1) 阻尼比 ξ 及无阻尼自然振荡频率 ω_n；
(2) 在单位阶跃信号作用下的动态性能（最大超调量 σ、调整时间 t_s 及振荡次数 N）（设误差带 $\delta = 2\%$）。

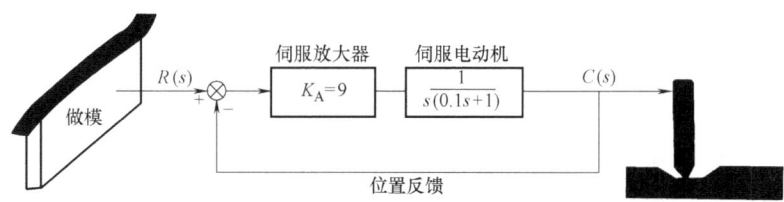

图 3-22　位置随动系统示意图

3.21　电子心脏起搏器心律控制系统框图如图 3-23 所示，其中模仿心脏的传递函数相当于一纯积分环节。
(1) 若 $\xi = 0.5$ 对应最佳响应，问起搏器增益 K 应取多大？
(2) 若期望心速为 60 次/min，并突然接通起搏器，问 1s 后实际心速为多少？瞬时最大心速多大？

3.22　机器人位置控制系统框图如图 3-24 所示。试确定参数 K_1、K_2 的值，使系统阶跃响应的峰值时间 $t_p = 0.5s$，最大超调量 $\sigma = 2\%$。

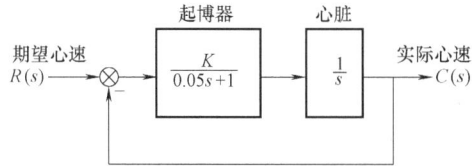

图 3-23　电子心脏起搏器心律控制系统

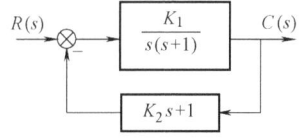

图 3-24　机器人位置控制系统

3.23 已知系统的特征方程，试判别系统的稳定性。
(1) $D(s) = s^5 + 2s^4 + 2s^3 + 4s^2 + 11s + 10 = 0$
(2) $D(s) = s^5 + 3s^4 + 12s^3 + 24s^2 + 32s + 48 = 0$
(3) $D(s) = s^5 + 2s^4 - s - 2 = 0$
(4) $D(s) = s^5 + 2s^4 + 24s^3 + 48s^2 - 25s - 50 = 0$

3.24 图 3-25 是某垂直起降飞机的高度控制系统框图，试确定使系统稳定的 K 值范围。

3.25 图 3-26 是船舶横摇镇定系统框图，引入内环速度反馈是为了增加船只的阻尼。
(1) 求海浪扰动力矩对船只倾斜角的传递函数 $\dfrac{\Theta(s)}{M_N(s)}$。

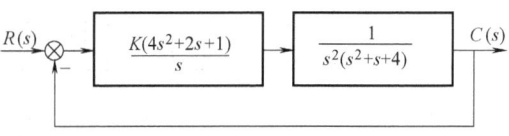

图 3-25　高度控制系统框图

(2) 为保证 M_N 为单位阶跃信号时船只倾斜角 θ 的值不超过 $0.1°$，且系统的阻尼比为 0.5，求 K_2、K_1 和 K_3 应满足的方程。

(3) 取 $K_2 = 1$ 时，确定满足 (2) 中指标的 K_1 和 K_3 值。

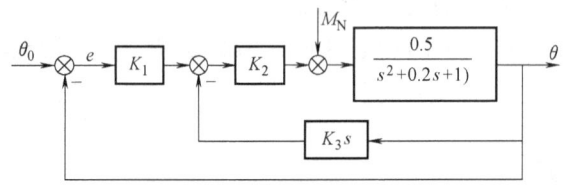

图 3-26　船舶横摇镇定系统

3.26 温度计的传递函数为 $\dfrac{1}{Ts+1}$，用其测量容器内的水温，$1\min$ 才能显示出该温度 98% 的数值。若加热容器，使水温按 $10℃/\min$ 的速度匀速上升，问温度计的稳态指示误差有多大？

3.27 单位反馈系统的开环传递函数为

$$G(s) = \dfrac{25}{s(s+5)}$$

求 $r(t) = 1 + 2t + 0.5t^2$ 时的稳态误差 e_{ss}。

3.28 系统框图如图 3-27 所示。已知 $r(t) = n_1(t) = n_2(t) = 1(t)$，试分别计算 $r(t)$、$n_1(t)$ 和 $n_2(t)$ 单独作用时的稳态误差，并说明积分环节的设置位置对减小输入和扰动作用下的稳态误差的影响。

3.29 已知单位反馈系统的开环传递函数为

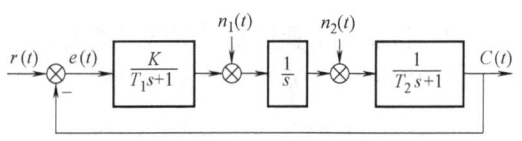

图 3-27　系统框图

$$G(s) = \dfrac{7(s+1)}{s(s+4)(s^2+2s+2)}$$

试分别求出当输入信号 $r(t) = 1(t)$、t 和 t^2 时系统的稳态误差。

项目四　频域分析法

教学要点

频域分析法。

教学目标

知识目标：（1）了解频率特性的基本概念及频率特性与传递函数的关系。
　　　　　（2）了解频率特性的表达方法。
　　　　　（3）了解运用伯德图分析系统性能的方法。
能力目标：能掌握频域分析法。
素质目标：（1）培养自学能力。
　　　　　（2）培养文献检索、资料查找与阅读的能力。
　　　　　（3）培养严谨的工作作风。

教学内容

（1）频率特性的概念。
（2）频率特性的图示方法。
（3）典型环节的对数频率特性。
（4）系统的开环对数频率特性。

任务一　认识频率特性

一、任务引入

用时域分析法分析和研究系统的动态性能和稳态误差最为直观和准确，但是，用解析方法求解高阶系统的时域响应往往十分困难。此外，由于高阶系统的结构和参数与系统动态性能之间没有明确的函数关系，因此不易看出系统参数变化对系统动态性能的影响。那么，有没有更好的方法呢？下面就来学习频域分析法的相关知识。

二、任务分析

频域分析法是研究控制系统的一种经典方法，是在频域内应用图解分析法评价系统性能的一种工程方法。频率特性可以由微分方程或传递函数求得，还可以用实验方法测定。频域分析法不必直接求解系统的微分方程，而是间接地揭示系统的时域性能，它能方便地显示出系统参数对系统性能的影响，并可以进一步指明如何设计校正系统。

频域分析法不仅适用于线性定常系统的分析研究，而且也可推广应用于某些非线性控制系统。

三、相关知识

1. 频率特性的概念

频率特性又称频率响应，它是系统（或元件）对不同频率正弦输入信号的响应特性。设线性系统 $G(s)$ 的输入为一正弦信号 $r(t) = A_r \sin\omega t$。在稳态时，系统的输出量是具有和输入量同频率的正弦函数，但其振幅和相位一般均不同于输入量，且随着输入信号频率的变化而变化，即 $c(t) = A_c \sin(\omega t + \varphi)$，如图 4-1 所示。

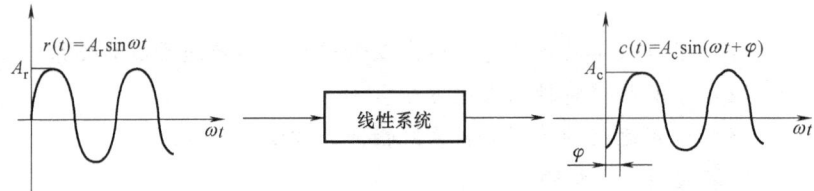

图 4-1 系统在正弦信号作用下的稳态响应

用 $R(j\omega)$ 和 $C(j\omega)$ 分别表示输入信号 $r(t) = A_r \sin\omega t$ 和输出信号 $c(t) = A_c \sin(\omega t + \varphi)$，则输出稳态分量与输入正弦信号的复数比称为该系统的频率特性函数，简称频率特性，记做

$$G(j\omega) = \frac{C(j\omega)}{R(j\omega)} = \frac{A_c \sin(\omega t + \varphi)}{A_r \sin\omega t} = A(\omega) e^{j\varphi(\omega)} \tag{4-1}$$

其中，输出信号与输入信号的振幅比随 ω 的变化关系称为幅频特性函数 $A(\omega)$，简称幅频特性，是 $G(j\omega)$ 的模；输出信号与输入信号的相位差随 ω 的变化关系称为相频特性函数 $\varphi(\omega)$，简称相频特性，是 $G(j\omega)$ 的幅角。故有

$$A(\omega) = \frac{A_c}{A_r} = |G(j\omega)| \tag{4-2}$$

$$\varphi(\omega) = \arctan G(j\omega) = \angle G(j\omega) \tag{4-3}$$

幅频特性描述了系统在稳态下响应不同频率正弦输入信号时幅值衰减或放大的特性；相频特性描述了系统在稳态下响应不同频率正弦输入信号时在相位上产生滞后或超前的特性。如果已知系统（环节）的微分方程或传递函数，令 $s = j\omega$ 便可得到相应的幅频特性和相频特性，并可依此作出频率特性曲线。某自动控制系统的频率特性如图 4-2 所示。

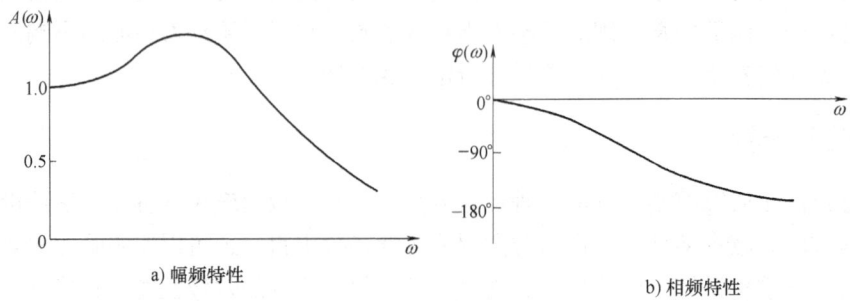

图 4-2 某自动控制系统的频率特性

对频率特性的几点说明如下：

1) 频率特性不仅仅针对系统而言，其概念对控制元件、控制装置都适用。

2) 由于系统（环节）动态过程中的稳态分量总是可以分离出来，而且其规律性并不依赖于系统的稳定性，因此，可以将频率特性的概念推广到不稳定系统（环节）。

3) 虽然频率特性 $G(j\omega)$ 是在系统（环节）稳态下求得的，却与系统（环节）动态性能 $G(\omega)$ 的形式一致，包含了系统（环节）的全部动态结构和参数。

4) 根据频率特性的定义可知，这种数学模型即使在不知道系统内部结构和机理的情况下，也可以按照频率特性的物理意义通过实验来确定，这正是引入频率特性这一数学模型的主要原因之一。

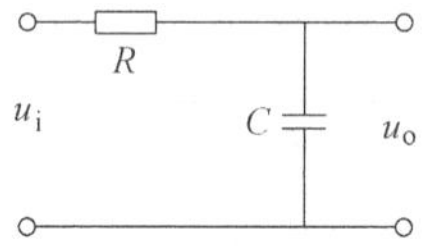

【**实例 4-1**】 在图 4-3 所示的 RC 电路中，设输入电压 $u_i(t) = A\sin(\omega t)$，求频率特性函数 $G(j\omega)$。

解：由复阻抗的概念求得

$$\frac{U_o(j\omega)}{U_i(j\omega)} = G(j\omega) = \frac{1}{1 + RCj\omega} = \frac{1}{1 + Tj\omega}$$

图 4-3 RC 电路

如上所述，$G(j\omega)$ 可以改写为

$$G(j\omega) = |G(j\omega)|e^{j\varphi(\omega)}$$

其中，$T = RC$，$|G(j\omega)| = \dfrac{1}{\sqrt{1+T^2\omega^2}}$，$\varphi(\omega) = -\arctan(T\omega)$。

2. 频率特性的图示方法

频率特性的图形表示是描述系统的输入频率 ω 在 $0 \sim \infty$ 变化时，频率特性的幅值、相位与频率之间关系的一组曲线。虽然系统的频率特性函数有严格的数学定义，但它最大的优点是可以用图示方法简明、清晰地表示出来，这正是该方法深受广大工程技术人员欢迎的原因。

（1）极坐标频率特性图（奈魁斯特图） 极坐标频率特性图又称奈魁斯特（Nyquist）图或幅相频率特性图。极坐标频率特性图是当 ω 在 $0 \sim \infty$ 变化时，以 ω 为参变量，在极坐标图上绘出 $G(j\omega)$ 的模 $|G(j\omega)|$ 和辐角 $\angle G(j\omega)$ 随 ω 变化的曲线，即当 ω 在 $0 \sim \infty$ 变化时，向量 $G(j\omega)$ 的矢端轨迹。$G(j\omega)$ 曲线上每一点所对应的向量都表示与某一输入频率 ω 相对应的系统（或环节）频率响应，其中向量的模反映系统（或环节）的幅频特性，向量的辐角反映系统（或环节）的相频特性。

频率特性函数可以表示成

代数式： $\qquad G(j\omega) = R(\omega) + jI(\omega)$

极坐标式： $\qquad |G(j\omega)|\angle G(j\omega)$

指数式： $\qquad A(j\omega)e^{j\varphi(\omega)}$

如果将极坐标系与直角坐标系重合，那么极坐标系下的向量在直角坐标系下的实轴和虚轴上的投影分别为实频特性 $R(\omega)$ 和虚频特性 $I(\omega)$。

【**实例 4-2**】 绘制【实例 4-1】中 RC 电路的极坐标频率特性图，其中 $R = 1\text{k}\Omega$，$C = 500\mu\text{F}$。

解：该电路的频率特性为

$$G(j\omega) = \frac{1}{1+RCj\omega} = \frac{1}{1+Tj\omega}$$

其中，$T = RC = 0.5$，则

$$|G(j\omega)| = \frac{1}{\sqrt{\omega^2 T^2 + 1}} = \frac{1}{\sqrt{0.25\omega^2 + 1}}$$

$$\angle G(j\omega) = -\arctan(T\omega) = -\arctan(0.5\omega)$$

在不同 ω 下求出的 $|G(j\omega)|$ 及 $\angle G(j\omega)$ 见表 4-1，据此画出极坐标频率特性图，如图 4-4 所示。

表 4-1 不同 ω 下的 $|G(j\omega)|$ 及 $\angle G(j\omega)$ 的值

ω	0	1	2	3	4	10	100	$+\infty$
$|G(j\omega)|$	1	0.893	0.707	0.555	0.447	0.196	0.020	0
$\angle G(j\omega)$	0°	-26.6°	-45°	-56.3°	-63.4°	-78.7°	-88.9°	-90°

（2）对数坐标频率特性图（伯德图） 对数坐标频率特性图又称伯德（Bode）图，由对数幅频特性曲线和对数相频特性曲线组成。通常将二者画在一张图上，统称为对数坐标频率特性。与极坐标频率特性图不同的是，在伯德图中以 ω 为横轴坐标。但 ω 的变化范围极广（$0 \to \infty$），如果采用普通坐标分度的话，很难展示出其频率范围。因此，在伯德图中横轴采用对数分度。

1）对数幅频特性的坐标系。对数幅频特性的坐标系如图 4-5 所示。

① 横轴：$\mu = \lg\omega$。

a) ω 为对数分度，即采用相等的距离代表相等的频率倍增，在伯德图中横坐标按 $\mu = \lg\omega$ 均匀分度。ω 和 $\lg\omega$ 的关系见表 4-2。

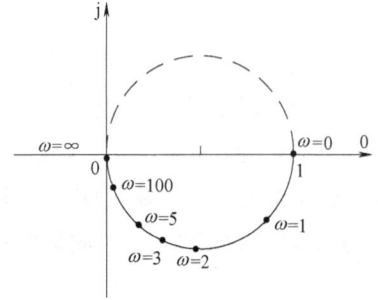

图 4-4 RC 电路的极坐标频率特性

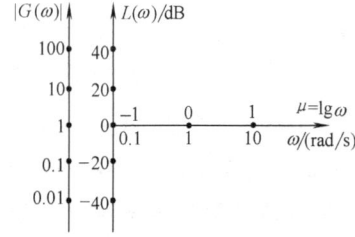

图 4-5 对数幅频特性的坐标系

表 4-2 ω 和 $\lg\omega$ 的关系

ω	$\mu = \lg\omega$
10^{-2}	-2
10^{-1}	-1
10^{0}	0
10^{1}	1
10^{2}	2
10^{3}	3

b) 对于 $\lg\omega$ 而言为线性分度。

c）$\omega=0$ 在对数分度的坐标系中的负无穷远处。

d）从表 4-2 可以看出，ω 的数值每变化 10 倍，在对数坐标上 $\lg\omega$ 相应变化一个单位。频率变化 10 倍的一段对数刻度称为十倍频程，用 dec 表示，即对 μ 而言，有

$$\Delta\mu = \lg 10\omega - \lg\omega = 1$$

② 纵轴：$L(\omega) = 20\lg A(\omega)$，单位为分贝，记做 dB。

2）对数相频特性的坐标系。对数相频特性的坐标系如图 4-6 所示。

① 横轴：ω 为对数分度，即 $\mu = \lg\omega$。

② 纵轴：$\varphi(\omega)$ 为线性分度。

【实例 4-3】 绘制【实例 4-1】中 RC 电路的对数坐标频率特性图（$T=1\text{s}$）。

解：RC 电路的频率特性为

$$G(j\omega) = \frac{1}{1+RCj\omega} = \frac{1}{1+Tj\omega}$$

所以有 $L(\omega) = 20\lg|G(j\omega)| = 20\lg\dfrac{1}{\sqrt{1+\omega^2 T^2}}$

$$= -20\lg\sqrt{1+\omega^2 T^2} = -20\lg\sqrt{1+\omega^2}$$

$$\varphi(\omega) = \angle G(j\omega) = -\arctan(\omega T) = -\arctan\omega$$

列出不同 ω 下的 $L(\omega)$ 及 $\varphi(\omega)$ 值，见表 4-3，据此画出 RC 电路的对数坐标频率特性图，如图 4-7 所示。

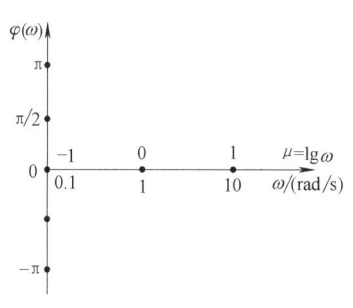

图 4-6 对数相频特性的坐标系

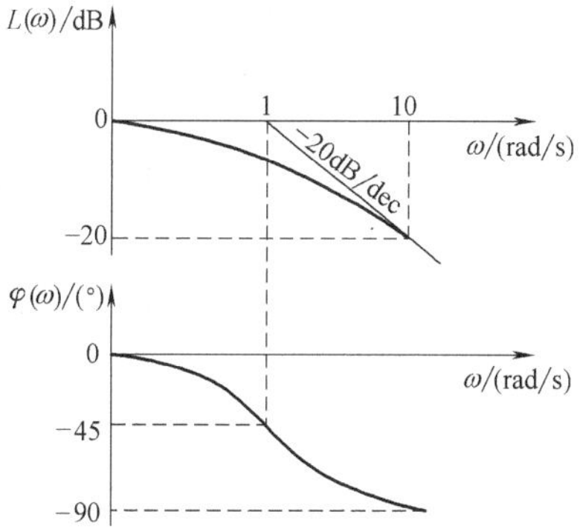

图 4-7 RC 电路的对数坐标频率特性

表 4-3 不同 ω 下的 $L(\omega)$ 及 $\varphi(\omega)$ 值

ω	0.1	0.5	1	5	10	100	$+\infty$
$L(\omega)$	-0.04	-0.97	-3.01	-14.1	-20	-40	$-\infty$
$\varphi(\omega)$	-5.7°	-26.6°	-45°	-78.7°	-84.3°	-89.4°	-90°

任务二 典型环节的对数频率特性

一、任务引入

由模块二已知，一个控制系统可由若干个典型环节组成。那么，能否分别对典型环节进

行频率特性分析呢？下面就来学习典型环节的对数频率特性。

二、任务分析

从典型环节的传递函数入手，得到其频率特性，进而得到其对数频率特性，再绘制出伯德图，从而对每个典型环节的频率特性有一个清晰的了解。

三、相关知识

1. 比例环节

（1）传递函数

$$G(s) = K \tag{4-4}$$

（2）频率特性

$$G(j\omega) = K + j0 = Ke^{j0}$$

（3）对数频率特性

$$\begin{cases} L(\omega) = 20\lg K \\ \varphi(\omega) = 0 \end{cases} \tag{4-5}$$

（4）伯德图

1）对数幅频特性 $L(\omega)$。$L(\omega)$ 为水平直线，其高度为 $20\lg K$，如图 4-8a 所示。

① 若 $K > 1$，则 $L(\omega)$ 为正值，水平直线在横轴上方。

② 若 $K = 1$，则 $L(\omega) = 0$，水平直线与横轴重合，横轴又称 0dB 线。

③ 若 $K < 1$，则 $L(\omega)$ 为负值，水平直线在横轴下方。

2）对数相频特性 $\varphi(\omega)$。$\varphi(\omega)$ 为与横轴重合的水平直线，如图 4-8b 所示。

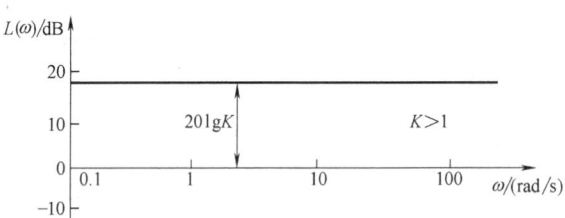

a) 对数幅频特性

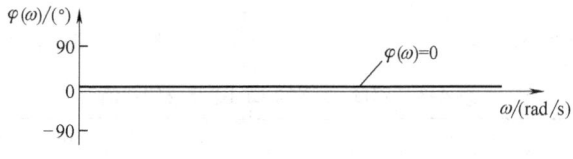

b) 对数相频特性

图 4-8 比例环节的伯德图

增设比例环节后，将使系统的 $L(\omega)$ 向上（或向下）平移，而不会改变 $L(\omega)$ 的形状；对系统的 $\varphi(\omega)$ 则不会产生任何影响。这是比例环节的一大特点。

2. 积分环节

（1）传递函数

$$G(s) = \frac{1}{Ts} = \frac{K}{s} \quad \left(K = \frac{1}{T}\right) \tag{4-6}$$

（2）频率特性 $\quad G(j\omega) = \dfrac{1}{jT\omega} = -j\dfrac{1}{T\omega} = \dfrac{1}{T\omega}e^{-j\frac{\pi}{2}}$

（3）对数频率特性 $\begin{cases} L(\omega) = 20\lg\dfrac{1}{T\omega} = -20\lg(T\omega) \\ \varphi(\omega) = -\dfrac{\pi}{2} = -90° \end{cases}$ (4-7)

（4）伯德图

1）对数幅频特性 $L(\omega)$。由式（4-7）有

$$L(\omega) = -20\lg(T\omega) = 20\lg\dfrac{1}{T} - 20\lg\omega = 20\lg K - 20\lg\omega$$

积分环节的对数幅频特性曲线 $L(\omega)$ 描述为：在 $\omega = 1$ 处 $L(\omega) = 20\lg K$ 点（或在 $\omega = 1/T$ 处过 0dB 线），斜率为 -20dB/dec 的直线。积分环节的 $L(\omega)$ 过 0dB 点的数值即为增益 K，如图 4-9a 所示。

2）对数相频特性 $\varphi(\omega)$。$\varphi(\omega) = -\pi/2 = -90°$，即 $\varphi(\omega)$ 为一条 $-90°$ 的水平直线，如图 4-9b 所示。

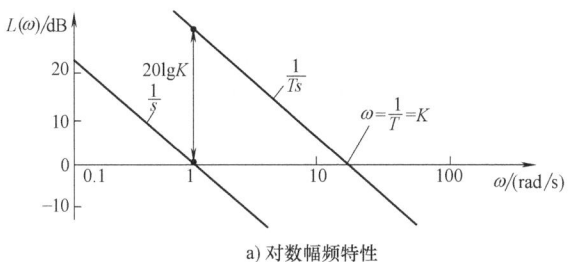

a) 对数幅频特性

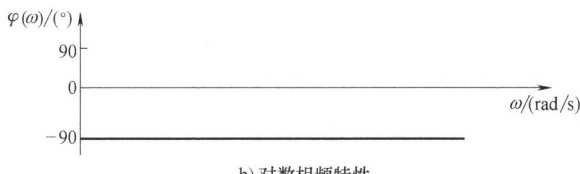

b) 对数相频特性

图 4-9 积分环节的伯德图

3. 理想微分环节

（1）传递函数 $\quad G(s) = \tau s \quad$ (4-8)

（2）频率特性

$$G(j\omega) = j\tau\omega = \tau\omega e^{j\pi/2}$$

（3）对数频率特性 $\begin{cases} L(\omega) = 20\lg(\tau\omega) \\ \varphi(\omega) = \dfrac{\pi}{2} = 90° \end{cases}$ (4-9)

（4）伯德图

1）对数幅频特性 $L(\omega)$。通常取 $K = \tau$，由式（4-9）得

$$L(\omega) = 20\lg(\tau\omega) = 20\lg\tau + 20\lg\omega = 20\lg K + 20\lg\omega$$

当 $\omega = 1/\tau$ 时，$L(\omega) = 0$。

理想微分环节的对数幅频特性曲线描述为：在 $\omega = 1$ 处过 $L(\omega) = 20\lg K$ 点（或在 $\omega = $

$1/\tau$ 处过 0dB 线），斜率为 +20dB/dec 的直线，如图 4-10a 所示。

2）对数相频特性 $\varphi(\omega)$。由式（4-9）可知，$\varphi(\omega)$ 为一条 +90°的水平直线，如图 4-10b 所示。

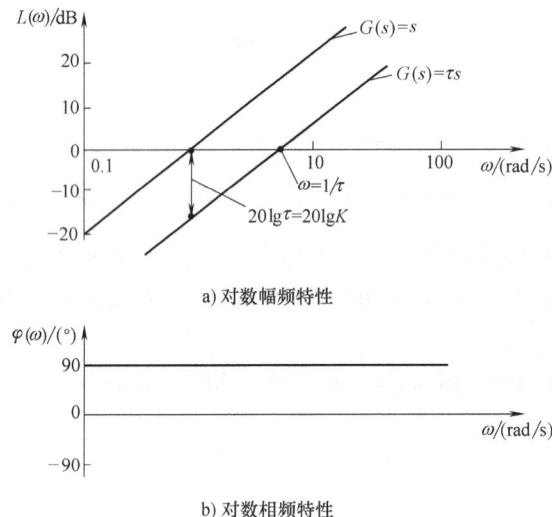

图 4-10 理想微分环节的伯德图

4. 惯性环节

（1）传递函数

$$G(s) = \frac{1}{Ts+1} \quad (4-10)$$

（2）频率特性

$$G(\mathrm{j}\omega) = \frac{1}{\mathrm{j}T\omega+1} = \frac{1}{T^2\omega^2+1} - \mathrm{j}\frac{T\omega}{T^2\omega^2+1} = \frac{1}{\sqrt{T^2\omega^2+1}}\mathrm{e}^{-\mathrm{j}\arctan(T\omega)}$$

（3）对数频率特性

$$\begin{cases} L(\omega) = 20\lg\dfrac{1}{\sqrt{T^2\omega^2+1}} = -20\lg\sqrt{T^2\omega^2+1} \\ \varphi(\omega) = -\arctan(T\omega) \end{cases} \quad (4-11)$$

（4）伯德图

1）对数幅频特性 $L(\omega)$　惯性环节的对数幅频特性曲线采用近似的方法绘制。

① 低频时：低频渐近线是指 $\omega\to 0$ 时的 $L(\omega)$ 图形。

当 $\omega\ll 1/T$，或 $T\omega\ll 1$ 时，有

$$L(\omega) = -20\lg\sqrt{T^2\omega^2+1} \approx -20\lg 1 = 0$$

惯性环节的低频渐近线为一条 0dB 的水平线，如图 4-11 所示。

② 高频时：高频渐近线是指 $\omega\to\infty$ 时的 $L(\omega)$ 图形。

当 $\omega\gg 1/T$，$T\omega\gg 1$，有

$$L(\omega) = -20\lg\sqrt{T^2\omega^2+1} \approx -20\lg(T\omega)$$

惯性环节的高频渐近线与积分环节的 $L(\omega)$ 相同，即为在 $\omega = 1/T$ 处过 0dB 线的、斜率为 -20dB/dec 的直线，如图 4-11 所示。

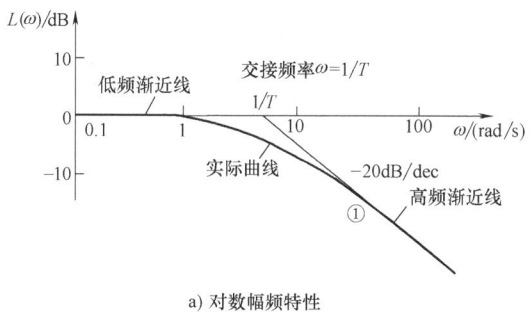

a) 对数幅频特性

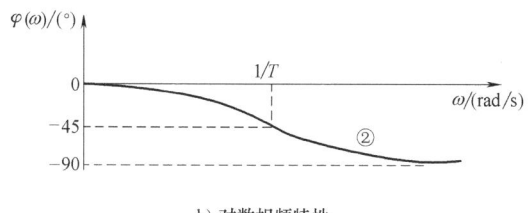

b) 对数相频特性

图 4-11 惯性环节的伯德图

③ 交接频率：交接频率又称转角频率，它是高、低频渐近线交接处的频率。由图 4-11 可见，当 $\omega = 1/T$ 时，高、低频渐近线相接（它们的幅值均为零），因此 $\omega = 1/T$ 称为交接频率。

④ 修正量（又称误差）：惯性环节对数幅频特性的实际曲线如图 4-11 中曲线①所示，其最大误差发生在交接频率处。在该频率处，$L(\omega)$ 的实际值为

$$L(\omega)\big|_{\omega=\frac{1}{T}} = -20\lg\sqrt{T^2\omega^2+1}\,\big|_{\omega=\frac{1}{T}} = -20\lg\sqrt{2}\,\mathrm{dB} = -3.03\,\mathrm{dB}$$

所以其最大误差（亦即最大修正量）约为 $-3.0\,\mathrm{dB}$。由此可见，若以渐近线取代实际曲线，引起的误差是不大的。

2）对数相频特性 $\varphi(\omega)$　惯性环节的对数相频特性曲线通常也采用近似的作图方法。

① 低频时：由式（4-11）可知，当 $\omega \to 0$ 时，$\varphi(\omega) \to 0$。因此，其低频渐近线为 $\varphi(\omega) = 0$ 的水平线。

② 高频时：当 $\omega \to \infty$ 时，由式（4-11）可知，$\varphi(\omega) = -\arctan(T\omega) \to -\pi/2$，因此，其高频渐近线为 $\varphi(\omega) = -\pi/2$ 的水平线。

③ 交接频率处的相位：当 $\omega = 1/T$ 时，$\varphi(\omega) = -\arctan(T\omega)\big|_{\omega=\frac{1}{T}} = -\dfrac{\pi}{4} = -45°$，参见图 4-11 中曲线②。

5. 比例-微分环节

（1）传递函数
$$G(s) = \tau s + 1 \tag{4-12}$$

（2）频率特性　　$G(\mathrm{j}\omega) = (\mathrm{j}\tau\omega + 1) = \sqrt{\tau^2\omega^2+1}\,\mathrm{e}^{\mathrm{j}\arctan(\tau\omega)}$

（3）对数频率特性

$$\begin{cases} L(\omega) = 20\lg\sqrt{\tau^2\omega^2+1} \\ \varphi(\omega) = \arctan(\tau\omega) \end{cases} \tag{4-13}$$

(4) 伯德图 对照式 (4-11) 和式 (4-13)，可见两者仅相差一个负号。这意味着比例-微分环节与惯性环节的图形将对称于横轴，如图 4-12 所示。

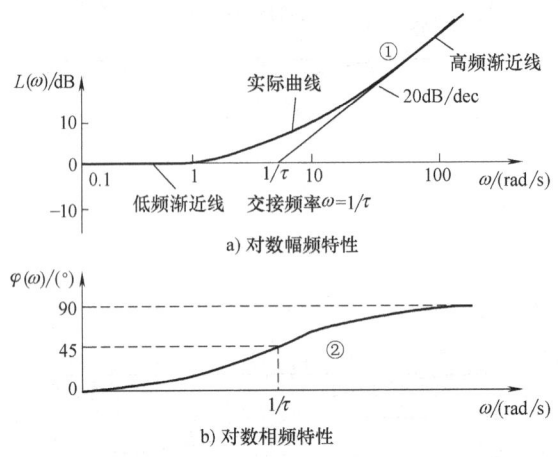

图 4-12 比例-微分环节的伯德图

6. 振荡环节

（1）传递函数

$$G(s) = \frac{1}{T^2 s^2 + 2\xi T s + 1} \tag{4-14}$$

（2）频率特性

$$G(j\omega) = \frac{1}{T^2(j\omega)^2 + 2\xi T(j\omega) + 1} = \frac{1}{(1 - T^2\omega^2) + j2\xi T\omega}$$

$$= \frac{1 - T^2\omega^2}{(1 - T^2\omega^2)^2 + (2\xi T\omega)^2} - j\frac{2\xi T\omega}{(1 - T^2\omega^2)^2 + (2\xi T\omega)^2}$$

$$= \frac{1}{\sqrt{(1 - T^2\omega^2)^2 + (2\xi T\omega)^2}} e^{-j\arctan\frac{2\xi T\omega}{1 - T^2\omega^2}}$$

由上式可以看出，振荡环节的频率特性不仅与 ω 有关，而且还与阻尼比 ξ 有关。

（3）对数频率特性

$$\begin{cases} L(\omega) = -20\lg \sqrt{(1 - T^2\omega^2)^2 + (2\xi T\omega)^2} \\ \varphi(\omega) = -\arctan\frac{2\xi T\omega}{1 - T^2\omega^2} \end{cases} \tag{4-15}$$

（4）伯德图

1) 对数幅频特性 $L(\omega)$。振荡环节的对数幅频特性也采用近似的方法绘制。

① 低频时：当 $\omega \ll 1/T$ 时，即 $T\omega \ll 1$，$1 - T^2\omega^2 \approx 1$，于是有

$$L(\omega) = -20\lg \sqrt{(1 - T^2\omega^2)^2 + (2\xi T\omega)^2} \approx -20\lg \sqrt{1} = 0$$

振荡环节对数幅频特性的低频渐近线也是一条 0dB 线，参见图 4-13 中的曲线①。

② 高频时：

$$L(\omega) = -20\lg \sqrt{(1 - T^2\omega^2)^2 + (2\xi T\omega)^2} \approx -20\lg \sqrt{(T^2\omega^2)[T^2\omega^2 + (2\xi)^2]}$$

$$\approx -20\lg \sqrt{(T^2\omega^2)^2} = -40\lg T\omega$$

振荡环节的 $L(\omega)$ 的高频渐近线，则是一条在 $\omega = 1/T$ 处过 0dB 线的、斜率为 -40dB/dec 的直线。参见图 4-13 中的曲线①。

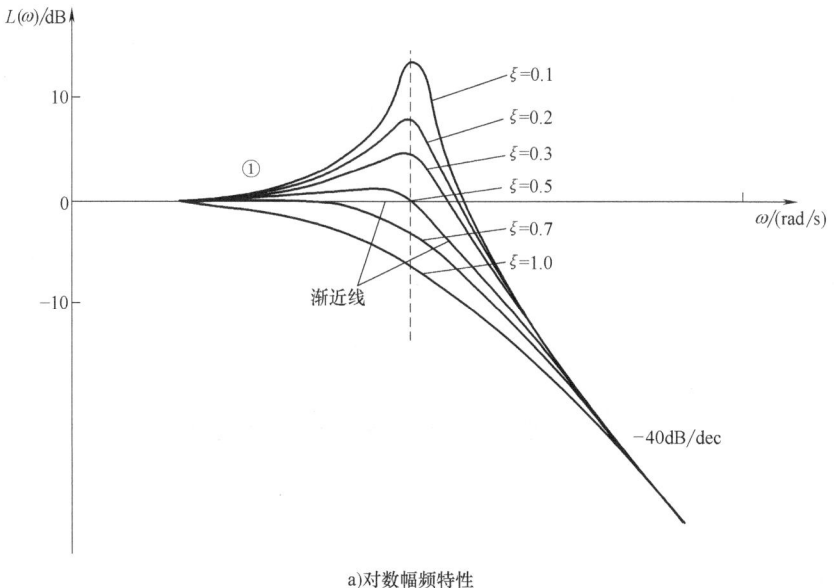

a) 对数幅频特性

b) 对数相频特性

图 4-13 振荡环节的伯德图

③ 交接频率：$\omega = 1/T$。

④ 修正量：当 $\omega = 1/T$ 时，$L(\omega) = -20\lg\sqrt{(2\xi)^2} = -20\lg(2\xi)$
振荡环节对数幅频特性最大误差修正见表 4-4。

表 4-4 振荡环节对数幅频特性最大误差修正表

ξ	0.1	0.15	0.2	0.25	0.3	0.4	0.5	0.6	0.7	0.8	1.0
最大误差/dB	+14.0	+10.0	+8	+6	+4.4	+2.0	0	-1.6	-3.0	-4.0	-6.0

2) 对数相频特性 $\varphi(\omega)$。

① 低频时：当 $\omega \to 0$ 或 $\omega \ll 1/T$ 时，$\varphi(\omega) = \arctan\dfrac{-2\xi T\omega}{1-T^2\omega^2} = 0$

由上式可见,振荡环节对数相频特性的低频渐近线是一条 $\varphi(\omega)=0$ 的水平直线。

② 高频时:当 $\omega\to\infty$ 或 $\omega\gg 1/T$ 时,$\varphi(\omega)=\arctan\dfrac{-2\xi T\omega}{1-T^2\omega^2}\to(-\pi)$。

由上式可见,振荡环节对数相频特性的高频渐近线为一条 $\varphi(\omega)=-\pi=-180°$ 的水平直线。

③ 交接频率处的 $\varphi(\omega)$:当 $\omega=1/T$ 时,$\dfrac{-2\xi T\omega}{1-T^2\omega^2}\to-\infty$,因此,$\varphi(\omega)=\arctan\dfrac{-2\xi T\omega}{1-T^2\omega^2}=-\dfrac{\pi}{2}=-90°$。

由式(4-15)可见,振荡环节的对数相频特性 $\varphi(\omega)$ 与阻尼比 ξ 有关。

任务三　系统的开环对数频率特性

一、任务引入

开环系统由若干个典型环节构成,那么,能否由典型环节的对数频率特性曲线来绘制开环系统的对数频率特性曲线呢?下面就来学习系统的开环对数频率特性。

二、任务分析

由叠加法等求开环系统的对数频率特性曲线。

三、相关知识

由典型环节的对数频率特性曲线可以容易地绘制出开环系统的对数频率特性曲线。假定传递函数 $G(s)$ 由 n 个典型环节串联而成,n 个典型环节用 $G_1(s)$,$G_2(s)$,…,$G_n(s)$ 表示,则

$$G(\mathrm{j}\omega)=\prod_{i=1}^{n}G_i(\mathrm{j}\omega)$$

对应的频率特性可写为

$$|G(\mathrm{j}\omega)|\mathrm{e}^{\mathrm{j}\angle G(\mathrm{j}\omega)}=\prod_{i=1}^{n}|G_i(\mathrm{j}\omega)|\mathrm{e}^{\mathrm{j}\sum_{i=1}^{n}\angle G_i(\mathrm{j}\omega)}$$

显然

$$|G(\mathrm{j}\omega)|=\prod_{i=1}^{n}|G_i(\mathrm{j}\omega)|$$

$$\angle G(\mathrm{j}\omega)=\sum_{i=1}^{n}\angle G_i(\mathrm{j}\omega)$$

将幅值取分贝

$$20\lg|G(\mathrm{j}\omega)|=\sum_{i=1}^{n}20\lg|G_i(\mathrm{j}\omega)|$$

即

$$L(\omega)=L_1(\omega)+L_2(\omega)+\cdots+L_n(\omega) \tag{4-16}$$

$$\varphi(\omega)=\varphi_1(\omega)+\varphi_2(\omega)+\cdots\varphi_n(\omega) \tag{4-17}$$

1. 叠加法

如果 $G(s)$ 由 n 个典型环节串联而成,则其对数幅频特性曲线和对数相频特性曲线可由

典型环节的对应曲线叠加而得。

【实例 4-4】 求比例-积分（PI）调节器的伯德图。

解：
$$G(s) = K\left(1 + \frac{1}{Ts}\right) = K\frac{Ts+1}{Ts}$$
$$= K\frac{1}{Ts}(Ts+1)$$

由上式可见，比例-积分调节器可看成比例、积分和比例-微分三个环节的串联。分别画出比例环节的伯德图（见图 4-14 中的曲线①）、积分环节的伯德图（见图 4-14 中的曲线②）和比例-微分环节的伯德图（见图 4-14 中的曲线③）。

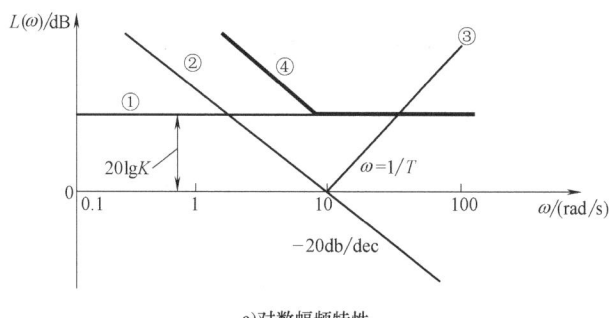

a) 对数幅频特性

b) 对数相频特性

图 4-14 比例积分调节器伯德图

①： $G(s) = K$ ②： $G(s) = \frac{1}{Ts}$ ③： $G(s) = Ts + 1$ ④： $G(s) = K\frac{1}{Ts}(Ts+1)$

上述三个曲线的叠加（①+②+③）即为比例-积分调节器的伯德图，如图 4-14 中的曲线④所示（④=①+②+③）。

2. 直接法

直接画出串联环节总的渐近对数幅频特性的基本步骤是：

1）先分析系统是由哪些典型环节串联而成的，然后进行简化，并将各环节的传递函数整理成标准形式。

2）求出总增益 K，并计算 $20\lg K$ 的数值。

3）在半对数坐标纸上 $\omega = 1$ 处，过 $L(\omega) = 20\lg K$ 的点，作斜率为 $-20v\text{dB/dec}$ 的直线，其中 v 为积分环节个数。或过横轴上 $[\omega = K$（对应 $v=1$），$\omega = \sqrt{K}$（对应 $v=2$），或 $\omega = \sqrt[3]{K}$（对应 $v=3$）] 的点，作斜率为 $-20v\text{dB/dec}$ 的直线，其中 v 为积分环节个数。

4）计算各典型环节的交接频率，将各交接频率按由低到高的顺序进行排列，并按下列原则依次改变 $L(\omega)$ 的斜率。

① 若过惯性环节的交接频率，斜率减去 20dB/dec。
② 若过比例-微分环节的交接频率，斜率增加 20dB/dec。
③ 若过振荡环节的交接频率，斜率减去 40dB/dec。
5）根据需要，可对渐近线进行修正，以获得较准确的曲线。

【实例 4-5】 试画出图 4-15 所示某自动控制系统的开环频率特性（伯德图）。

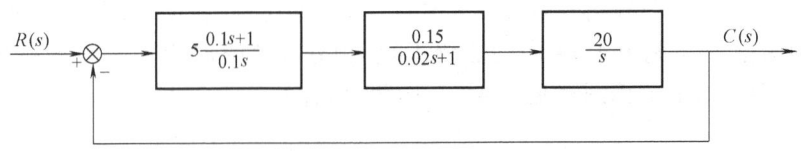

图 4-15 某自动控制系统框图

解： 由图 4-15 可知该系统的开环传递函数为

$$G(s) = \frac{5 \times 0.15 \times 20}{0.1} \cdot \frac{0.1s+1}{s^2(0.02s+1)}$$

$$= 150 \frac{1}{s^2} \frac{1}{0.02s+1}(0.1s+1)$$

（1）对数幅频特性

1）低频段的绘制。$K = 150$，$L(\omega)$ 在 $\omega = 1$ 处的高度为

$$20\lg K = 20\lg 150\text{dB} = 43.5\text{dB}$$

由于含两个积分环节，其低频段斜率为

$$2 \times (-20)\text{dB/dec} = -40\text{dB/dec}$$

2）中、高频段的绘制。比例-微分环节的交接频率 $\omega_1 = 10\text{rad/s}$

惯性环节的交接频率 $\omega_2 = \dfrac{1}{0.02\text{s}} = 50\text{rad/s}$

因此，在低频段是斜率为 -40dB/dec 的直线；经 $\omega_1 = 10\text{rad/s}$ 处，遇到比例-微分环节，应增加 $+20\text{dB/dec}$，成为斜率为 -20dB/dec 的直线；再经 $\omega_2 = 50\text{rad/s}$ 处，又遇到一个惯性环节，则应降低 -20dB/dec，又成为斜率为 -40dB/dec 的直线。该系统的对数幅频特性如图 4-16a 所示。

（2）对数相频特性

1）比例环节：$\varphi_1(\omega) = 0$ 为图 4-16b 中水平直线①。

2）两个积分环节：$\varphi_2(\omega) = -180°$ 为图 4-16b 中水平直线②。

3）比例-微分环节：$\varphi_3(\omega) = \arctan(0.1\omega)$，为图 4-16b 中曲线③。其低频渐近线为 $\varphi(\omega) = 0$，高频渐近线为 $\varphi(\omega) = +90°$，在 $\omega_1 = 10\text{rad/s}$ 处，$\varphi(\omega) = 45°$。

4）惯性环节：$\varphi_4(\omega) = -\arctan(0.02\omega)$，为图 4-16b 中曲线④。其低频渐近线为 $\varphi(\omega) = 0$，高频渐近线为 $\varphi(\omega) = -90°$，在 $\omega_1 = 50\text{rad/s}$ 处，$\varphi(\omega) = -45°$。

该系统的对数相频特性 $\varphi(\omega)$ 为四者的叠加，即

$$\varphi(\omega) = \varphi_1(\omega) + \varphi_2(\omega) + \varphi_3(\omega) + \varphi_4(\omega)$$

曲线 $\varphi(\omega) = ① + ② + ③ + ④$，如图 4-16b 所示。

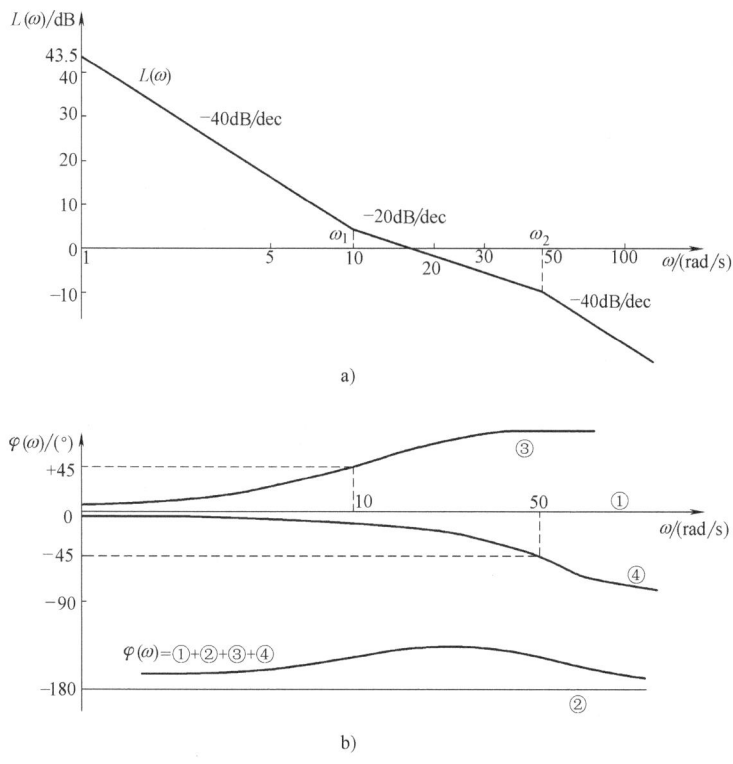

图 4-16 某系统的开环对数频率特性（伯德图）

小　　结

（1）频率特性（又叫频率响应），频率特性是控制系统在频域中的一种数学模型，是研究自动控制系统的一种工程方法。系统频率特性能间接地揭示系统的动态性能和稳态性能，可简单迅速地判断某些环节或参数对系统性能的影响，指出系统的改进方向。频率特性可以由实验确定，这对于难以建立动态模型的系统来说有很大意义。

（2）控制系统的频率特性有多种表示方法。

$$以坐标分\begin{cases}直角坐标\begin{cases}实频特性\ R(\omega)\\ 虚频特性\ I(\omega)\end{cases}\\ 极坐标\begin{cases}幅频特性\ A(\omega)\\ 相频特性\ \varphi(\omega)\end{cases}\end{cases}$$

$$以图形分\begin{cases}极坐标频率特性图（奈奎斯特图）G(\mathrm{j}\omega)\\ 对数坐标频率特性图（伯德图）\begin{cases}对数幅频特性\ L(\omega)=20\lg A(\omega)\\ 对数相频特性\ \varphi(\omega)\end{cases}\end{cases}$$

$$以研究角度分\begin{cases}开环频率特性\ G(\mathrm{j}\omega)=A(\omega)\underline{/\varphi(\omega)}\\ 闭环频率特性\ \varPhi(\mathrm{j}\omega)=A_{\mathrm{B}}(\omega)\underline{/\varphi_{\mathrm{B}}(\omega)}\end{cases}$$

（3）控制系统开环对数频率特性曲线的画法。

1）分析系统是由哪些典型环节串联而成的，将这些典型环节的传递函数都化成标准形式（分母常数项为1）。

2) 根据比例环节的 K 值，计算 $20\lg K$。

3) 在半对数坐标纸上，找到横坐标为 $\omega=1$、纵坐标为 $L(\omega)=20\lg K$ 的点，过该点作斜率为 $-20\nu\text{dB/dec}$ 的直线，其中 ν 为积分环节的个数。

4) 计算各典型环节的交接频率，$L(\omega)$ 过惯性环节的交接频率处减去 20dB/dec；过比例-微分环节的交接频率处增加 20dB/dec；过振荡环节的交接频率处减去 40dB/dec。

5) 进行必要的修正。一般对于惯性环节，不加说明可不必修正；而对于振荡环节，不加说明则要修正。

由对数幅频特性求取对应传递函数的过程为上述步骤的逆过程。

思考与练习

4.1 求比例-积分调节器的伯德图。

4.2 试求下列各系统的实频特性、虚频特性、幅频特性和相频特性。

(1) $G(s)=\dfrac{2}{(s+1)(2s+1)}$

(2) $G(s)=\dfrac{2}{s(s+1)(2s+1)}$

(3) $G(s)=\dfrac{2}{s^2(s+1)(2s+1)}$

4.3 已知控制系统的开环传递函数为

(1) $G(s)=\dfrac{2s^2}{(0.04s+1)(0.4s+1)}$

(2) $G(s)=\dfrac{50(0.6s+1)}{s^2(4s+1)}$

(3) $G(s)=\dfrac{20}{s(0.001s+1)(0.5s+1)}$

试绘制控制系统的伯德图。

4.4 已知各系统的开环传递函数为

(1) $G(s)=\dfrac{100(2s+1)}{s(5s+1)(s^2+s+1)}$

(2) $G(s)=\dfrac{200}{s^2(s+1)(10s+1)}$

(3) $G(s)=\dfrac{0.8(10s+1)}{s^2(s^2+s+1)(s^2+4s+25)(s+0.2)}$

试绘制各系统的开环对数幅相特性曲线。

4.5 已知各环节的对数幅频特性曲线如图4-17所示，试写出它们的传递函数。

4.6 已知某船舶稳向系统的开环传递函数为

$$G(s)=\dfrac{0.164(s+0.2)(-s+32)}{s^2(s+0.25)(s-0.009)}$$

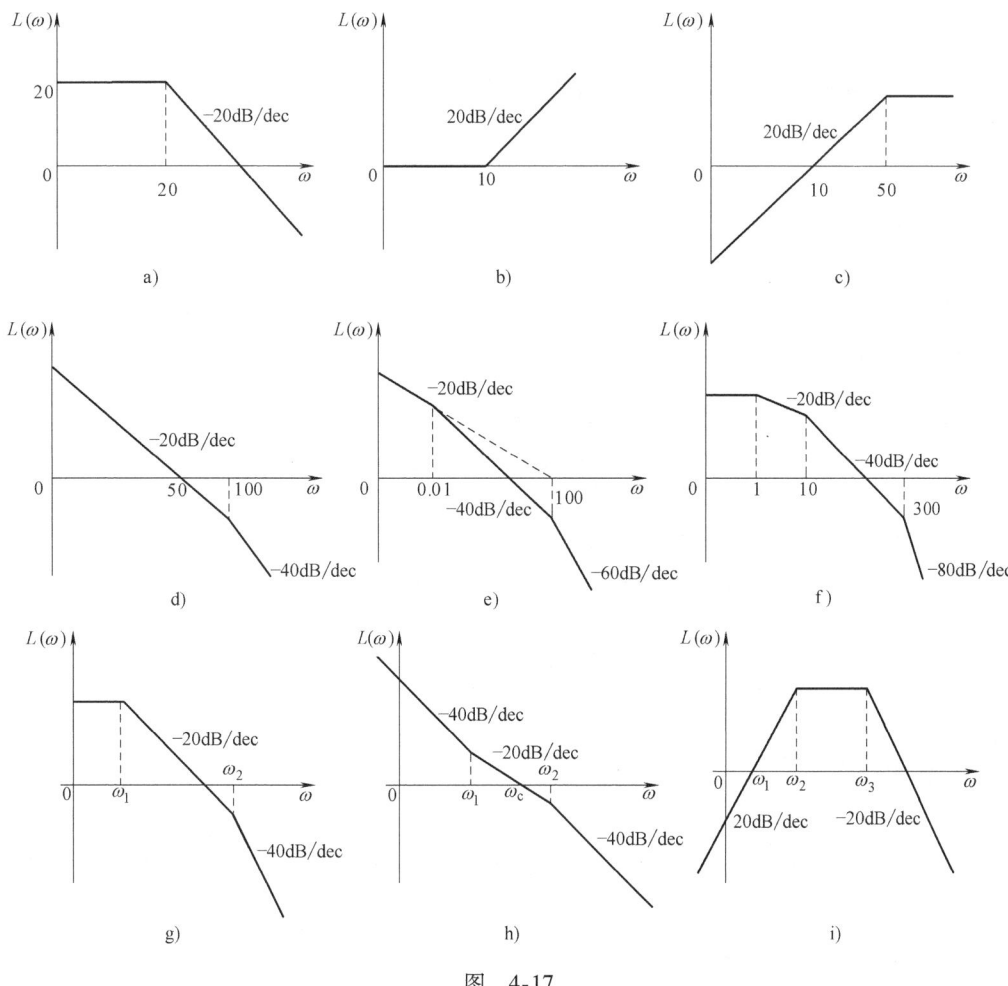

图 4-17

试绘制该系统的伯德图。

项目五　自动控制系统的校正

自动控制系统的校正。

知识目标：(1) 了解系统校正的作用和方法。
　　　　　(2) 了解串联校正对系统性能的影响。
　　　　　(3) 了解反馈校正、复合校正对系统性能的影响。
能力目标：(1) 会熟练使用串联校正对系统进行改进。
　　　　　(2) 会使用反馈校正、复合校正对系统进行改进。
素质目标：(1) 培养自学能力。
　　　　　(2) 培养文献检索、资料查找与阅读的能力。
　　　　　(3) 培养严谨的工作作风。

(1) 系统校正的作用和方法。
(2) 比例校正、比例-微分校正、比例-积分校正和比例-积分-微分（PID）校正的串联校正分析。
(3) 反馈校正、复合校正的分析。

任务一　校正的基本知识

一、任务引入

当通过参数调整仍无法满足控制系统的性能指标要求时，应采取什么措施呢？下面就来学习自动控制系统校正的基本知识。

二、任务分析

通过调整参数来控制系统的稳态、动态性能仍不能满足实际工程中所要求的性能指标时，就需要采取校正的方法。本任务从校正的概念入手，学习校正的方式，进而学习校正装置的相关知识。

三、相关知识

1. 校正的概念

当控制系统的稳态、动态性能不能满足实际工程中所要求的性能指标时，首先可以考虑调整系统中可以调整的参数；若通过调整参数仍无法满足要求时，则可以在原有系统中增添一些装置和元件，人为地改变系统的结构和性能，使之满足所要求的性能指标，这种方法称为校正。增添的装置和元件称为校正装置或校正元件。系统中除校正装置以外的部分，组成了系统的不可变部分，称其为固有部分。

2. 校正的方式

根据校正装置在系统中的不同位置，校正的方式一般可分为串联校正、反馈校正和顺馈补偿校正。

（1）串联校正　校正装置串联在系统固有部分的前向通路中，称为串联校正，如图 5-1 所示。为减小校正装置的功率等级，降低校正装置的复杂程度，串联校正装置通常安排在前向通路中功率等级最低的点上。

（2）反馈校正　校正装置与系统固有部分按反馈方式连接，形成局部反馈回路，称为反馈校正，如图 5-2 所示。

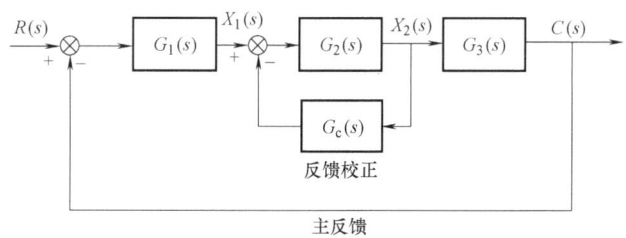

图 5-1　串联校正

（3）复合校正　复合校正又称为顺馈补偿校正，是在反馈控制的基础上引入输入补偿构成的校正方式。复合校正可以分为两种：一种是引入给定输入信号补偿，另一种是引入扰动输入信号补偿。校正装置直接或间接测出给定输入信号 $R(s)$ 和扰动输入信号 $D(s)$，经过适当变换以后，作为附加校正信号输入系统，使可测扰动对系统的影响得到补偿，从而控制和抵消扰动对输出的影响，提高系统的控制精度。

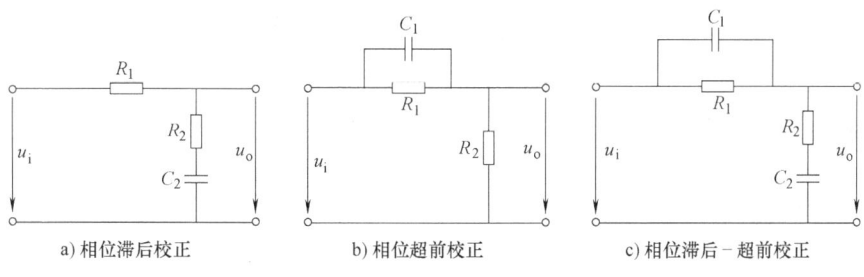

图 5-2　反馈校正

3. 校正装置

根据校正装置本身是否有电源，可分为无源校正装置和有源校正装置。

（1）无源校正装置　无源校正装置（Passive Compensator）通常是由电阻和电容组成的二端口网络，图 5-3 是几种典型的无源校正装置。根据它们对系统频率特性的影响，其校正方式又分为相位滞后校正、相位超前校正和相位滞后-超前校正。

无源校正装置电路简单、组合方便、无需外供电源，但本身没有增益，只有衰减；且输入阻抗低，输出阻抗高，因此，在应用时要增设放大器或隔离放大器。

（2）有源校正装置　有源校正装置（Active Compensator）是由运算放大器组成的调节器，图5-4是几种典型的有源校正装置。有源校正装置本身有增益，且输入阻抗高，输出阻抗低，所以目前较多采用有源校正装置。其缺点是需另供电源。

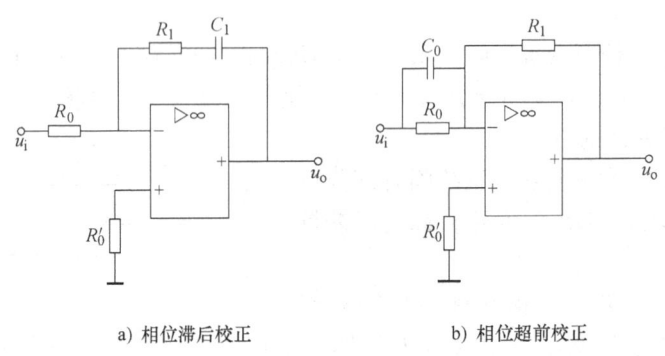

a) 相位滞后校正　　　　b) 相位超前校正

图 5-4　有源校正装置

任务二　串　联　校　正

一、任务引入

三频段对系统性能的影响如下：

1）低频段的代表参数是斜率和高度，它们反映系统的型别和增益，表明了系统的稳态精度。

2）中频段是指穿越频率附近的一段区域，代表参数是斜率、宽度（中频宽）、幅值穿越频率和相位裕量，它们反映系统的最大超调量和调整时间，表明了系统的相对稳定性和快速性。

3）高频段的代表参数是斜率，它们反映系统对高频干扰信号的衰减能力。

二、任务分析

串联校正是最基本的校正方法，本任务以比例校正、比例-微分校正、比例-积分校正和比例-积分-微分校正为例，用三频段方式分析四种校正对系统性能的影响，从而了解串联校正的特点。

三、相关知识

1. 相位裕量的概念和求法

对数幅频特性曲线穿越 0dB 线时的对应频率 ω_c 叫做穿越频率。这时的相位角 $\varphi(\omega_c)$ 离对数相频特性曲线180°的距离就是相位裕量 γ，$\gamma = 180° + \varphi(\omega_c)$。

2. 串联校正的方法

（1）比例校正（Proportional Compenation） 比例校正装置，也称为 P 调节器，其传递函数 $G(s) = K$，其伯德图如图 5-5 所示。

由图可见，P 调节器的相位角为 0，所以比例校正对系统相位无影响。

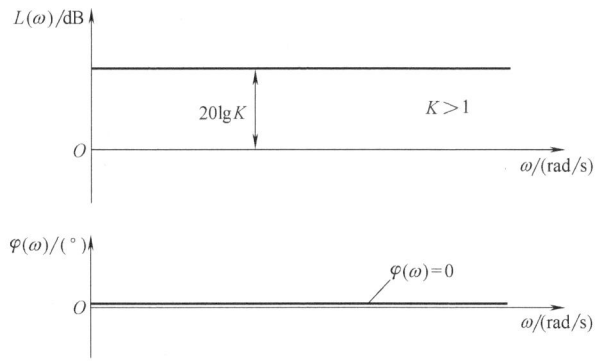

图 5-5 P 调节器的伯德图

【实例 5-1】 图 5-6 为一随动系统框图，图中 $G_1(s)$ 为随动系统的固有部分，其开环传递函数为

$G_1(s) = \dfrac{K_1}{s(T_1 s + 1)(T_2 s + 1)}$，若 $K_1 = 35$，$T_1 = 0.2\text{s}$，$T_2 = 0.01\text{s}$。

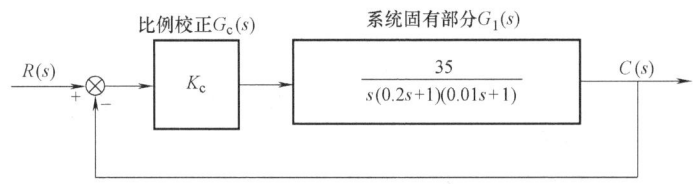

图 5-6 具有比例校正的系统框图

由以上参数可以画出图 5-7 中的对数频率特性曲线Ⅰ。图中，$\omega_1 = 1/T_1 = (1/0.2)\text{rad/s} = 5\text{rad/s}$，$\omega_2 = 1/T_2 = (1/0.01)\text{rad/s} = 100\text{rad/s}$，$L(\omega)|_{\omega=1} = 20\lg K_1 = 20\lg 35\text{dB} = 31\text{dB}$。由图 5-7 可得 $\omega_c = 13.5\text{rad/s}$。

可求得系统相位裕量

$$\begin{aligned}\gamma &= 180° - 90° - \arctan T_1\omega_c - \arctan T_2\omega_c \\ &= 180° - 90° - \arctan(0.2 \times 13.5) - \arctan(0.01 \times 13.5) \\ &= 90° - 70° - 7.7° \\ &= 12.3°\end{aligned}$$

显然，$\gamma = 12.3°$ 时，系统的相对稳定性是比较差的，这意味着系统的超调量较大，振荡次数较多。

采用比例校正适当降低系统的增益。在系统的前向通路中串联一比例调节器，并使 $K_c = 0.5$。可见，系统的开环增益为

$K = K_1 K_c = 35 \times 0.5 = 17.5$，$L(\omega)|_{\omega=1} = 20\lg 17.5\text{dB} \approx 25\text{dB}$。校正后的伯德图如图 5-7 中曲线Ⅱ所示［由于改变增益对 $\varphi(\omega)$ 不产生影响，故 $\varphi(\omega)$ 仍为原曲线］。

由校正后的曲线Ⅱ可见，此时 $\omega'_c = 9.2\text{rad/s}$，于是可得 $\gamma' = 180° - 90° - \arctan(0.2 \times 9.2) - \arctan(0.01 \times 9.2) = 23.3°$，参见图 5-7。比较曲线Ⅱ和曲线Ⅰ，可以看出降低系统增益后系统有如下特点：

1）系统的相对稳定性得到改善，超调量下降，振荡次数减少。

2）穿越频率 ω_c 降低，这意味着调整时间增加，系统快速性变差。

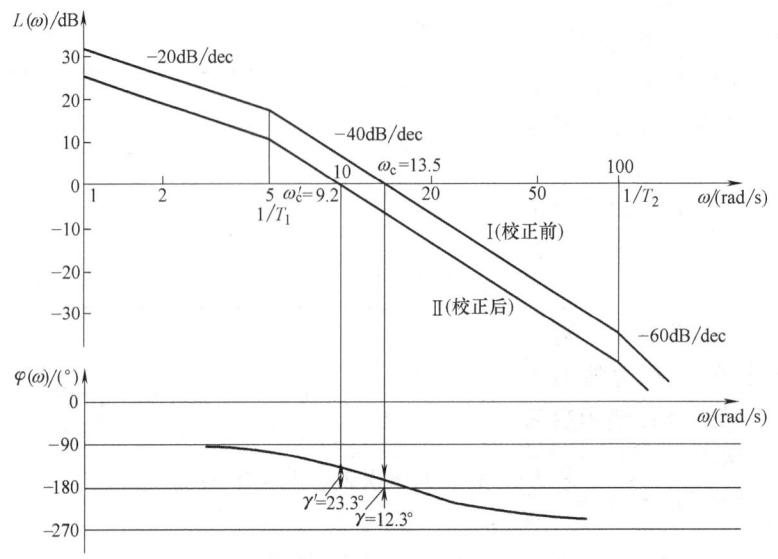

图 5-7　比例校正对系统性能的影响

3）增益降低为原来的 1/2，则此随动系统（Ⅰ型系统）的速度跟随稳态误差 e_{ssr} 将增大一倍（为原来的两倍），系统的稳态精度变差。

综上所述，降低增益将使系统的稳定性得到改善，但会使系统的快速性和稳态精度变差。当然，若增加增益，系统性能的变化则与上述相反。

（2）比例-微分校正（Proportional-Derivative Compensation）（相位超前校正）　图 5-4b 为一比例-微分校正装置，也称为 PD 调节器，其传递函数为

$$G(s) = -K(Ts+1)$$

式中　$K = R_1/R_0$——比例放大倍数；

$T = R_0 C_0$——微分时间常数。

PD 调节器的伯德图如图 5-8 所示。从图中可以看出，PD 调节器提供了超前相位角，所以 PD 校正也称为超前校正，并且 PD 调节器的对数渐近幅频特性曲线的斜率为 +20dB/dec，因而将它的频率特性和系统固有部分的频率特性相加的作用主要体现在以下两方面。

1）使系统的中、高频段特性上移（PD 调节器的对数渐近幅频特性的斜率为 +20dB/dec），幅值穿越频率增大，使系统的快速性提高。

2）PD 调节器提供一个正的相位角，使相位裕量增大，改善了系统的相对稳定性。但是，由于高频段上升，降低了系统的抗干扰能力。

【实例 5-2】　设图 5-9 所示系统的开环传递函数为

$$G_1(s) = \frac{K_1}{s(T_1 s+1)(T_2 s+1)}$$

其中，$T_1 = 0.2s$，$T_2 = 0.01s$，$K_1 = 35$，采用 PD 调节器（$K_c = 1$，$\tau = T_1 = 0.2s$）对系统进行串联校正。试比较系统校正前后的性能。

解：原系统的伯德图如图 5-10 中的曲线Ⅰ所示。

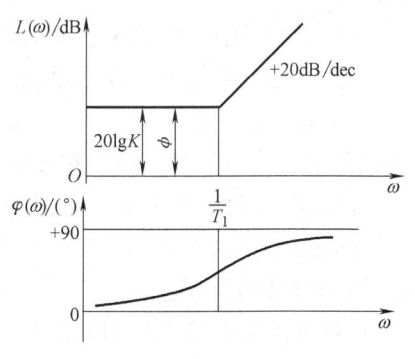

图 5-8　PD 调节器的伯德图

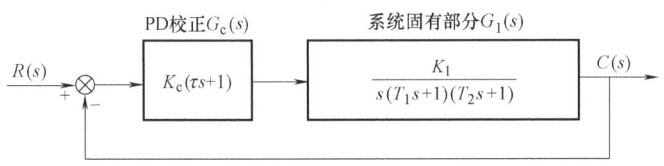

图 5-9 具有 PD 校正的控制系统

特性曲线以 -40dB/dec 的斜率穿越 0dB 线，穿越频率 $\omega_c = 13.5\text{rad/s}$，相位裕量 $\gamma = 12.3°$。

采用 PD 调节器校正，其传递函数 $G_c(s) = 0.2s + 1$，伯德图为图 5-10 中的曲线Ⅱ。校正后的曲线如图 5-10 中的曲线Ⅲ。

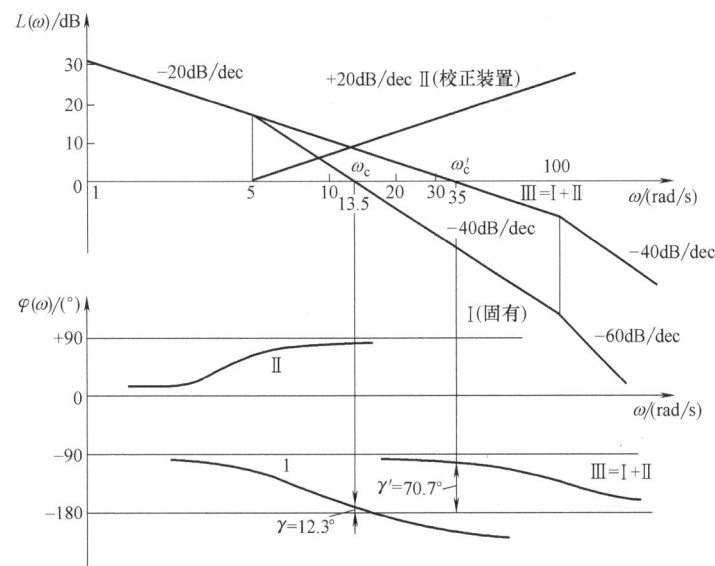

图 5-10 PD 校正对系统性能的影响

由图可见，增加比例-微分校正装置后系统有如下特点：

1) 低频段，$L(\omega)$ 的斜率和高度均没变，所以不影响系统的稳态精度。

2) 中频段，$L(\omega)$ 的斜率由校正前的 -40dB/dec 变为校正后的 -20dB/dec，相位裕量由原来的 12.3° 提高为 70.7°，提高了系统的相对稳定性；穿越频率 ω_c 由 13.5 变为 35，系统快速性提高。

3) 高频段，$L(\omega)$ 的斜率由校正前的 -60dB/dec 变为校正后的 -40dB/dec，系统的抗高频干扰能力下降。

综上所述，比例-微分校正使系统的稳定性和快速性得到改善，但会使系统的抗高频干扰能力下降。

(3) 比例-积分校正（Proportional-Integral Compensation）（相位滞后校正） 图 5-4a 为一比例-积分校正装置，也称为 PI 调节器，其传递函数为

$$G_c(s) = \frac{K_c(T_c s + 1)}{T_c s}$$

式中 $K_c = R_1/R_0$——比例放大倍数；

$T_c = R_1 C_1$——积分时间常数。

PI 调节器的伯德图如图 5-11 所示。从图中可以看出，PI 调节器提供了负的相位角，所以 PI 校正也称为滞后校正。PI 调节器的对数渐近幅频特性曲线在低频段的斜率为 $-20\mathrm{dB/dec}$，因而将它的频率特性和系统固有部分的频率特性相加，可以提高系统的型别，即提高系统的稳态精度。

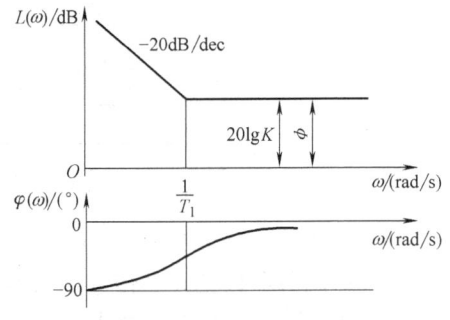

图 5-11 PI 调节器的伯德图

从相频特性中可以看出，PI 调节器在低频产生较大的相位滞后，所以 PI 调节器串入系统时，要注意将 PI 调节器交接频率放在固有系统交接频率的左边，并且要远一些，这样对系统稳定性的影响较小。但是，由于高频段的上升，降低了系统的抗干扰能力。

【**实例 5-3**】 设图 5-12 所示系统的固有开环传递函数为

$$G_1(s) = \frac{K_1}{(T_1 s + 1)(T_2 s + 1)}$$

其中，$T_1 = 0.33\mathrm{s}$，$T_2 = 0.036\mathrm{s}$，$K_1 = 3.2$。采用 PI 调节器（$K_c = 1.3$，$T_c = T_1 = 0.33\mathrm{s}$），对系统进行串联校正。试比较系统校正前后的性能。

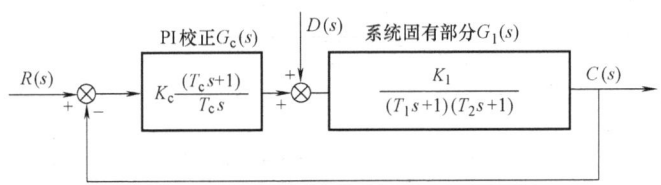

图 5-12 具有 PI 校正的控制系统

解：原系统的伯德图如图 5-13 中曲线 I 所示。特性曲线低频段的斜率为 $0\mathrm{dB}$，显然是有差系统。穿越频率 $\omega_c = 9.5\mathrm{rad/s}$，相位裕量 $\gamma = 88°$。

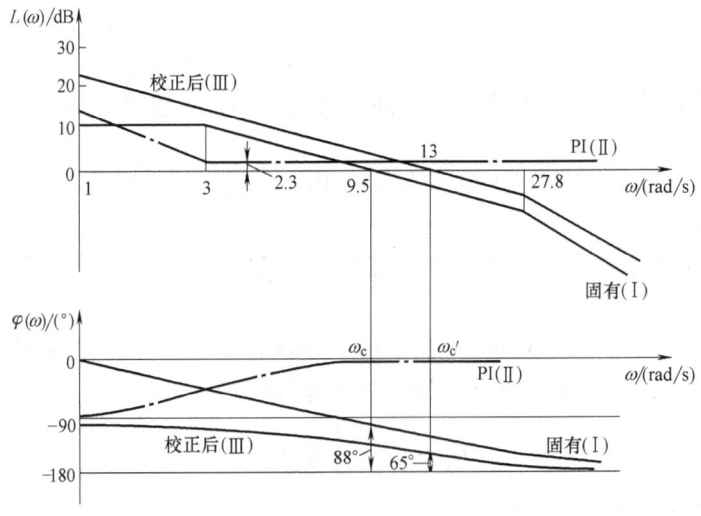

图 5-13 PI 校正对系统性能的影响

采用 PI 调节器校正，其传递函数 $G_c(s) = \dfrac{1.3(0.33s+1)}{0.33s}$，伯德图为图 5-13 中的曲线 Ⅱ。

校正后的曲线如图 5-13 中的曲线 Ⅲ。

由图可见，增加比例-积分校正装置后系统有如下特点：

1）在低频段，$L(\omega)$ 的斜率由校正前的 0dB/dec 变为校正后的 -20dB/dec，系统由 0 型变为 I 型，系统的稳态精度得到提高。

2）在中频段，$L(\omega)$ 的斜率不变，但由于 PI 调节器提供了负的相位角，相位裕量由原来的 88°减小为 65°，降低了系统的相对稳定性；穿越频率 ω_c 有所增大，快速性略有提高。

3）在高频段，$L(\omega)$ 的斜率不变，对系统的抗高频干扰能力影响不大。

综上所述，比例-积分校正虽然对系统的动态性能有一定的副作用，使系统的相对稳定性变差，但它却能使系统的稳态误差大大减小，显著改善系统的稳态性能，而稳态性能是系统在运行中长期起作用的性能指标，往往是首先要求保证的。因此，在许多场合，宁愿牺牲一点动态性能指标的要求，来首先保证系统的稳态精度，这就是比例-积分校正获得广泛应用的原因之一。

（4）比例-积分-微分校正（Proportional-Integral-Derivative Compensation）（相位滞后-超前校正） 下面以对随动系统的校正来说明 PID 校正对系统性能的影响。

图 5-14 为一随动系统框图，其固有部分的传递函数为 $G_1(s)$，如今要求此系统对等速输入信号无静差，试选择合适的调节器。

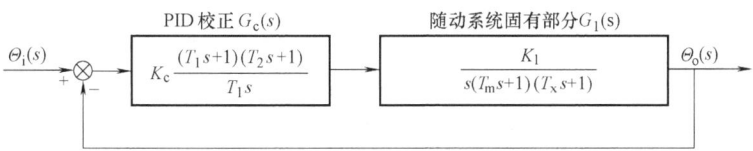

图 5-14 具有比例-积分-微分（PID）校正的系统框图

图中 T_m 为伺服电动机的机电时间常数，设 $T_m = 0.2s$；T_x 为检测滤波时间常数，设 $T_x = 10ms = 0.01s$；K_1 为系统的总增益，设 $K_1 = 35$。

由图可见，此随动系统含有一个积分环节，两个大惯性环节，它的稳定性能和动态性能都比较差。同时也是 I 型系统，它对阶跃输入是无静差的，但对等速输入信号却是有静差的。若要求此系统对等速输入信号也是无静差的，则应将它校正成 Ⅱ 型系统（即再引入一个积分环节）。若采用 PI 调节器，固然可以提高系统的无静差度，但这对含有一个积分、两个惯性环节的系统（它的稳定裕量一般都已经是比较小的了）来说，将使系统的稳定性变得更差，甚至造成不稳定，因此很少采用。常用的办法是采用 PID 校正。

今设 PID 调节器的传递函数为

$$G_c(s) = \frac{K_c(T_1 s + 1)(T_2 s + 1)}{T_1 s}$$

为使分析简明，今设 $T_1 = T_m = 0.2s$，为了使校正后的系统有足够的相位裕量，取中频宽 $h = 10$，即 $T_2 = 10T_x = 10 \times 0.01s = 0.1s$，取 $K_c = 2$。将以上参数代入各传递函数式，并画出对应的对数频率特性曲线（伯德图），如图 5-15 所示。

校正后，系统的开环传递函数为

$$G(s) = G_c(s)G_1(s)$$

$$= \frac{K_c(T_1s+1)(T_2s+1)}{T_1s} \frac{K_1}{s(T_m s+1)(T_x s+1)}$$

$$= \frac{K_c K_1}{T_1} \frac{(0.1s+1)}{s^2(0.01s+1)}$$

$$= \frac{350(0.1s+1)}{s^2(0.01s+1)}$$

图 5-15 中曲线 I 为系统固有部分的伯德图，穿越频率 $\omega_c = 14\text{rad/s}$，相位裕量为 $\gamma = 7.7°$，稳定裕量过小，系统稳定性较差；系统的对数相频特性 $\varphi(\omega)$ 为 $-90° \longrightarrow 270°$ 的曲线。

校正装置的伯德图为图 5-15 中曲线 II，即 PID 调节器的伯德图。其幅频特性 $L(\omega)$ 如图中曲线 II 所示，其相频特性 $\varphi(\omega)$ 为 $-90° \longrightarrow +90°$ 的曲线。

校正后系统的伯德图为图 5-15 中曲线 III，其穿越频率 $\omega_c = 35\text{rad/s}$，相位裕量 $\gamma' = 45°$。

对照系统校正前、后的曲线 I 和曲线 III，不难看出，增设 PID 校正装置后系统有如下特点：

1) 在低频段，由于 PID 调节器积分部分的作用，使幅频特性曲线的斜率增加了 -20dB/dec，系统增加了一阶无静差度（由一阶无静差变为二阶无静差，使对输入等速信

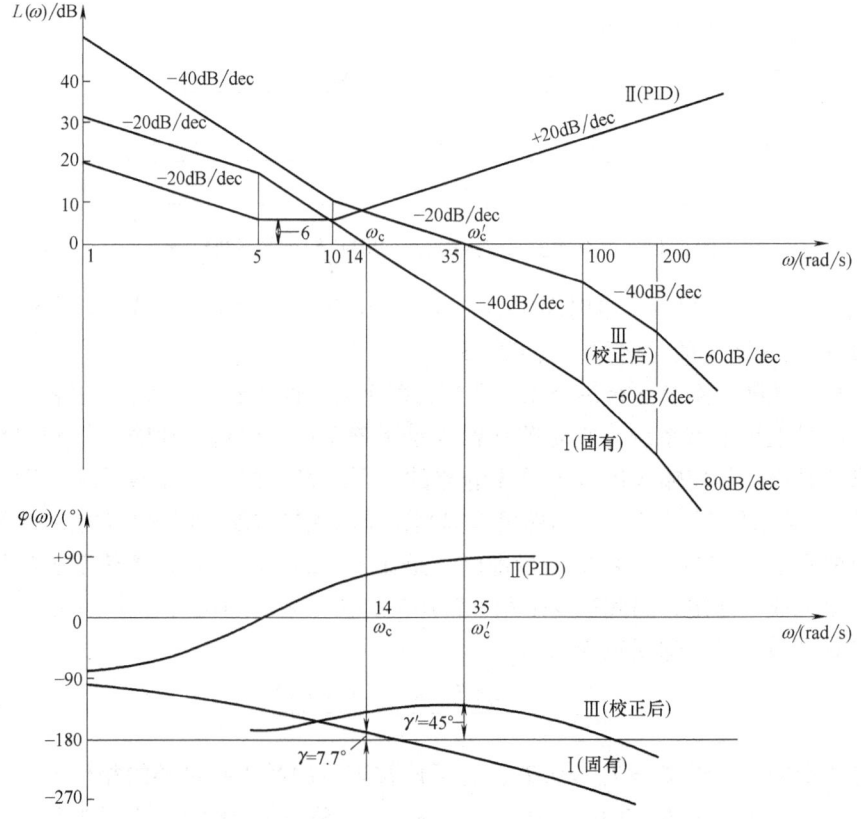

图 5-15 比例-积分-微分（PID）校正对系统性能的影响

号由有静差变为无静差),从而显著地改善了系统的稳态性能。

2)在中频段,由于 PID 调节器微分部分的作用(进行相位超前校正),使系统的相位裕量增加,这意味着超调量减小,振荡次数减少,从而改善了系统的动态性能(相对稳定性和快速性均有所改善)。

3)在高频段,由于 PID 调节器微分部分的影响,使高频增益有所增加,降低了系统抗高频干扰的能力。可通过选择适当的 PID 调节器,使其幅频特性曲线在高频段的斜率为 0dB/dec,来避免这个缺点。

综上所述,比例-积分-微分(PID)校正兼顾了系统稳态性能和动态性能的改善,因此,在要求较高的场合(或系统已含有积分环节的系统),较多地采用 PID 校正。PID 调节器的形式有多种,可根据系统的具体情况和要求选用。

由于 PID 校正使系统在低频段相位后移,而在中、高频段相位前移,因此,又称它为相位滞后—超前校正。

任务三 反馈校正

一、任务引入

在主反馈环内,为改善系统性能而加入的反馈称为局部反馈。反馈校正除了具有串联校正同样的效果外,还具有串联校正所不可替代的效果。

二、任务分析

下面从反馈校正的方式入手,了解各种反馈校正的作用以及反馈校正对系统性能指标的影响。

三、相关知识

1. 反馈校正的方式

通常,反馈校正可分为硬反馈和软反馈。硬反馈校正装置的主体是比例环节(可能还含有小惯性环节)$G_c(s) = \alpha$(常数),它在系统的动态和稳态过程中都起反馈校正作用;软反馈校正装置的主体是微分环节(可能还含有小惯性环节)$G_c(s) = \alpha s$,它只在系统的动态过程中起反馈校正作用,而在稳态时,反馈校正支路如同断路,不起作用。

2. 反馈校正的作用

在图 5-2 中,设固有系统被包围环节的传递函数为 $G_2(s)$,反馈校正环节的传递函数为 $G_c(s)$,则校正后系统被包围部分的传递函数变为

$$\frac{X_2(s)}{X_1(s)} = \frac{G_2(s)}{1 + G_c(s)G_2(s)}$$

可见,通过改变系统被包围环节的结构和参数可以使系统的性能达到所要求的指标。

1)对系统的比例环节 $G_2(s) = K$ 进行局部反馈。

① 当采用硬反馈,即 $G_c(s) = \alpha$ 时,校正后的传递函数 $G(s) = \dfrac{K}{1 + \alpha K}$,增益降低为

$\dfrac{K}{1+\alpha K}$。对于那些因为增益过大而影响系统性能的环节，采用硬反馈是一种有效的方法。

② 当采用软反馈，即 $G_c(s)=\alpha s$ 时，校正后的传递函数 $G(s)=\dfrac{K}{\alpha Ks+1}$，比例环节变为惯性环节，惯性环节时间常数变为 αK，动态过程变得平缓。对于希望过渡过程平缓的系统，经常采用软反馈。

2）对系统的积分环节 $G_2(s)=K/s$ 进行局部反馈。

① 当采用硬反馈，即 $G_c(s)=\alpha$ 时，校正后的传递函数为

$$G(s)=\dfrac{K}{s+\alpha K}=\dfrac{1/\alpha}{\dfrac{1}{\alpha K}s+1}$$

含有积分环节的单元，被硬反馈包围后，积分环节变为惯性环节，惯性环节时间常数变为 $1/(\alpha K)$，增益变为 $1/\alpha$。这时，硬反馈有利于系统的稳定，但稳态性能变差。

② 当采用软反馈，即 $G_c(s)=\alpha s$ 时，校正后的传递函数 $G(s)=\dfrac{K/s}{1+\alpha K}=\dfrac{K}{(\alpha K+1)s}$，仍为积分环节，增益降为原来的 $1/(1+\alpha K)$。

3）对系统的惯性环节 $G(s)=\dfrac{K}{Ts+1}$ 进行局部反馈。

① 当采用硬反馈，即 $G_c(s)=\alpha$ 时，校正后的传递函数为

$$G(s)=\dfrac{K}{Ts+1+\alpha K}=\dfrac{K/(1+\alpha K)}{\dfrac{T}{1+\alpha K}s+1}$$

可见，惯性环节时间常数和增益均降为原来的 $1/(1+\alpha K)$，可以提高系统的稳定性和快速性。

② 当采用软反馈，即 $G_c(s)=\alpha s$ 时，校正后的传递函数 $G(s)=\dfrac{K}{(T+\alpha K)s+1}$，仍为惯性环节，时间常数增加为原来的 $(T+\alpha K)$ 倍。

4）可以消除系统固有部分中不希望有的特性，从而削弱被包围环节对系统性能的不利影响。

当 $G_2(s)G_c(s)\gg 1$ 时，$\dfrac{X_2(s)}{X_1(s)}=\dfrac{G_2(s)}{1+G_c(s)G_2(s)}\approx\dfrac{1}{G_c(s)}$，此时，被包围环节的特性主要由校正环节决定，但此时对反馈环节的要求较高。

任务四　复合校正

一、任务引入

当系统的输入量或扰动量可以直接或间接获得时，为改善系统性能而加入补偿，引入了复合校正。

二、任务分析

从复合校正的两种形式入手，引出实现全补偿的条件，指出复合校正的注意事项。

三、相关知识

1. 按输入补偿的复合校正

当系统的输入量可以直接或间接获得时,由输入端通过引入输入补偿这一控制环节便构成了复合校正系统,如图 5-16 所示。

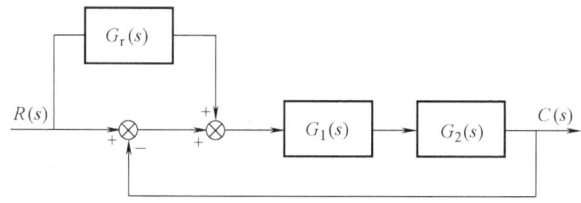

图 5-16 具有输入补偿的复合校正

由图可得

$$C(s) = \frac{G_1(s)G_2(s) + G_r(s)G_1(s)G_2(s)}{1 + G_1(s)G_2(s)} R(s)$$

其中,系统的输入误差为

$$E_r(s) = R(s) - C(s) = \frac{1 - G_r(s)G_1(s)G_2(s)}{1 + G_1(s)G_2(s)} R(s)$$

如果满足 $1 - G_r(s)G_1(s)G_2(s) = 0$,即 $G_r(s) = \dfrac{1}{G_1(s)G_2(s)}$ 时,则系统完全复现输入信号,即 $E_r(s) = 0$,从而实现输入信号的全补偿。当然,要实现全补偿是非常困难的,但可以实现近似的全补偿,从而可大幅度地减小输入误差,改善系统的跟随精度。

2. 按扰动补偿的复合校正

当系统的扰动量可以直接或间接获得时,可以采用按扰动补偿的复合校正如图 5-17 所示。

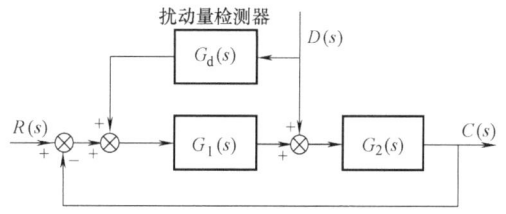

图 5-17 具有扰动补偿的复合校正

不考虑输入控制,即 $R(s) = 0$ 时,扰动作用下的误差为

$$\begin{aligned} E_d(s) &= R(s) - C(s) \\ &= -C(s) = -\frac{G_2(s)}{1 + G_1(s)G_2(s)} D(s) - \frac{G_d(s)G_1(s)G_2(s)}{1 + G_1(s)G_2(s)} D(s) \\ &= -\frac{G_2(s) + G_d(s)G_1(s)G_2(s)}{1 + G_1(s)G_2(s)} D(s) \end{aligned}$$

如果满足 $1 + G_d(s)G_1(s) = 0$,即 $G_d(s) = -1/G_1(s)$ 时,则系统因扰动而引起的误差已全部被补偿,即 $E_d(s) = 0$。同理,要实现全补偿是非常困难的,但可以实现近似的全补偿,从而可以大幅度地减小扰动误差,显著地改善系统的动态和稳态性能。由于按扰动补偿的复合校正具有显著减小扰动稳态误差的优点,因此,在一切要求较高的场合都得到了广泛的应用。

小　　结

系统校正就是在原有的系统中有目的地增添一些装置（或元件），人为地改变系统的结构和参数，使系统的性能得到改善，来满足所要求的性能指标。根据校正装置在系统中所处位置的不同，一般可分为串联校正、反馈校正和复合校正。

串联校正对系统结构、性能的改善效果明显，校正方法直观、实用。但无法克服系统中元件参数变化对系统性能的影响。

反馈校正能改善被包围环节的参数、性能，甚至可以改变原环节的性质。这一特点可使反馈校正用来抑制元件参数变化和内、外扰动对系统性能的消极影响，有时甚至可取代局部环节。

在系统的反馈控制回路中加入前馈补偿，可组成复合校正。只要参数选择得当，则可以保持系统稳定，减小乃至消除稳态误差，但补偿要适度，过量补偿会引起振荡。

思考与练习

5.1　什么是系统校正？系统校正有哪些类型？

5.2　PI 调节器调整系统的什么参数？使系统在结构上发生怎样的变化？它对系统的性能有什么影响？如何减小它对系统稳定性的影响？

5.3　PD 控制为什么又称为相位超前校正？它对系统的性能有什么影响？

5.4　图 5-18 为某单位负反馈系统校正前、后的开环对数幅频特性曲线，比较系统校正前后的性能变化。

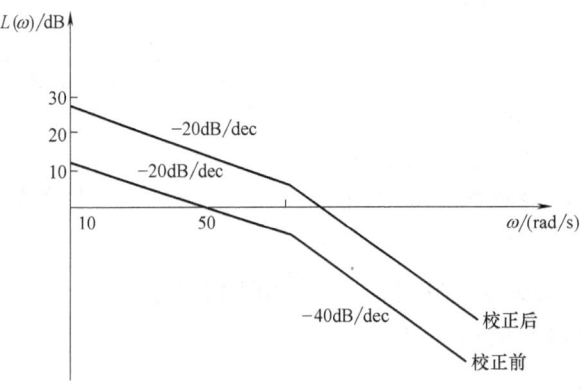

图 5-18　某系统开环对数幅频特性曲线

项目六　直流调速系统

教学要点

典型直流调速系统的分析。

教学目标

知识目标：(1) 掌握识读直流调速系统的原理图的方法。
　　　　　(2) 熟练掌握分析典型直流调速系统所需的知识和方法。
　　　　　(3) 熟练掌握典型直流调速系统的工作原理。
　　　　　(4) 掌握典型直流调速系统方案的组成及特点。

能力目标：(1) 能看懂直流调速系统的原理图、组成框图和系统框图。
　　　　　(2) 能绘制直流调速系统的系统框图。
　　　　　(3) 能阐述典型直流调速系统的工作原理。
　　　　　(4) 能对直流调速系统进行稳态和动态性能的简单分析。
　　　　　(5) 能分析典型直流调速系统的优缺点。
　　　　　(6) 能根据生产实际选择合适的直流调速系统。

素质目标：(1) 培养严谨的学习态度。
　　　　　(2) 培养文献检索、资料查找与阅读的能力。
　　　　　(3) 培养自主学习的能力。
　　　　　(4) 培养团队精神与协作能力，具有一定的岗位意识及岗位适应能力。

教学内容

(1) 转速负反馈晶闸管直流调速系统。
(2) 转速和电流双闭环直流调速系统。
(3) 直流脉宽调速系统。
(4) 晶闸管可逆直流调速系统。
(5) 转速、电流双闭环数字式直流调速系统。

任务一　转速负反馈晶闸管直流调速系统

一、任务引入

许多生产机械要求控制的物理量是转速，因此调速系统是最基本的拖动控制系统。直流拖动控制系统具有良好的起动、制动性能，可以方便地在宽范围内平滑调速。但是，直流电动机全压起动时会产生很大的冲击电流，这不仅对电动机换向不利，对过载能力低的晶闸管来说也是不允许的。另外，有些生产机械的电动机可能会遇到堵转情况，如由于故障使机械轴被卡住或挖土机工作时遇到坚硬的石头等。在这些情况下，由于闭环系统的稳态性能很硬，若无限流环节，电枢电流将远远超过允许值。因此，必须采取措施限制系统起动时的冲击电流。下面就来学习转速负反馈晶闸管直流调速系统。

二、任务分析

采用一般自动控制系统的分析方法（包括系统组成、系统框图的建立、结构特点分析、自动调节过程和系统可能达到的技术性能）对转速负反馈晶闸管直流调速系统进行分析。

三、相关知识

1. 系统的组成

为了解决上述问题，系统中必须设有自动限制电枢电流的环节。根据反馈控制的原理，应该引入电流负反馈。但是这种限流反馈作用只能在起动和堵转时存在，在电动机正常运行时应自动取消，以使电流随负载的变化而变化。这种当电流达到一定程度时才出现的电流负反馈叫做电流截止负反馈，其系统组成如图6-1所示。系统的控制对象是直流电动机 M，受控量是电动机的转速 n，晶闸管触发电路和整流电路为功率放大和执行环节，由运算放大器构成的比例调节器为电压放大和电压（综合）比较环节，电位器 RP_1 为给定元件，测速发电机 TG 与电位器 RP_2 为转速检测元件，此外，还有由取样电阻 R_C、二极管 VD 和电位器 RP_3 构成的电流截止负反馈环节。调速系统的组成框图如图6-2所示。

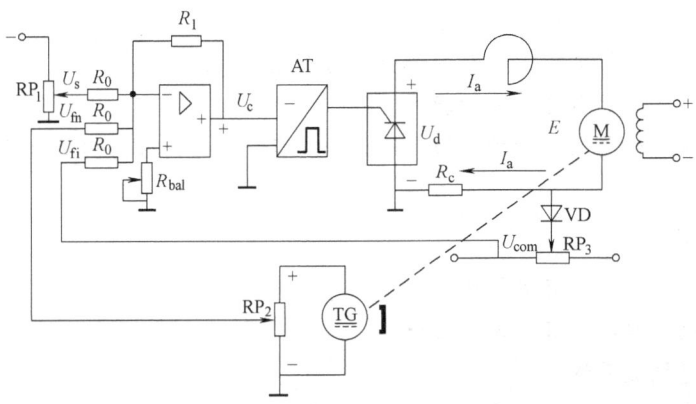

图6-1 具有转速负反馈和电流截止负反馈环节的直流调速系统原理图

（1）直流电动机环节 直流电动机具有良好的起、制动性能，适于在宽调速范围内平滑调速，在轧钢机、矿井卷扬机、挖掘机、海洋钻机、大型起重机、金属切削机床及造纸机等电力拖动领域中得到了广泛的应用。

他励直流电动机的转速方程为

$$n = \frac{E}{K_e \Phi} = \frac{U - IR}{K_e \Phi} \tag{6-1}$$

他励直流电动机的传递函数为

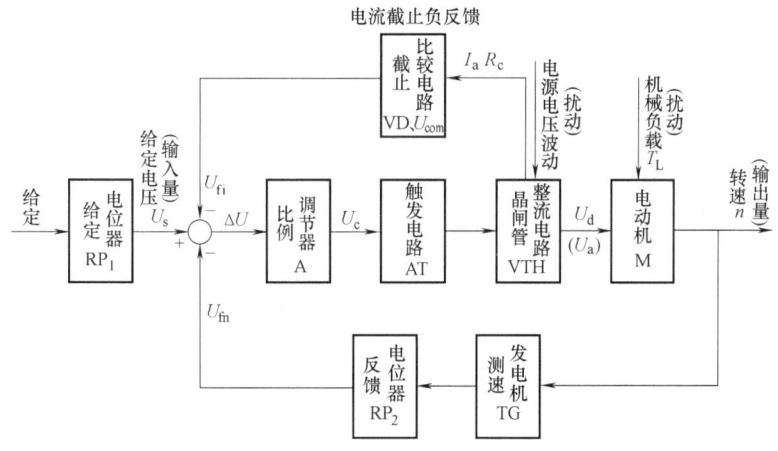

图6-2 具有转速负反馈和电流截止负反馈的直流调速系统框图

$$G(s) = \frac{N(s)}{U_a(s)} = \frac{1/K_e\Phi}{T_mT_as^2 + T_ms + 1} \tag{6-2}$$

式中　　U——电枢电压；

E——电枢电动势；

R——电枢回路总电阻；

n——转速（r/min）；

Φ——励磁磁通；

T_m——电动机时间常数；

T_a——电动机电枢回路电磁时间常数；

K_e——电动机结构决定的电动势系数。

根据直流电动机的基本原理，由感应电动势、电磁转矩以及机械特性方程式可知，直流电动机的调速方法有以下三种。

1）调节电枢电压 U 调速。调节电枢电压主要是从额定电枢电压往下调节，即降低电枢电压，使电动机额定转速向下调速，属于恒转矩调速方法。对于要求在一定范围内无级平滑调速的系统来说，这种方法最好。电枢电流变化时遇到的时间常数较小，能快速响应，但是需要大容量可调的直流电源。

2）改变电动机主磁通 Φ 调速。改变主磁通可以实现无级平滑调速，但只能减弱磁通进行调速（简称弱磁调速），从电动机额定转速向上调速，属于恒功率调速方法。励磁电流变化时遇到的时间常数同电枢电流变化时遇到的时间常数相比要大得多，故响应速度较慢，但所需的电源容量小。

3）改变电枢回路电阻 R 调速。该方法是在电动机电枢回路外串接电阻进行调速的方法。应用这种调速方法的设备简单，操作方便，但只能进行有级调速，调速平滑性差，机械特性较软，空载时几乎没什么调速作用，还会在调速电阻上消耗大量的电能。

改变电枢回路电阻调速的缺点很多，目前已很少采用，仅在有些起重机、卷扬机及电车等调速性能要求不高或低速运行时间不长的传动系统中采用。弱磁调速范围较小，往往是和调压调速配合使用，在额定转速以上作小范围的升速。因此，自动控制的直流调速系统往往以调压调速为主，必要时把调压调速和弱磁调速两种方法配合起来使用。

直流电动机电枢绕组中的电流与定子主磁通相互作用，产生电磁力和电磁转矩，电枢因此而转动。直流电动机电磁转矩中的两个可控参量（即电枢电流和主磁通）是互相独立的，可以非常方便地分别调节，这使得直流电动机具有良好的转矩控制特性，从而具有优良的转速调节性能。调节主磁通一般还是通过调节励磁电压来实现，所以，不管是调压调速还是弱磁调速，都需要可调的直流电源。

(2) 晶闸管整流电路环节　晶闸管整流装置不但经济、可靠而且其功率放大倍数可达 10^4 以上，门极可直接采用电子电路控制，响应速度为毫秒级。但由于晶闸管的单向导电性，它不允许电流反向，给系统的可逆运行造成了一定的困难。另一个问题是当晶闸管导通角很小时，系统的功率因数很低，并会产生较大的谐波电流，从而引起电网电压波动而影响同一电网中的其他用电设备，造成"电力公害"。

晶闸管整流电路的调节特性为输出的平均电压 U_c 与触发电路的控制电压 U_d 之间的关系，即 $U_d = f(U_c)$。图 6-3 为晶闸管整流装置的调节特性。由图可见，它既有死区，又有饱和区。如果在一定范围内将非线性调节特性线性化，则可以把它们之间的关系视为由死区和线性放大区两个部分组成。其中，在线性放大区有 $\dfrac{U_d(s)}{U_c(s)} \approx K_s$。

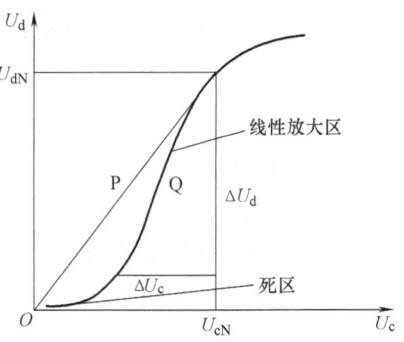

图 6-3　晶闸管整流装置的调节特性
P—近似的线性曲线　Q—实际曲线

晶闸管触发装置和整流装置之间是存在滞后作用的，这主要是由于整流装置的失控时间造成的。由电力电子学可知，晶闸管是一个半控型电子器件，在阳极正向电压的作用下，供给门极触发脉冲时才能使其导通，晶闸管一旦导通，门极便失去了作用。改变控制电压 U_c 虽然可以使触发脉冲的相位产生移动，但是也必须在正处于导通的元件经过其导通周期并自然关断后，整流电压 U_d 才能与新的脉冲相位相适应。由此就造成了整流电压 U_d 滞后于控制电压 U_c 的情况。

若再考虑到控制电压 U_c 改变后，晶闸管要等到下一个周期开始后导通角才会改变，因而会出现延迟时间 τ_0（三相桥式整流时，$\tau_0 = 1.7\mathrm{ms}$；单相全波整流时，$\tau_0 = 5\mathrm{ms}$）。这样，晶闸管整流装置的传递函数就变为

$$\frac{U_d(s)}{U_c(s)} = K_s \mathrm{e}^{-\tau_0 s} \approx \frac{K_s}{\tau_0 s + 1} \approx K_s \tag{6-3}$$

(3) 放大电路环节　此处采用的是运算放大器构成的比例调节器，既是电压放大环节，又是信号比较环节。

(4) 转速检测环节　转速的检测方式较多，常见的有测速发电机、电磁感应传感器及光电传感器等。输出量可分为模拟量和数字量两种。此系统中，转速反馈量需要的是模拟量，一般采用测速发电机。测速发电机分直流和交流两种。测速反馈信号 U_{fn} 与转速成正比，$U_{fn} = \alpha n$，α 为转速反馈系数。

(5) 电流截止负反馈环节　单闭环调速系统存在的另一个问题是起动电流过大。为了

解决这个问题，系统中必须有自动限制电枢电流的环节。根据反馈控制原理，要维持一个物理量基本不变，就应该引入该物理量的负反馈。那么，引入电流负反馈就应该能够保持电流基本不变，使它不超过允许值，但是从应用的角度来看，这种作用应该只在电流比较大时存在，在正常运行时又得取消，使电流随着负载的变化而增减。这样的当电流大到一定程度时才出现的电流负反馈称为电流截止负反馈。

当 $I_a R_c \leq U_{com}$ 时，二极管 VD 截止，电流截止负反馈不起作用。

当 $I_a R_c > U_{com}$ 时，二极管 VD 导通，U_{com}/R_c 的数值称为截止电流，以 I_B 表示。调节电位器 RP_3 即可整定 U_{com}，从而整定 I_B 的数值。一般取 $I_B = 1.2 I_N$（I_N 为额定电流）。

2. 系统的框图

在图 6-4 所示的系统框图中，很明显存在着两个闭环：一个是电动机内部的电动势构成的闭环，另一个是转速负反馈构成的闭环。此外它还清楚地表明了电枢电压、电流、电磁转矩、负载转矩及转速之间的关系。

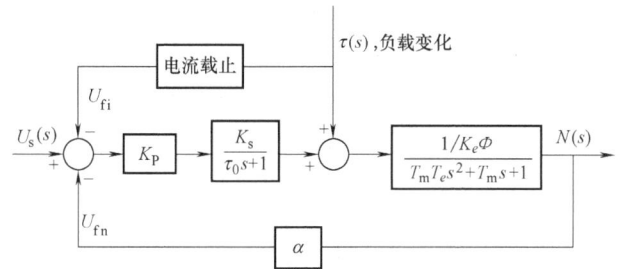

图 6-4 具有转速负反馈直流调速系统的系统框图

3. 系统的自动调节过程

（1）转速负反馈的自动调节过程

1）电网波动时：

$$U \downarrow \to n \downarrow \to U_{fn} \downarrow \to \Delta U \uparrow \to U_c \uparrow \to U_d \uparrow \to n \uparrow$$

2）负载波动时：

$$T_L \uparrow \to n \downarrow \to U_{fn} \downarrow \to \Delta U \uparrow \to U_c \uparrow \to U_d(U_a) \uparrow \to I_a \to \tau_e \uparrow \to n \uparrow$$

这种系统是以存在偏差为前提的，反馈环节只是检测偏差，减小偏差，而不能消除偏差，因此它是有差调速系统。

（2）电流截止负反馈环节的作用 当电枢电流小于截止电流时，电流负反馈不起作用。当 $I_a > I_B$ 时，$\Delta U = U_s - U_{fn} - U_{fi}$，调节过程如下：

$$I_a \uparrow \to U_{fi} \uparrow \to \Delta U \downarrow \to U_c \downarrow \to U_d(U_a) \downarrow \begin{cases} I_a = \dfrac{U_d(\downarrow) - E}{R_c} \to I_a \downarrow \text{（限制过大电流）} \\ n = \dfrac{U_d(\downarrow) - I_a R_c(\uparrow)}{K_e \Phi} \to n \downarrow \downarrow \text{（转速急骤下降）} \end{cases}$$

这样的特性称为"挖土机特性"，机械特性下垂很陡还意味着堵转时（或起动时）电流不是很大。这是因为在堵转时，虽然转速 $n = 0$，反电动势 $E = 0$，但由于电流截止负反馈的作用，使 U_d 大大下降，从而 I_a 不致过大，此时的电流称为堵转电流，用 I_{dm} 表示。

通常，电动机堵转电流的整定值小于晶闸管允许的最大电流，大约为电动机额定电流 I_N 的 $2\sim2.5$ 倍，即 $I_{dm} = (2\sim2.5)I_N$。

整定时，要使熔丝额定电流 > 过电流继电器的动作电流 > 堵转电流。

4. 系统的性能分析

（1）系统的稳定性分析　对直流电动机的框图简化后的传递函数为

$$\frac{N(s)}{U_a(s)} = \frac{1/(K_e\Phi)}{T_m T_a s^2 + T_m s + 1}$$

显然，它是一个二阶系统，而二阶系统总是稳定的。由于晶闸管总是有延迟，若考虑延迟，则晶闸管整流装置的传递函数便为 $K_s/(\tau_0 s + 1)$，计及晶闸管延迟的系统框图如图 6-5 所示。图中，L_d 和 R_d 为晶闸管的传递函数常量。由图 6-5 可见，它实际上是一个三阶系统，若增益过大，则可能成为不稳定系统。

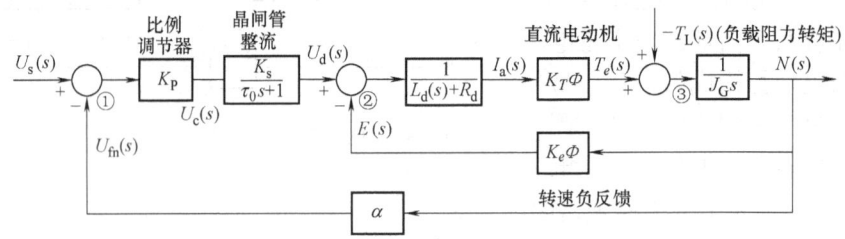

图 6-5　直流调速系统稳态框图

（2）系统稳态性能分析　由图 6-5 可以很方便地得到因负载扰动而产生的稳态误差（转速降 Δn），即

$$\Delta n = \frac{1/(K_e\Phi)}{1 + K_P K_s \alpha/(K_e\Phi)}(-I_a R_a) \approx -\frac{1}{1+K}\frac{I_a R_a}{K_e\Phi} \tag{6-4}$$

式中　开环增益 $K = K_P K_s \alpha/(K_e\Phi)$。

若不考虑负反馈环节（即开环系统），则式（6-4）中的 $\alpha = 0$，于是 $K = 0$，此时的转速降为

$$\Delta n = -\frac{I_a R_a}{K_e\Phi} \tag{6-5}$$

比较（6-4）与式（6-5）可得：

调速系统增设了负反馈环节后，最显著的作用就是将使转速降减为开环时的 $1/(1+K)$，从而极大地提高了系统的稳态精度。这是反馈控制系统的一个突出的优势。

（3）系统的动态性能分析　改善系统动态性能是在系统稳定、稳态误差小于规定值的前提下进行的，这通常也是通过增加 PI 调节器的微分时间常数 T 和调整增益 K 来实现的。

任务二　转速和电流双闭环直流调速系统

一、任务引入

带电流截止负反馈的调速系统若采用 PI 调节器，则可以在保证系统稳定性的条件下实

现转速无差,但是系统的起动特性不理想。对于经常处于起动、制动和反转运行的生产机械,为了提高生产效率和加工质量,要求尽量缩短过渡过程。一个较理想的办法就是在整个起动过程中充分利用电动机的过载能力,将电枢电流保持在最大允许值上,电动机输出最大转矩,转速直线上升,使过渡过程时间大大缩短。经过研究与实践,出现了转速、电流双闭环的直流调速系统。

二、任务分析

采用一般自动控制系统的分析方法(包括系统组成、系统框图的建立、结构特点分析、自动调节过程和系统可能达到的技术性能)对转速和电流双闭环直流调速系统进行分析。

三、相关知识

1. 双闭环调速系统的组成

为了实现转速和电流两种负反馈分别起作用,在系统中设置了两个调节器,分别调节转速和电流,两者之间实行串级连接,其电路原理如图6-6所示。把转速调节器的输出当做电流调节器的输入,再用电流调节器的输出去控制晶闸管整流器的触发装置。从双闭环结构上看,电流调节环在里面,叫做内环,转速调节环在外边,叫做外环,这样就形成了转速、电流双闭环的调速系统。为了进一步获得良好的动态性能和稳态性能,双闭环调速系统的两个调节器一般均采用PID调节器。本任务中两个调节器的输出都带有限幅电路:转速调节器ASR的输出限幅电压是U_{sim},它限制电流调节器给定电压的最大值;电流调节器ACR的输出限幅电压是U_{cm},它限制了晶闸管整流装置输出电压的最大值。系统的组成框图如图6-7所示。

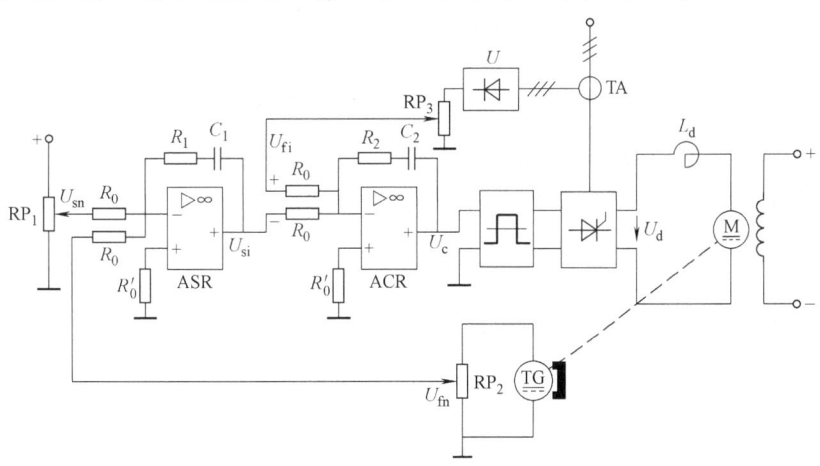

图6-6 转速、电流双闭环直流调速系统的原理

2. 系统框图

转速、电流双闭环直流调速系统框图如图6-8所示。图中的系统结构参数有系统给定量$U_{sn}(s)$、输出量$N(s)$、电流反馈系数β及转速反馈系数α等共13个。

此外各种参变量有:ΔU_n和ΔU_i为偏差电压,U_c为控制电压,$U_d(U_a)$为整流输出电压(电动机电枢电压),I_a为电枢电流,E为电动机电动势,T_e为电磁转矩。

在图6-8中共有9个环节,由电动机内部闭环、电流闭环和转速闭环以及电磁惯性、机

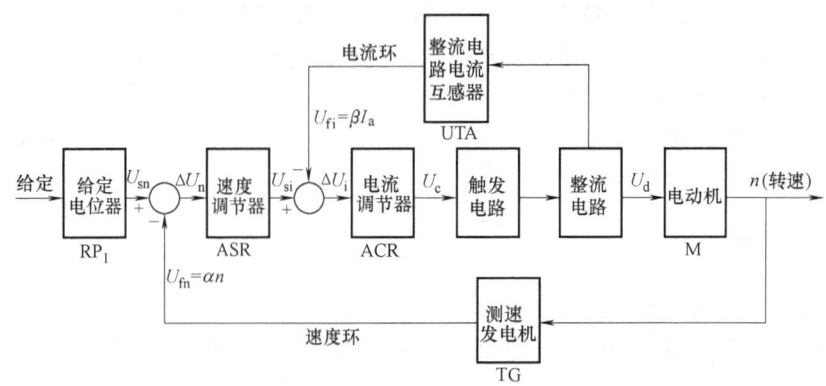

图 6-7 转速、电流双闭环直流调速系统组成框图

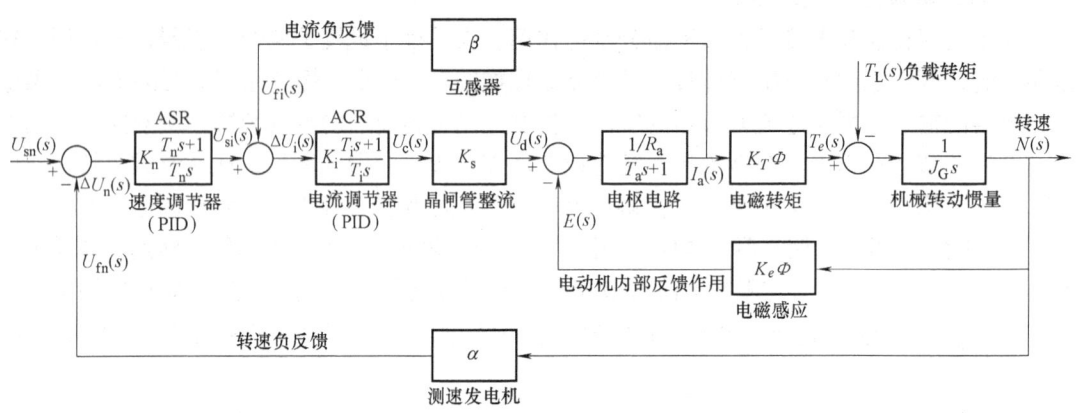

图 6-8 转速、电流双闭环直流调速系统框图

械惯量环节等构成。这9个环节的功能框和它们之间的相互联系把各变量之间的因果关系、配合关系和各种结构参数在其中的地位和作用都清晰地描绘了出来。这样的数学模型为我们以后分析各种系统参数对系统性能的影响、研究改善系统性能的途径提供了一个科学而可靠的基础。

3. 双闭环调速系统的工作原理和自动调节过程

由于 ACR 为 PI 调节器，稳态时，其输入偏差电压 $\Delta U_i = U_{si} + U_{fi} = U_{si} + \beta I_a = 0$，即 $I_a = U_{si}/\beta$。

当 U_{si} 一定时，由于电流负反馈的调节作用，使整流装置的输出电流保持在 U_{si}/β 数值上。当 $I_a > (U_{si}/\beta)$ 时，自动调节过程如图 6-9 所示。

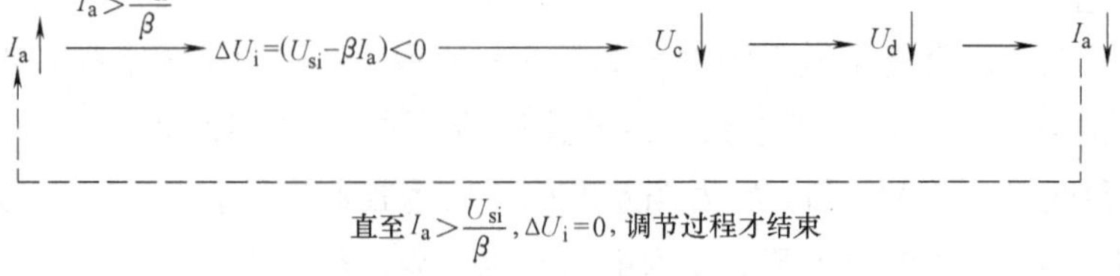

$$I_a \uparrow \xrightarrow{I_a > \frac{U_{si}}{\beta}} \Delta U_i = (U_{si} - \beta I_a) < 0 \longrightarrow U_c \downarrow \longrightarrow U_d \downarrow \longrightarrow I_a \downarrow$$

直至 $I_a > \frac{U_{si}}{\beta}$，$\Delta U_i = 0$，调节过程才结束

图 6-9 电流环的自动调节过程

这种保持电流不变的特性，使系统具有如下功能：
1）自动限制最大电流。
2）能有效抑制电网电压波动的影响。

同理，ASR 也为 PI 调节器，稳态时输入偏差电压 $\Delta U_n = U_{sn} - \alpha n = 0$，即 $n = U_{sn}/\alpha$。当 U_{sn} 一定时，转速 n 将稳定在 U_{sn}/α 数值上。当 $n < (U_{sn}/\alpha)$ 时，其自动调节过程如图 6-10 所示。

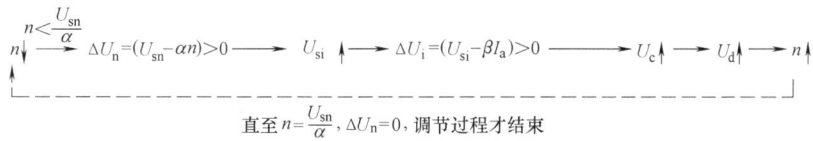

图 6-10 速度环的自动调节过程

由式 $n = U_{sn}/\alpha$ 可知，调节 U_{sn}（电位器 RP$_1$）即可调节转速 n。由图 6-6 可见，整定电位器 RP$_2$，即可整定转速负反馈系数 α，以整定系统的额定转速。

4. 系统性能分析

（1）系统的稳态性能分析

1）虽然在负载扰动量 T_L 作用点前的电流调节器为 PI 调节器，其中含有积分环节，但它被电流负反馈回环节包围后，电流环的等效的闭环传递函数中便不再含有积分环节了，所以转速调节器也必须采用 PI 调节器，以使系统对阶跃给定信号实现无静差。

2）双闭环调速系统的机械特性。由于 ASR 为 PI 调节器，系统无静差，稳态误差很小，一般情况下都能满足生产上的要求。其机械特性近似为一水平直线，如图 6-11 中曲线 $n_0 \sim A$ 段。

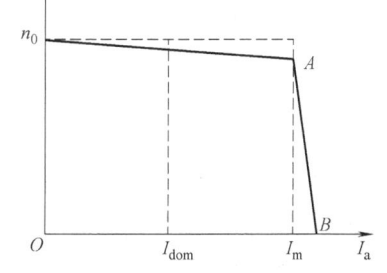

图 6-11 双闭环直流调速系统的机械特性

当电动机发生严重过载，且 $I_a > I_m$（最大允许电流）时，电流调节器将使整流装置输出电压 U_d 明显降低。这样，一方面限制了电流 I_a 继续增长，另一方面将使转速迅速下降，出现了很陡的下垂特性，如图 6-11 中曲线 AB 段。此时的调节过程如图 6-12 所示。

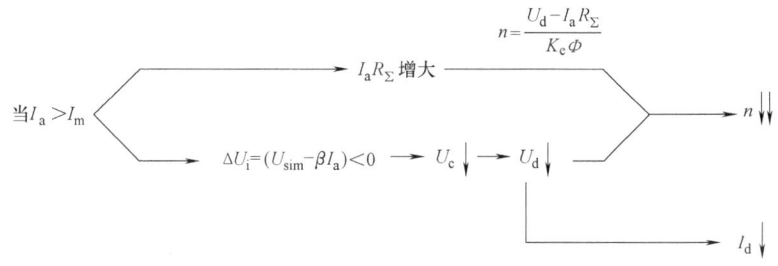

图 6-12 电流 I_a 大于最大允许电流 I_m 时的转速变化

在图 6-11 中，虚线为理想的"挖土机特性"，实线为双闭环直流调速系统的机械特性。由图可见，双闭环直流调速系统的机械特性已很接近理想的"挖土机特性"。

(2) 系统的稳定性分析

1) 电流环分析。电流环是一个三阶系统,若计及晶闸管延迟或调节器输入处的 R、C 滤波环节(它相当一个小惯性环节),那便成了四阶系统。这时,倘若电动机的机电时间常数(T_m)较大,再加上电流调节器参数整定不当,则有可能产生振荡,可采取措施有:

① 增加电流调节器的微分时间常数 $T_i(R_iC_i)$,从而改善系统的稳定性。

② 降低电流调节器的增益 $K_i(R_i/R_o)$,会使快速性差些。

③ 在电流调节器反馈回路(R_i、C_i)两端再并联一个 1~2MΩ 的电阻,使积分环节被惯性环节取代,这显然有利于系统稳定性的改善,但会使系统的稳态性能变差(系统由 I 型变为 0 型,变为有差系统)。

2) 转速环分析。电流环已是一个三阶系统,如今再串联一个转速调节器(PI 调节器),系统将成为四阶系统。若计及输入处的 R、C 滤波环节,系统便成了五阶系统,若电流环参数和速度调节器参数整定得不好,则很容易产生振荡。当由于上述原因系统产生振荡时,可以采取的措施与调节电流调节器参数时相同。

(3) 系统的动态性能分析

1) 调节转速调节器参数。可适当降低 K_n(即使 R_n 降低),以使最大超调量 σ 减小,但调整时间 t_s 将会有所增加。

2) 增设转速微分负反馈环节。微分负反馈环节将使 dn/dt 减小,使转速的最大超调量减小。

5. 双闭环调速系统的优点

综上所述,双闭环直流调速系统具有如下优点:

1) 具有良好的稳态性能(接近理想的"挖土机特性")。

2) 具有较好的动态性能,起动时间短(动态响应快),超调量也较小。

3) 系统抗扰动能力强,电流环能较好地克服电网电压波动的影响,而转速环能抑制被它包围的各个环节的扰动影响,消除转速偏差。

4) 由两个调节器分别调节电流和转速。这样,可以分别进行设计和调整(先调好电流环,再调转速环),调整方便。

任务三 直流脉宽调速系统

一、任务引入

脉宽调制又称 PWM(Pulse Width Modulation)。直流脉宽调制即将恒定的直流电压调制成极性可变、大小可调的脉冲电压,实现直流电动机电枢端电压的平滑调节,从而达到调速的目的。由电力电子器件构成的 PWM 变换器是一种理想的直流功率变换装置,它省去了晶闸管变流器所需的换流电路,具有比晶闸管变流器更为优越的性能。PWM 直流调速系统在中小容量的高精度控制系统中得到了广泛的应用。下面就来分析直流脉宽调速系统的特点及性能。

二、任务分析

采用一般自动控制系统的分析方法(包括系统组成、系统框图的建立、结构特点分析、自动调节过程和系统可能达到的技术性能）对双极型晶体管脉宽调制控制的直流调速系统进行分析。

三、相关知识

1. PWM 直流可逆调速系统的组成

如图 6-13 所示，直流脉宽调速系统主要由脉宽调制变换器、电流控制环、速度控制环、驱动模块及电动机等构成。在传统 PWM 直流调速系统中，速度控制环、电流控制环和脉宽调制变换器分别由不同的电路实现。如果把上述环节（即图 6-13 中点画线框中的功能）由单片机来完成，就构成了数字式脉宽调速系统，简称 PWM 变换器。该系统中，PWM 变换器为核心部分。PWM 变换器可分为不可逆和可逆两类，可逆变换器又有双极式、单极式和受限单极式等多种。

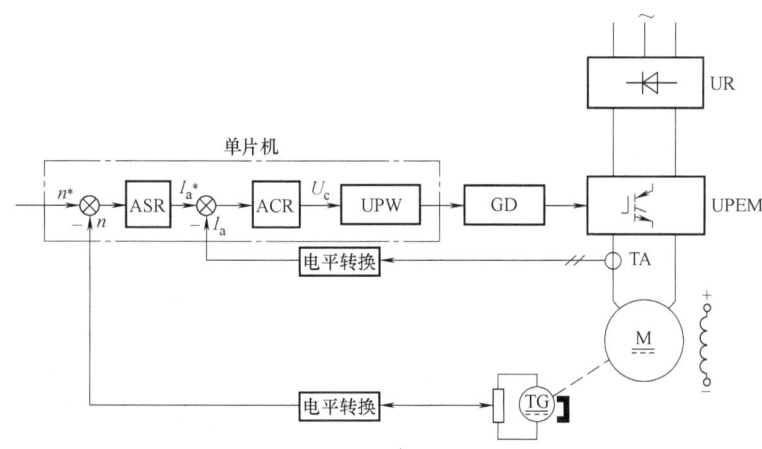

图 6-13　PWM 直流可逆调速系统原理

图 6-13 中，GD 为驱动电路模块，内部含有光电隔离电路和开关放大电路；UPEM 为桥式可逆电力电子变换器，需要注意的是，直流变换器必须是可逆的；UR 为整流器；UPW 为 PWM 波生成环节；TA 为霍尔电流传感器。

（1）PWM 变换器可逆供电电路的形式　在 PWM 可逆供电电路中，有 T 形和 H 形两种电路，如图 6-14 所示。常用的是 H 形变换器，它由 4 个晶体管和 4 个续流二极管组成桥式电路，如图 6-14b 所示。

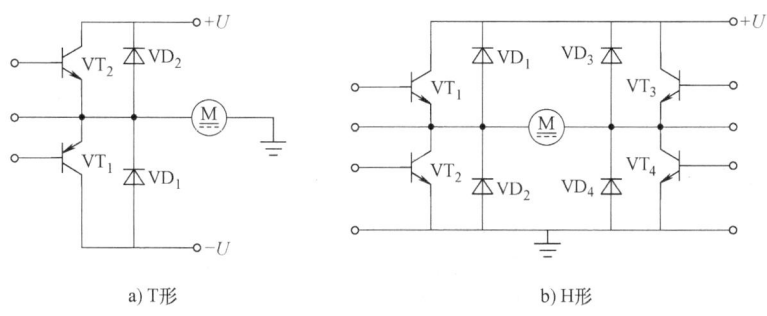

a) T形　　　　　　　　　　　　b) H形

图 6-14　PWM 可逆供电电路

1) T形电路的优点是开关器件少、线路简单,电动机一端可接地,便于引出反馈信号;缺点是需要正、负两个极性电源,器件要承受两倍的电源电压。

2) H形电路虽然器件多些,电枢两端浮地;但器件耐压要求低,且只需单极性电源,所以实际中应用较多。图中 $VT_1 \sim VT_4$ 为作开关用的器件,$VD_1 \sim VD_4$ 为续流二极管。

(2) PWM变换器直流电路的控制方式　在PWM可逆供电电路的控制方式上,有双极性和单极性两种形式。图6-15为双极性和单极性控制时PWM直流可逆供电电路输出电压的波形。

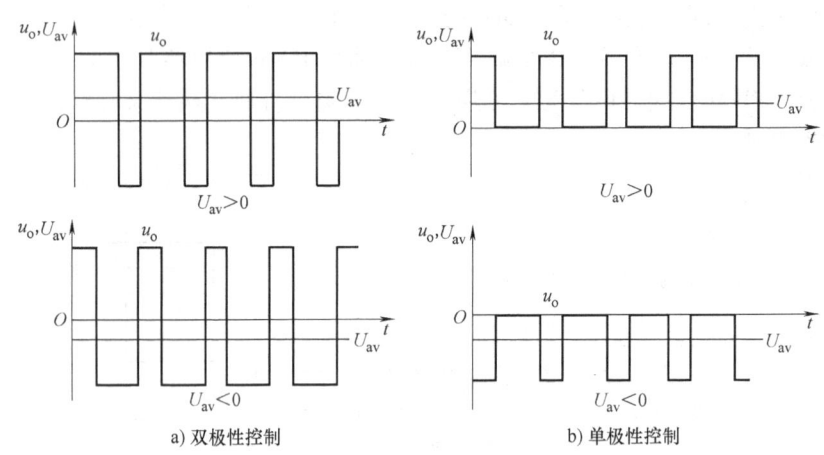

图6-15　PWM直流可逆供电电路输出电压的波形

图6-15a为双极性控制方式的输出电压波形。改变正、负脉冲宽度的差值,就能改变输出电压的平均值。若正脉冲的宽度大于负脉冲的宽度,则输出电压 u_o 的平均值 $U_{av} > 0$(见图6-15a上)。反之,则 $U_{av} < 0$(见图6-15a下)。

图6-15b为单极性控制方式的输出电压波形,它的特点是只有单极性(正或负)脉冲,改变正(或负)脉冲的宽度,即可改变正向(或反向)输出电压的平均值,如图6-15b所示。

这两种控制方式相比,双极性控制的优点是电流连续,低压时晶体管仍能可靠导通,若用于电动机调速,则低速时能平稳运行,调速范围较宽,可达 2×10^4 左右。它的缺点是晶体管损耗多,且易发生上、下两个晶体管同时导通所造成的短路事故。单极性控制的优点是在PWM变换器中,上、下两个晶体管总有一个常导通一个常截止,这一对器件无需频繁交替导通,从而减少了器件损耗和两个晶体管同时导通的几率,使可靠性得到了提高。其缺点是启动较慢。

(3) PWM直流调压的工作原理　现以一个由锯齿波发生器、比较器、T形PWM可逆供电电路组成的PWM直流调压电路为例来说明PWM直流调压的工作原理,电路如图6-16所示。该电路由三个部分组成。

第一部分是一个由单结晶体自激振荡电路构成的锯齿波发生器。

第二部分是控制部分,它是一个由运算放大电路构成的电压比较器。运放电路未设反馈阻抗,是一个开环放大器,因此,只要有微小的输入电压,其输出电压即达饱和值(或限幅值)。它的输入端有锯齿波电压 u_s、控制电压 u_i 和偏置电压 u_b 等三个电压信号。由于三个

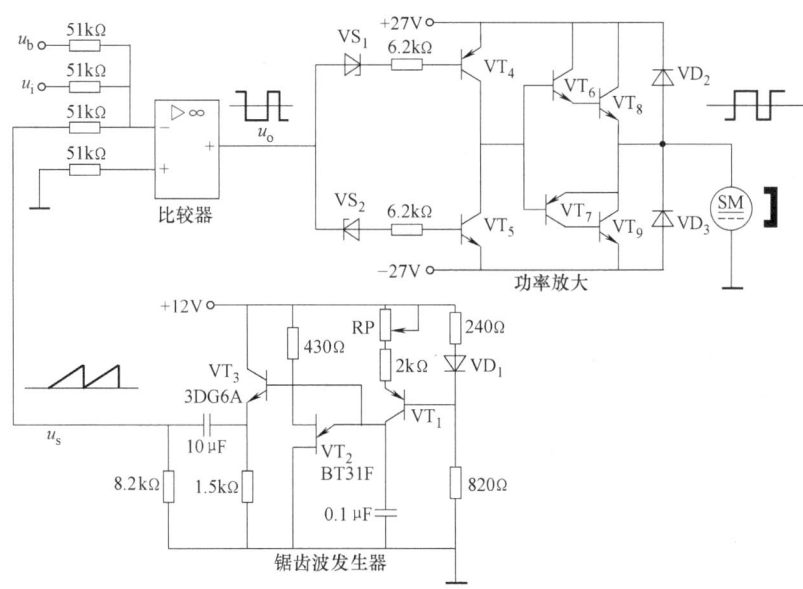

图 6-16 PWM 直流调压供电电路

信号的输入电路电阻相等（均为 51kΩ），因此其输入总电压 U_Σ 即为三个电压的代数和，（即 $U_\Sigma = U_s + U_b + U_i$）。由于是由反向输入端输入，因此当总电压 $U_\Sigma > 0$ 时，其输出电压 u_o 将为负饱和值；反之，$U_\Sigma < 0$ 时，u_o 为正饱和值。

为了在控制电压 $u_i = 0$ 时比较器输出电压的正、负半波的宽度相等（输出的平均电压为零），取偏置电压 u_b 的最大值 U_b 为锯齿波电压最大值 U_{sm} 的一半，极性与 u_s 相反，即 $U_b = -U_{sm}/2$。

图 6-17 为比较器综合电压 u_Σ 与脉宽调制的波形图。

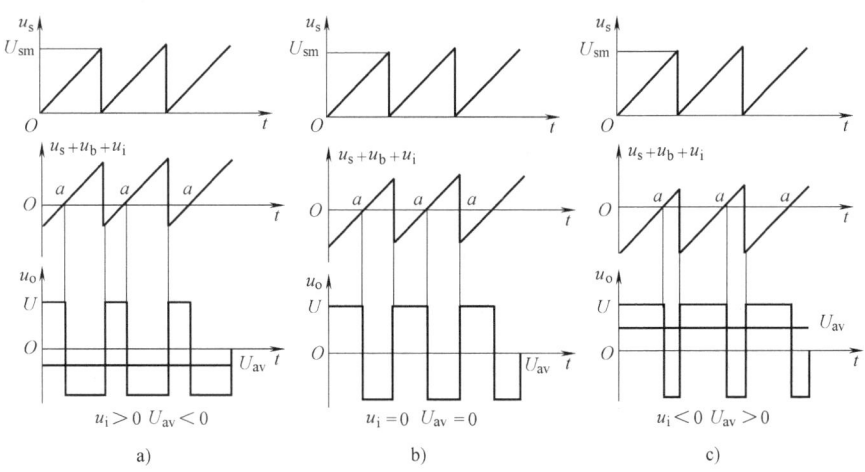

图 6-17 脉宽调制波形

1）由图 6-17a 可见，当 $u_i > 0$ 时，叠加后锯齿波上移，过零点 a 左移，输出方波的正脉冲变窄，负脉冲变宽，其输出平均电压 U_{av} 为负值，即 $U_{av} < 0$。

2) 由图 6-17b 可见，当 $u_i=0$ 时，u_s 与 u_b 叠加后，锯齿波下移了 U_b 高度，锯齿波的过零点 a 在锯齿波中央，比较器输出的方波正、负部分相等，其平均电压 $U_{av}=0$。

3) 由图 6-17c 可见，当 $u_i<0$ 时，叠加后锯齿波下移，过零点 a 右移，输出方波的正脉冲变宽，负脉冲变窄，其输出平均电压 U_{av} 为正值，即 $U_{av}>0$。

综上所述，调节控制电压，即输入电压 u_i 的数值与极性，即可调节输出正、负脉冲的宽度，从而调节输出平均电压的大小和极性（**注意** U_i 与 U_{av} 的极性恰好相反）。

第三部分为电路功率放大部分，由正、负电源和两组功率放大电路组成。

在图 6-17 所示的电路中，驱动的负载是一小功率的直流伺服电动机，调制的电压频率为 2000Hz。

2. 由专用集成电路控制的 PWM 直流调速系统

随着 PWM 应用的日益广泛，出现了 PWM 专用集成电路，如 SG1731、SG3524 等。下面介绍 SG1731 集成电路以及由它构成的直流调速系统。

图 6-18 为由 SG1731PWM 集成电路控制的、由晶体管电路供电的直流调速系统。

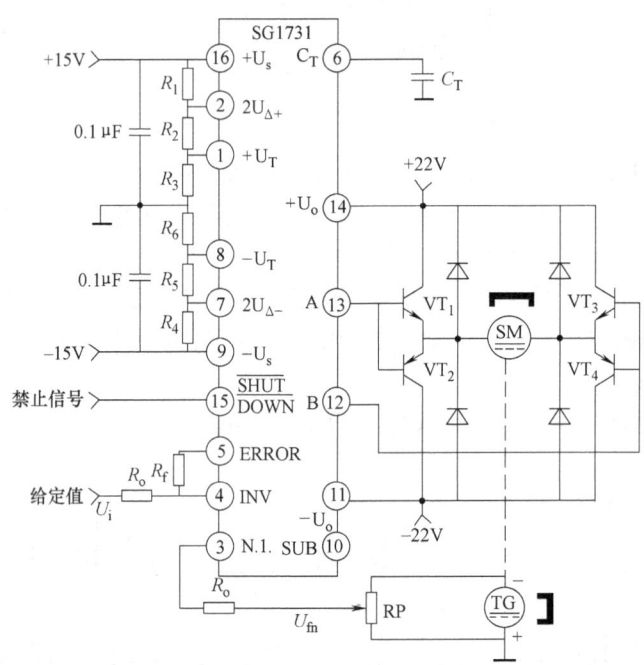

图 6-18 SG1731 PWM 集成电路控制的直流调速系统

（1）SG1731 集成电路　SG1731 PWM 专用集成电路的引脚排列及内部功能示意图如图 6-19 和图 6-20 所示。

SG1731 内置三角波发生器、偏差信号放大器、比较器和桥式功放等电路。它将直流电压信号与三角波电压叠加后形成 PWM 波形，经功放电路输出。其中：

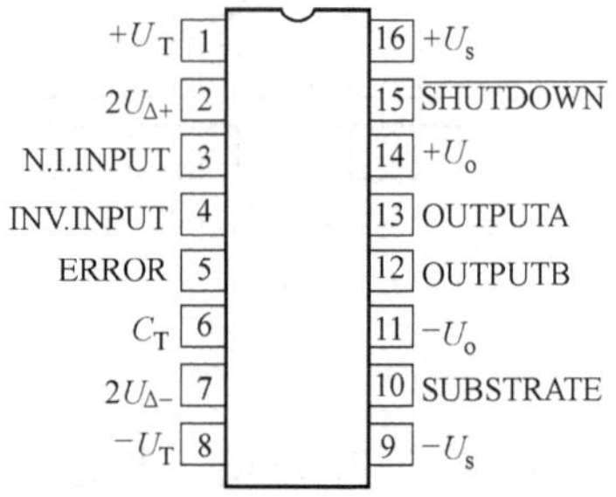

1) 16 脚和 9 脚接电源 $\pm U_s$（$\pm 3.5 \sim \pm 15V$），用

图 6-19 SG1731 PWM 集成电路引脚排列

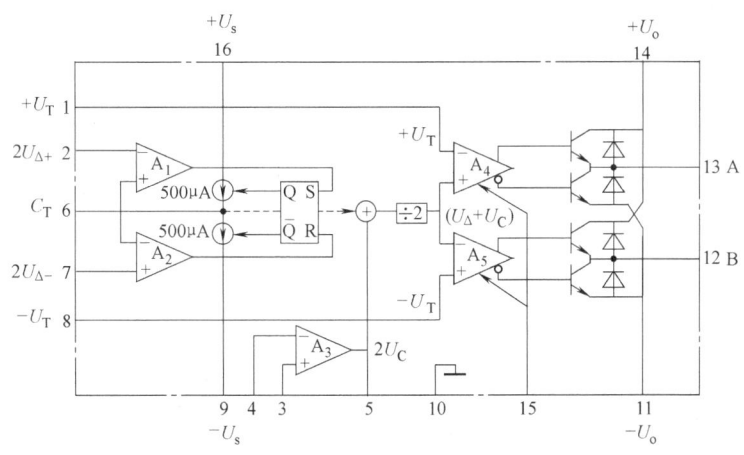

图 6-20 SG1731 PWM 集成电路内部功能结构示意图

于芯片的控制电路。

2）14 脚和 11 脚接电源 $\pm U_o$（$\pm 2.5 \sim \pm 22V$），用于桥式功放电路。

3）比较器 A_1、A_2、双向恒流源及外接电容 C_T 组成三角波发生器。

4）A_3 为偏差放大器，A_4、A_5 为比较器。

5）15 脚为关断控制端，当输入为低电平时，封锁输出信号。

6）10 脚为芯片片基，6 脚外接电容后接地。

（2）由 SG1731 组成的直流调速系统 在图 6-18 所示的系统中，主电路是由 4 个晶体管（$VT_1 \sim VT_4$）构成的 H 形供电电路，4 个二极管为续流二极管，其中 SM 为永磁式直流伺服电动机，电路由 ±22V 直流电源供电。图中电流调节器由 SG1731 偏差放大器外接 RC 构成 PI 调节器，其工作原理与双闭环直流调速系统相类似。

3. PWM 专用集成电路控制系统的特点

1）开关频率可达 1~10kHz，在实际使用中通常整定为 2kHz 左右，这样高频率的供电电压（PWM 波）经直流电动机电枢电感滤波后，通过电动机电枢的电流将是脉动很小的直流电流。

2）PWM 专用集成供电电路为 H 形可逆供电电路，PWM 波为单极性，调制波为三角波。

任务四 晶闸管可逆直流调速系统

一、任务引入

许多生产机械要求电动机即能正转、又能反转，而且常常还需要快速地起动和制动。这就需要电力拖动系统具有四个象限运行的特性，即采用可逆调速系统。

改变电枢电压极性或者改变励磁磁通方向都能改变电动机的旋转方向。当电动机采用电力电子装置供电时，由于电力电子器件的单向导电性，故需要专用的可逆电力电子装备和自动控制系统。下面就来学习晶闸管可逆直流调速系统的相关知识。

二、任务分析

采用一般自动控制系统的分析方法（包括系统组成、系统框图的建立、结构特点分析、自动调节过程和系统可能达到的技术性能）对晶闸管可逆直流调速系统进行分析。

三、相关知识

1. 电枢可逆电路

（1）接触器切换的可逆电路　由一组晶闸管装置供电的直流电动机系统要实现可逆运行，可以采用接触器联锁控制切换电动机电枢电流的方法，如图 6-21 所示。

由接触器切换的电枢可逆电路具有结构简单、造价低的优点。其缺点是接触器噪声大、电流增大时易产生火花及接触器触点寿命短。

（2）晶闸管作为开关的电枢可逆电路　为了克服接触器切换可逆电路中触点开关的缺点，可以采用晶闸管作为开关，代替接触器的触点。这种电路比较简单、切换速度快，且调节维护方便，多用于中小容量的可逆系统中。

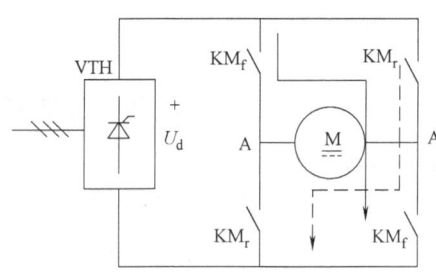

图 6-21　电枢可逆电路

2. 有源逆变及可逆拖动的四种工作状态

现以电枢反并联供电的可逆系统为例来分析四种基本的工作状态。

（1）有源逆变的概念

图 6-22a 为电枢由正反两组晶闸管装置供电的可逆系统。由于晶闸管电路接在交流电源上，当它处于逆变状态时，通常称为有源逆变，它的特点是当交流电压过零时能使晶闸管自行关断。设图 6-22a 为全控桥式整流电路。

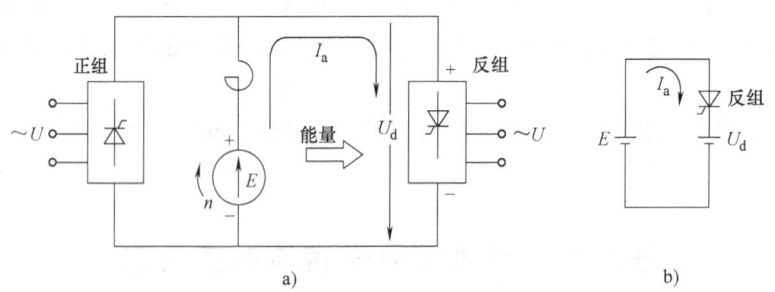

图 6-22　处于逆变状态的晶闸管电动机调速系统

当控制角 $\alpha<90°$ 时，晶闸管装置输出电压为正，装置处于整流状态，它向电动机供电，电动机正常运行。

当控制角 $\alpha>90°$ 时，晶闸管装置输出电压为负，晶闸管电路处于逆变状态，但由于晶闸管是单向导电的，电流并不能反流，逆变电路与电动机不能形成通路，因而处于阻断状态。

今设电动机已运行,其转速为 n,电动势为 E,且反组桥处于逆变状态(见图6-22a)。若其输出电压 U_d 小于电动机的电动势 E,即 $U_d < E$,此时,电动机依靠机械惯性,仍以原方向转动,产生电动势。在电动机电动势的作用下,将有电流 I_a 通过晶闸管装置,其等效电路如图6-22b所示。这时,电动机为发电运行状态,输出电能。而晶闸管装置则将直流电转变成交流电,并将电能送回电网(有源逆变)。

由于电动机为发电机运行状态,其电磁转矩的方向与转速相反,因而处于制动状态。这种将能量反送回电网的制动方式称为回馈制动。它是一种节能的有效措施,特别是具有较大功率的拖动系统。因此,即使是不逆变运行,为了实现回馈制动,往往也采用可逆电路。

当逆变电压 U_d 大于电动机的电动势 E 时,由于晶闸管电流不能反流,逆变电路与电动机不能形成通路而处于阻断状态。

(2)四种工作状态 可逆拖动的四种工作状态见表6-1。

表6-1 可逆拖动的四种工作状态

工作状态 电路及参数　　　系统情况	Ⅰ.正向运行	Ⅱ.正向制动	Ⅲ.反向运行	Ⅳ.反向制动
转速(n)的转向	(+)正转	(+)正转	(−)反转	(−)反转
晶闸管工作组别	正组(整流)	反组(逆变)	反组(整流)	正组(逆变)
电枢电压(U_d)极性	(+)	(+)	(−)	(−)
电枢电流(I_a)极性	(+)	(−)	(−)	(+)
电磁转矩(T_e)方向	(+)	(−)	(−)	(+)
电磁转矩(T_e)性质	驱动	制动	驱动	制动
电机工作状态	电动机($U_d > E$)	发电机($E > U_d$)	电动机($\|U_d\| > \|E\|$)	发电机($\|E\| > \|U_d\|$)
能量转换状况	吸取电能	回馈电网	吸取电能	回馈电网
晶闸管控制角	$\alpha_1 < 90°$	$\alpha_2 > 90°$	$\alpha_2 < 90°$	$\alpha_1 > 90°$

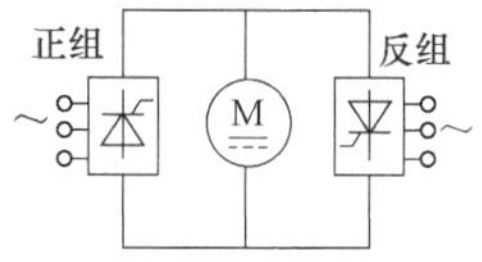

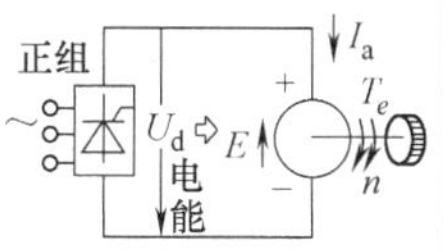

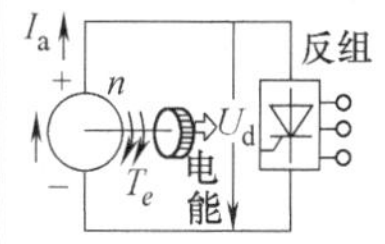

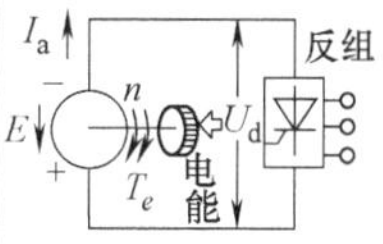

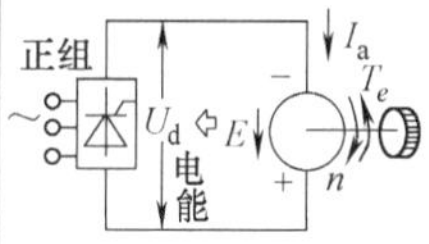

任务五　转速、电流双闭环数字式直流调速系统

一、任务引入

前面讨论的转速、电流双闭环直流调速系统,其速度调节器、电流调节器及触发电路等控制部分均由模拟电路构成。随着单片机技术的飞速发展,传统的模拟式调节装置已逐渐被数字式调节装置所取代。本任务就来介绍一种数字式调速系统。

二、任务分析

采用一般自动控制系统的分析方法（包括系统组成、系统框图的建立、结构特点分析、自动调节过程和系统可能达到的技术性能）对转速、电流双闭环数字式直流调速系统进行分析。

三、相关知识

1. 数字式直流调速系统的组成

图 6-23 为数字式转速、电流双闭环调速系统的功能框图。该系统采用单片机作为调节器，除晶闸管主电路及脉冲变压器外，其他部分均由软件实现。框图主要由输入部分、速度环、电流环、触发逻辑及晶闸管主电路组成。

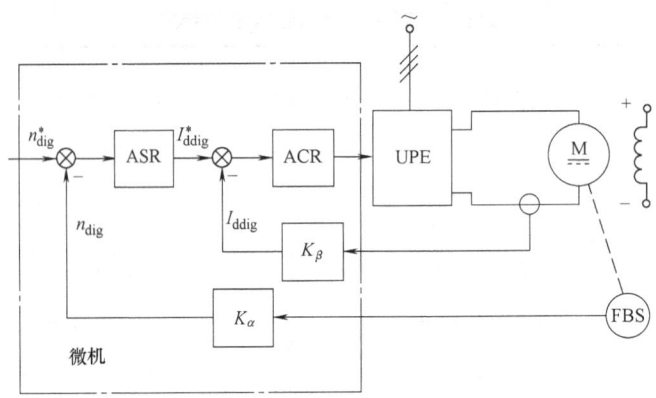

图 6-23 数字式转速、电流双闭环调速系统功能框图

2. 数字式直流调速系统的软件功能

（1）输入部分 在设定值综合模块中，通过单片机可以方便地对输入信号进行扩大、缩小及改变极性等处理；在给定积分模块中，可调整给定积分的加减速时间、斜率及停机时间，从而对不同的负载实现最佳的起动、制动性能。

（2）电流环功能 电流环包括电流限幅模块及电流调节模块。电流限幅模块实现对系统的过电流保护。电流调节模块主要完成基本的 PI 调节功能。系统还可在电流环中预先设置比例增益和积分时间常数等。

（3）速度环功能 可以方便地设置速度环 PI 调节器的比例增益和积分时间常数。

（4）触发逻辑 触发逻辑是按照主电路晶闸管的导通时序来分配脉冲的。

（5）调速系统模块 其工作原理与模拟式调速系统完全相同。由于采用了软件编程的数字式调节器取代模拟调节器，即用软件完成 PI 调节功能，使系统功能大大增强，控制起来更加灵活。

3. 数字式直流调速系统的硬件组成

数字式直流调速系统的硬件系统主要由单片机、人机界面（包括键盘、显示器等）、检测电路、故障电路、通信接口、驱动电路、功率放大电路及执行电机等组成。如图 6-24 所示。

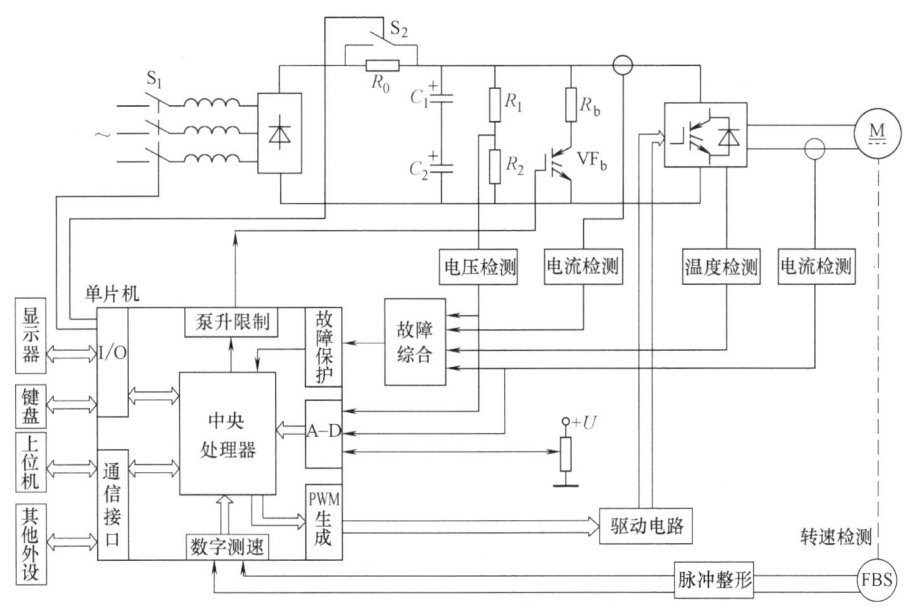

图 6-24 数字式直流调速系统的硬件框图

小 结

直流拖动控制系统具有良好的起动、制动性能,可以方便地在宽范围内平滑调速。作为直流拖动控制系统的执行部件——直流电动机,其调速方案有三种,即调节电枢电压调速、减弱励磁磁通调速和改变电枢电阻调速。其中,调节电枢电压调速是直流电动机的主要调速方案,也是本模块介绍的调速系统的主要调速方案。

本章任务一详细分析了转速负反馈晶闸管直流调速系统的组成、系统框图、传递函数和主要性能。该系统具有一个电流截止环,它可以克服电动机起动、堵转或过载时引起电流过大而烧毁电路和电动机的故障。对于经常处于起动、制动及反转运行的生产机械,为了提高其生产效率和加工质量,要求尽量缩短过渡过程的时间。任务二分析了速度和电流双闭环直流调速系统,该系统主要由电流环和速度环构成。通过对系统进行性能分析可以看出:速度和电流双闭环直流调速系统具有良好的稳态性能、动态性能和抗干扰能力。随着脉宽调制专用集成电路的日益完善,晶体管脉宽调制控制的直流调速系统日益增多,PWM 的控制思路是通过控制信号与载波信号进行比较后,产生一个能反映控制信号幅值的脉宽可调的方脉冲列。PWM 电路的控制方式又分为单极性控制和双极性控制。任务三分析了晶体管脉宽调制控制的直流调速系统,该系统的控制核心为 PWM 直流调压电路。同时还介绍了 SG1731 芯片以及由它构成的直流调速系统。任务四介绍了晶闸管可逆直流调速系统,该系统可应用在要求电动机能经常正反转的场合。任务五介绍了转速、电流双闭环数字式直流调速系统,该系统采用单片机作为调节器,除晶闸管主电路及脉冲变压器外,其他部分均由软件实现,其系统框图主要由输入部分、速度环、电流环、触发逻辑及晶闸管主电路组成。

思考与练习

6.1 电动机的机械特性与调节特性有什么区别？各有什么用处？它们是稳态的还是动态的？直流电动机的机械特性和调节特性是怎样的？

6.2 直流电动机有哪些调速方法？

6.3 在单闭环转速负反馈调速系统中，若引入电流负反馈环节，对系统的稳态性能有什么影响？对过渡过程有什么影响？

6.4 在调速系统中，电网电压波动（设电压降低）时，会产生怎样的后果？为什么？若没有转速负反馈环节，能否起自动补偿作用？写出其自动调节过程。

6.5 在晶闸管直流调速系统中，为何说晶闸管可能会造成"电力公害"？

6.6 如果反馈信号线断线，会产生怎样的后果？为什么？

6.7 如果负反馈信号线极性接反了，会产生怎样的后果？为什么？

6.8 电流负反馈、电流微分负反馈和电流截止负反馈这三种反馈环节各起什么作用？它们之间的主要区别在哪里？它们能否同时应用于一个控制系统中？

6.9 若采用电流负反馈环节，对调速系统的机械特性有什么影响？对过渡过程有什么影响？

6.10 测速发电机励磁电压不稳定，会产生怎样的影响？

6.11 发生下列情况，无差调速系统是否会产生偏差？为什么？

（1）如果给定电压由于稳压电源性能不好而不稳定。

（2）运算放大器产生零漂。

（3）测速发电机电压与转速不是线性关系。

（4）反馈电容间有漏电电流。

6.12 在双闭环直流调速系统中，若电流负反馈的极性接反了，会产生怎样的后果？

6.13 为了抑制零漂，通常在 PI 调节器的反馈回路中并联一高阻值的电阻。试分析这对双闭环调速系统性能的影响。

6.14 电压负反馈和电压微分负反馈环节在调速系统中各起什么作用？

6.15 在转速、电流双闭环调速系统中，若将电流调节器由比例-积分调节器改为比例调节器，此系统是否仍是无差系统？

6.16 在直流调速系统中，若希望快速起动，应采用怎样的电路？若希望平稳起动，则又应采用怎样的电路？

6.17 单极性 PWM 控制和双极性 PWM 控制在电压波形上的最大区别在哪里？在可逆调速系统中，这两种控制方式各有什么优、缺点？

6.18 图 6-25 为一实例电路（图中限流环节未画出）。图中 SM 为微型伺服

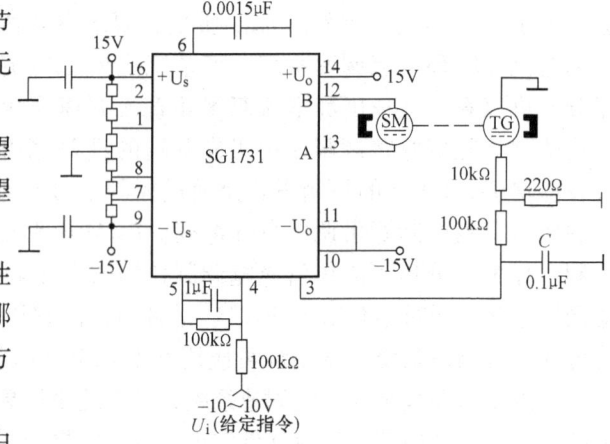

图 6-25 实例电路

电动机。通过读图，请回答下列问题：

(1) 这是什么控制系统？

(2) 伺服电动机的最大供电电压为多少？

(3) 伺服电动机的最大供电电流为多少？

(4) 伺服电动机能否实现正、反向可逆转动？为什么？

(5) 此时偏差放大器与外接阻抗构成哪种调节器？它的作用是什么？

(6) 此为单极性控制还是双极性控制？伺服电动机正转（设电压为正）时的电压波形是怎样的？

(7) 这是开环控制还是闭环控制？是有差系统还是无差系统？

(8) 若要求将调制频率整定到400Hz，最方便方式的是整定哪个参数？应怎样调节？

6.19 图6-26为一小功率脉宽调制控制的直流电动机调速电路。

试分析：

(1) 这是开环控制还是闭环控制？

(2) 这是可逆调速系统还是不可逆调速系统？

(3) 电动机两端电压的波形是怎样的（单极性还是双极性）？电动机端电压的调节范围为多少？

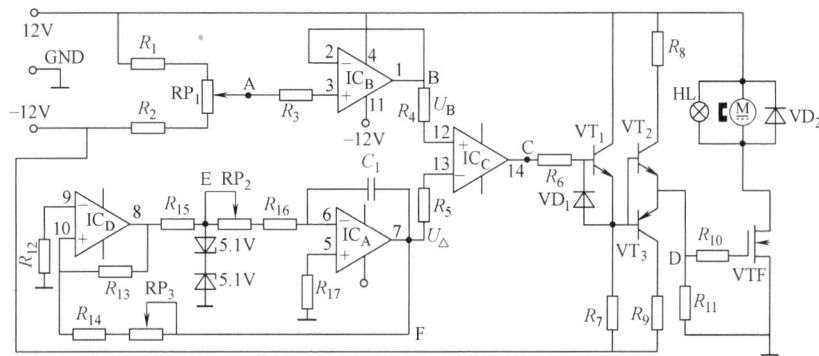

图6-26 小功率直流电动机调速电路

提示：

在图6-26所示的电路中，方波/三角波发生电路由IC_D、两只稳压管和IC_A组成。运放IC_D构成迟滞比较器，当同相端输入电压大于反相端输入电压时，输出为正电源电压，反之则输出为负电源电压，故IC_D输出为±12V的方波。IC_A构成反相积分放大器。当IC_D 8脚输出为+12V时，通过R_{16}对C_1充电，在IC_A输出端7脚形成三角波的下降沿，经R_{13}、R_{14}、RP_3分压后反馈到IC_D的同相端，与其反相端电压进行比较，当同相端电压低于反相端电压时，比较器翻转，则从8脚输出低电平。经反向积分放大器IC_A和R_{16}对C_1反向充电，使7脚电平由低渐升，形成三角波的上升沿，这样不断反复，在E点形成被两只反串联的稳压管限幅的方波（±5.8V），而在7脚形成了三角波。调节RP_3可改变三角波的输出幅值，本电路要求跳到$U_{PP}=±3V$（峰-峰电压）。调节RP_2可改变三角波的频率f，本电路要求调到$f=1000Hz$。

给定电路由R_1、R_2、R_3、RP_1和IC_B构成。其中IC_B为电压跟随器，RP_1的中心点A点的电压U_A通过调节RP_1可为-4~4V。

PWM 发生器由 IC_C 及 R_4、R_5 组成电压比较器构成。在反相输入端为 $f=1000Hz$、$U_{PP}=\pm 3V$ 的等腰三角波 U_Δ，在同相输入端是 ±4V 范围内的 U_B。当 $U_B>U_\Delta$ 时，IC_C 输出高电平 12V；反之，则输出低电平 −12V。给定电压 U_A 越高，IC_C 输出的高电平时间越长，即占空比越大，被调制的直流电压平均值也就越高；相反，给定电压越低，被调制的直流电压平均值就越低，从而实现了调压的目的。

驱动电路及功率开关电路由 VT_1、VT_2 及 VT_3 等组成，其作用是将脉宽调制的小信号进行功率放大和整形后推动负载。大功率开关电路由 VTH 和 R_{10} 组成（VTH 为耗尽型 NMOS 场效应晶体管），直接控制负载。图中的负载是一直流小电动机及 12V/1W 的小指示灯，负载大小的选择应考虑场效应晶体管的功率及电源输出功率的大小。

项目七　位置随动系统

教学要点

典型位置随动系统的分析、检测与维护。

教学目标

知识目标：（1）掌握识读位置随动系统原理图的方法。
　　　　　（2）熟练掌握分析典型位置随动系统所需的知识和方法。
　　　　　（3）熟练掌握典型位置随动系统的工作原理。
　　　　　（4）掌握典型位置随动系统的组成和特点。
能力目标：（1）能看懂典型位置随动系统的原理图、组成框图和系统框图。
　　　　　（2）能绘制典型位置随动系统的系统框图。
　　　　　（3）能阐述典型直流位置随动系统的工作原理。
　　　　　（4）能对典型位置随动系统进行稳态和动态性能的简单分析。
　　　　　（5）能分析典型位置随动系统的优缺点。
　　　　　（6）能根据生产实际选择合适的位置随动系统。
素质目标：（1）培养严谨的学习态度。
　　　　　（2）培养文献检索、资料查找与阅读的能力。
　　　　　（3）培养自主学习的能力。
　　　　　（4）培养团队精神与协作能力，具有一定的岗位意识及岗位适应能力。

教学内容

（1）位置随动系统的组成和特点。
（2）位置信号的检测及执行电动机。
（3）交流位置随动系统。
（4）直流位置随动系统。
（5）数控机床的伺服系统。

任务一　什么是位置随动系统

一、任务引入

在刀具进给、火炮控制、雷达跟踪、导弹制导和工业机器人的工作中都可看到位置随动系统的身影。那么什么是位置随动系统呢？它有哪些特点和性能呢？下面就来学习位置随动系统。

二、任务分析

根据工业实践对位置控制提出的要求，采用一般自动控制系统的分析方法（包括系统组成、系统框图的建立、结构特点分析、自动调节过程和系统可能达到的技术性能）对典型位置随动系统的组成、性能及特点进行分析。

三、相关知识

1. 随动系统的定义

随动系统，是指给定值随时间任意变化的一类自动控制系统。随动系统最简单的控制目标就是使系统的输出 y 和系统的参考或指令信号 r 的差值（$y-r$）尽量小。位置随动系统的特点是：

1）控制量是机械位移或位移的时间函数。
2）给定值在很大范围内变化。
3）属于反馈控制。
4）能使系统的输出量快速、准确地随给定值任意变化。
5）输入功率小，在前向通路中进行功率放大。
6）能进行远距离控制。

位置随动系统又称伺服系统或伺服机构。

2. 位置随动系统的应用

位置随动系统广泛用于把物体的位置、方位和姿态作为控制量的场合，如数控机床的刀具进给和工作定位系统、机器人控制系统、柔性机器制造系统（FMS）、计算机集成制造系统（CIMS）等机电一体化领域，轧钢机的压下装置等工业生产过程自动化系统，飞机、船舶的自动舵机控制系统，卫星跟踪系统，雷达系统，导弹制导系统及火炮自动瞄准系统等。这些系统一般都要求有响应速度快、抗干扰能力强以及定位精度高等优良特性。

3. 位置随动系统的组成及工作原理

位置随动系统的根本任务就是实现执行机构对位置指令（给定量）的准确跟踪，被控量（输出量）一般是负载的空间位移。当给定量随机变化时，系统能使被控量准确无误地跟随并复现给定量。

（1）位置随动系统的组成 位置随动系统中的位置指令（给定量）和被控量一样也是位移（或代表位移的电量），当然可以是角位移，也可以是直线位移，所以位置随动系统必定是一个位置反馈控制系统。如图 7-1 所示，该系统为一典型的位置随动系统，由位置检测器、电压比较放大器、可逆功率放大器及执行机构等组成。

1）位置检测器 由电位器 RP_1 和 RP_2 组成位置（角度）检测器，其中电位器 RP_1 的转轴与手轮相连，作为转角给定，电位器 RP_2 的转轴通过机械机构与负载部件相连接，作为转角反馈，两个电位器均由同一个直流电源供电，这样可将位置直接转换成电量输出。

2）电压比较放大器 由放大器 A_1、A_2 组成。其中放大器 A_1 仅起倒相作用；A_2 则起

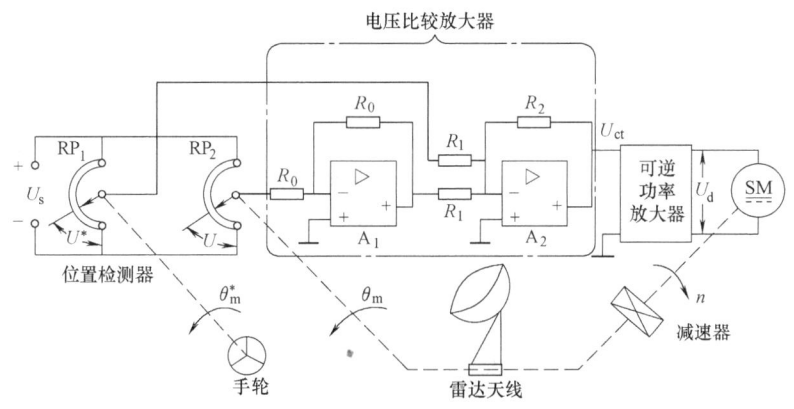

图 7-1 典型位置随动系统的组成

电压比较和放大作用,其输出信号作为下一级功率放大器的控制信号,并具备鉴别电压极性(正反相位)的能力。

3) 可逆功率放大器　为了推动随动系统的执行电动机,只有电压放大是不够的,还必须有功率放大,功率放大由晶闸管或大功率晶体管组成整流电路,由它输出一个足以驱动直流伺服电动机的电压。

4) 执行机构　永磁式直流伺服电动机 SM 作为带动负载运动的执行机构,这个系统中的雷达天线即为负载,电动机到负载之间还得通过减速器来匹配。

以上四部分是位置随动系统的基本组成中不能缺少的环节。实际应用中的位置随动系统仅在所采用的具体元件或装置上有所不同,如可采用不同的位置检测器、直流或交流伺服电机等。

(2) 位置随动系统的工作原理　由图 7-1 可以看出,当两个电位器 RP_1 和 RP_2 的转轴一样时,给定角 θ_m^* 与反馈角 θ_m 相等,所以其角度差 $\Delta\theta_m = \theta_m^* - \theta_m = 0$,电位器输出电压 $U^* = U$,电压放大器的输出电压 $U_{ct} = 0$,可逆功率放大器的输出电压 $U_d = 0$,电动机的转速 $n = 0$,系统处于静止状态。当转动手轮使给定角 θ_m^* 增大时,$\Delta\theta_m > 0$,$U^* > U$,$U_{ct} > 0$,$U_d > 0$,电动机转速 $n > 0$,经减速器带动雷达天线转动,雷达天线通过机械机构带动电位器 RP_2 的转轴转动,使 θ_m 也增大。只要 $\theta_m < \theta_m^*$,直流伺服电动机就一直带动雷达天线朝着缩小偏差的方向运动,只有当 $\theta_m = \theta_m^*$,偏差角 $\Delta\theta_m = 0$,$U_{ct} = 0$,系统才会停止运动而处在新的稳定状态。如果给定角 θ_m^* 减少,则系统运动方向将和上述情况相反,读者可以自行分析。显而易见,这个系统完全能够实现被控制量 θ_m 准确跟踪给定量 θ_m^* 变化的要求。

4. 位置随动系统的特点

位置随动系统主要特点如下:

1) 位置随动系统的主要功能是使输出位移快速而准确地复现给定位移。

2) 必须有具备一定精度的位置传感器,能准确地给出反映位移误差的电信号。

3) 供电电路应是可逆电路,使伺服电动机可以正、反两个方向运行,以消除正或负的位置偏差。调速系统与位置随动系统不同,可以是不可逆系统。

4) 位置随动系统的技术指标主要是对单位斜坡输入信号的跟随精度(稳态的和动态

的），其他还有最大跟踪速度及最大跟踪加速度等。

位置随动系统和调速系统一样，都是反馈控制系统，即通过对输出量和给定量的比较，组成闭环控制，两者的控制原理是相同的。它们的主要区别在于，调速系统的给定量一经设定，即保持恒值，系统的主要作用是保证稳定地运行；而位置随动系统的给定量是随机变化的，要求输出量准确跟随给定量的变化，系统在保证稳定的基础上，更突出快速响应能力。总体来看，稳态精度和动态稳定性是两种系统都必须具备的，但在动态性能中，调速系统多强调抗干扰性能，而位置随动系统则更强调快速跟随性能。

任务二 位置信号的检测元件及执行元件

一、任务引入

位置随动系统与调速系统的区别首先在于信号的检测，由于位置随动系统要控制的量多数是直线位移或角位移，组成位置环时必须通过检测装置将它们转换成一定形式的电量，这就需要位置检测装置。如何选择合适的检测装置和执行元件来完成规定的系统性能呢？下面就来学习位置信号的检测及执行元件。

二、任务分析

分析各种检测装置的特点以及所能达到的精度，从而正确地使用位置检测装置（长度、角度、直线位移和角位移）及交、直流伺服电动机。

三、相关知识

下面介绍在位置随动系统中常用的检测元件和执行元件。位置随动系统中常用的位移检测元件有自整角机、旋转变压器、感应同步器、伺服电位器及光电编码盘等。常用的执行元件有直流伺服电动机和交流伺服电动机。

1. 位移检测元件

（1）自整角机 自整角机是角位移传感器，在位置随动系统中总是成对应用的，与指令轴相连的自整角机称为发送机，与执行轴相连的称为接收机。

按用途不同，自整角机可分为力矩式自整角机和控制式自整角机。力矩式自整角机可以不经中间放大环节直接传递转角信息，能使相距甚远而又无机械联系的两轴同步旋转。力矩式自整角机接收机的负载一般是仪表指针，属于微功率同步旋转系统。力矩式自整角机不能带动功率放大的负载，此时可采用控制式自整角机。将控制式自整角机接收机接成变压器状态，其输出电压通过中间放大环节带动负载，组成自整角机随动系统。下面着重分析控制式自整角机的工作原理和使用。

图 7-2a 是单相自整角机的结构原理图。它具有一个单相励磁绕组及一个三相整步绕组，单相励磁绕组安置在转子上，通过两个滑环引入交流励磁电流，励磁磁极通常做成隐极式，这样可使输入阻抗不随转子位置的变化而变化。整步绕组是三相绕组，一般为分布绕组，安置在定子上，它们彼此在空间上相隔 120°，并接成星形。

控制式自整角机通常作为转角电压变换器用。使用时，将两台自整角机的定子绕组出线端用三根导线连接起来，发送机 BST 的转子绕组接单相交流励磁电源，而接收机 BSR 的转子绕组输出是反映角位移的信号电压 u_{bs}，如图 7-2b 所示。

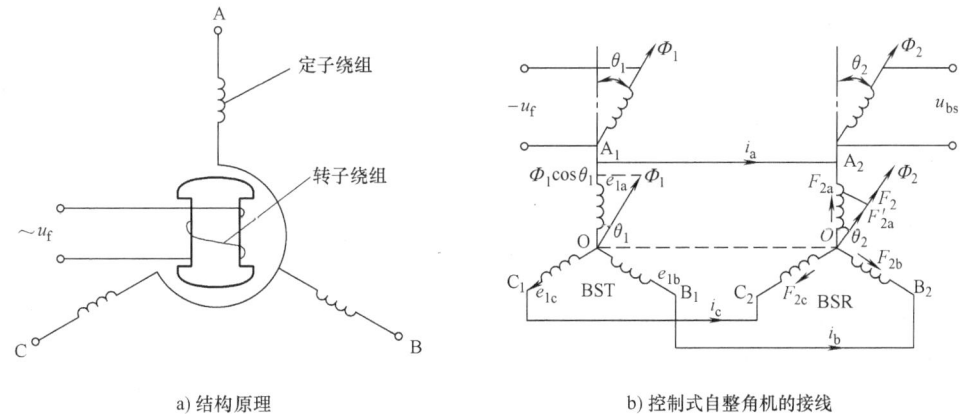

a) 结构原理 b) 控制式自整角机的接线

图 7-2 自整角机的结构原理及接线

（2）旋转变压器 旋转变压器实际上是一种特制的两相旋转电机，它有定子和转子两部分，在定子和转子上各有两套在空间上完全正交的绕组，如图 7-3 所示。当旋转变压器旋转时，定、转子绕组间的相对位置发生变化，输出电压与转子转过的角度成一定的函数关系。在不同的自动控制系统中，旋转变压器的类型和用途有所不同，在随动系统中主要用做角位置传感器。

两个定子绕组 W_{S1} 和 W_{S2} 分别由两个幅值相等、相位相差 90° 的正弦交流电压 u_1、u_2 励磁，即

$$u_1(t) = U_m \sin\omega_0 t$$
$$u_2(t) = U_m \cos\omega_0 t$$

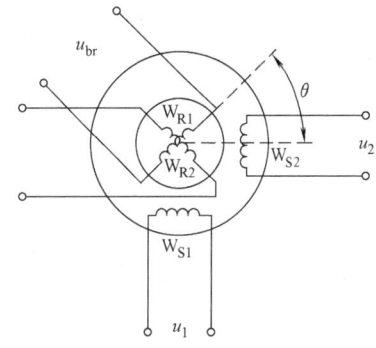

图 7-3 旋转变压器的原理

为了保证旋转变压器的测量精度，要求两相励磁电流严格平衡，即大小相等，相位相差 90°。因而在气隙中将产生圆形旋转磁场，从而使转子绕组中产生感应电压，有

$$u_{br}(t) = m[u_1(t)\cos\theta + u_2(t)\sin\theta] = mU_m\sin(\omega_0 t + \theta)$$

式中 m——转子绕组与定子绕组的有效匝数比，忽略阻抗压降，转子绕组 W_{R2} 可以不用。

θ——转子的转角。当转子和定子的磁轴垂直时，$\theta = 0$。若转子安装在机床丝杠上，定子安装在机床底座上，则 θ 代表的是丝杠转过的角度，它间接反映了机床工作台的位移。

从上式可以看出，旋转变压器输出电压的幅值不随转角变化，而其初相位却与 θ 相等，因此可以把它看做是一个角度——相位变换器。用这个调相电压作为反馈信号，可以构成相位控制随动系统。

（3）感应同步器 感应同步器的工作原理与旋转变压器一样，也是利用励磁绕组与感应绕组间发生相对位移时，由于电磁耦合的变化，使感应绕组中的感应电压随位移的变化而

变化，从而进行位移量的检测。感应同步器滑尺上的绕组是励磁绕组，定尺上的绕组是感应绕组。定尺固定在机床床身上，滑尺则安装在机床的移动部件上，它们之间只有很小的气隙（0.25±0.05mm）。通过对感应电压的测量，可以精确地测量出位移量。感应同步器具有两种形式，一种用来测量角位移，叫做圆形感应同步器，另一种用来测量直线位移，叫做直线式感应同步器。

直线式感应同步器由两个感应耦合元件组成。一次侧称为滑尺，二次侧称为定尺，定尺和滑尺相当于旋转变压器的定子和转子。

定尺上用印刷电路的方法刻着一套绕组，相当于旋转变压器的输出绕组。滑尺上刻有两套绕组，一套叫做正弦绕组，另一套叫做余弦绕组。当其中一个绕组与定尺绕组对正时，另一个绕组与定尺绕组就相差1/4节距，即相差90°电角度，说明这两个绕组在平面上是正交的，如图7-4所示。按工作状态分，感应同步器可分为鉴相型和鉴幅型两类。

感应同步器精度高，可达$1\mu m$；分辨率高，可达$0.2\mu m$；测量速率可达50m/min，属于非接触式检测元件。感应同步器对工业环境适应能

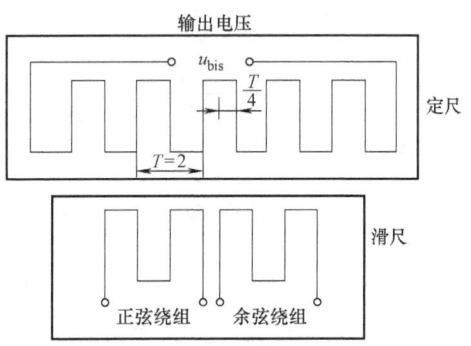

图7-4 感应同步器

力强、抗干扰性能好、响应频率高、安装与读数方便，其定尺可多块连接使用，连接时还可以补偿误差，测量长度可达数十米。由于具有上述显著的优点，感应同步器在工业上获得了广泛的应用。

（4）伺服电位器 伺服电位器具有精度高、摩擦转矩较小的特点。由于通常为线绕式电位器，容易出现接触不良的现象，因此多应用于精度较低的系统中。如图7-5所示，其输出电压ΔU与角位移差$\Delta\theta$成正比，即

$$\Delta U = K(\theta_i - \theta_o) = K\Delta\theta$$

式中，$\Delta\theta$为两电位器轴的角位移之差

在图7-5中，RP_s为给定电位器，RP_d为检测电位器。给定信号通过RP_s形成的给定电压与RP_d所检测电压之差ΔU为当前伺服电位器的输出，它与两电位器轴的角位移之差成正比。

伺服电位器线路简单、惯性小且消耗功率小，所需电源也简单，但通常的电位器有接触不良和寿命短的缺点。现在国内生产的光点照射式的光电电位器，可以避免上述的缺点。

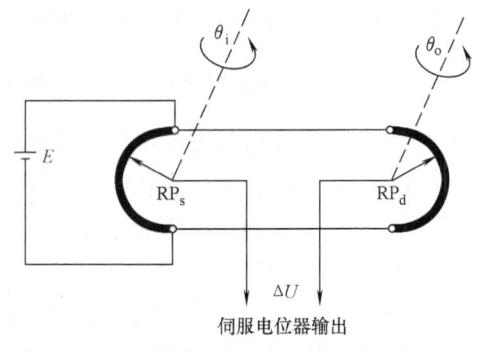

图7-5 伺服电位器

（5）光电编码盘 如图7-6所示，光电编码盘简称光电码盘，是一种回转式数字测量元件，通常安装在被检测轴上，随被检测轴一起转动，将被检测轴的角位移转换为增量脉冲形

式或绝对式的代码形式。光电编码盘也是目前常用的角位移检测元件之一。光电编码盘的指示光栅上有 A 与 B 两组狭缝，彼此错开 1/4 节距，两组狭缝相对应的光敏元件所产生的信号 A、B 彼此相差 90° 相位角，用于辨别方向。

A、B 两相信号的作用是：根据脉冲的数目可得出被检测轴的角位移；根据脉冲的频率可得出被检测轴的转速；

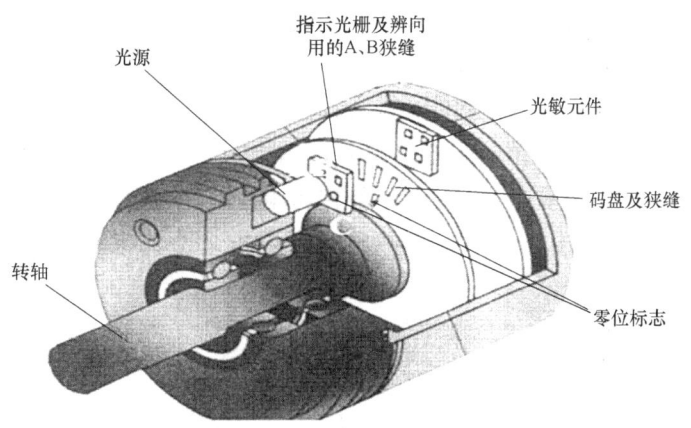

图 7-6　光电编码盘

根据 A、B 两相信号的相位超前滞后关系可判断被检测轴的旋转方向。

码盘里圈，还有一根狭缝 C，当被光源照射后可在光敏元件上产生一个脉冲，该脉冲信号又称"一转信号"或零标志脉冲，作为测量的起始基准，如图 7-7 所示。可作为被测轴的周向定位基准信号和被测轴的旋转圈数记数信号。

光电编码盘检测的优点是非接触式检测、允许高转速和检测精度较高。单个码盘可做到 18 位，组合码盘可做到 22 位。其缺点是结构复杂、价格较贵及安装较困难。但由于光电编码盘允许

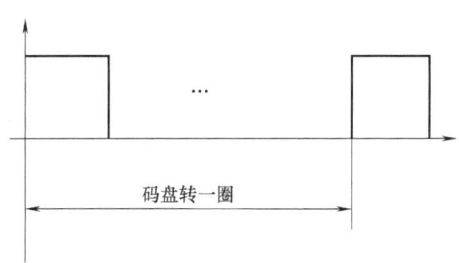

图 7-7　测量基准

高转速、检测精度高，加上输出的是数字量，便于计算机控制，因此在高速、高精度的数控机床中获得了广泛的应用。

2. 执行元件

（1）直流伺服电动机　直流伺服电动机是自动控制系统中一种常用的执行元件。它的作用是将控制电压信号转换成转轴上的角位移或角速度输出，通过改变控制电压的极性和大小来改变伺服电动机的转向和转速，而转速对时间的积累便是角位移。

直流伺服电动机按照励磁方式的不同又可分为电磁式和永磁式（即其磁极为永久磁钢）两种，如图 7-8 所示。

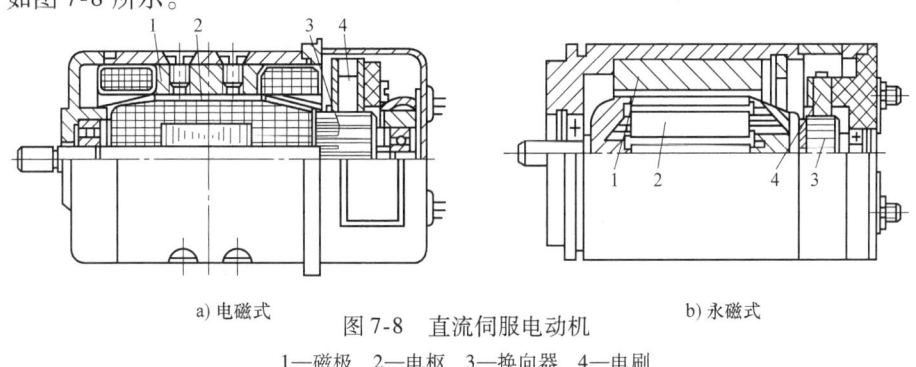

a) 电磁式　　　图 7-8　直流伺服电动机　　　b) 永磁式
1—磁极　2—电枢　3—换向器　4—电刷

直流伺服电动机与普通直流电动机相比具有如下特点：
1) 宽广的调速范围。
2) 线性的机械特性和调节特性。
3) 无"自转"现象，即要求控制电压为零时，电动机能自行停转。
4) 快速响应，即电动机的转速能迅速响应控制电压的改变。

由于上述特点，直流伺服电动机与普通直流电动机相比，其电枢形状较为细长（转动惯量小）、磁极与电枢间气隙较小、加工精度与机械配合要求高以及铁心材料好。

直流伺服电动机的机械特性与调节特性如图7-9a所示。

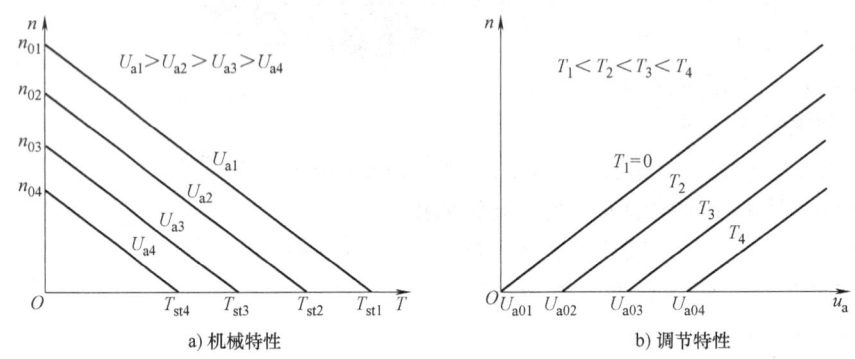

图7-9 直流伺服电动机的机械特性与调节特性

电动机的调节特性通常是指电动机的转速 n 与控制电压 U 之间的关系。对于他励式电动机，控制电压可以是电枢电压，也可以是励磁电压；对于永磁式电动机，则只有电枢电压。直流伺服电动机通常以电枢电压作为控制电压。下面就分析直流伺服电动机以电枢电压作为控制电压时的调节特性，即分析 n 与 U_a 之间的关系。由式（2-2）～式（2-5）可得

$$n = \frac{U_a}{K_e\Phi} - \frac{R_a}{K_e K_T \Phi^2} T \tag{7-1}$$

当 $T=0$ 时，n 与 U_a 成正比，即 $n = U_a/(K_e\Phi)$。

当 $T\neq 0$ 时，对应不同的 T，调节特性是一簇上升的斜直线，T 越大，它们在横轴上的起点离原点越远，即起动时所需的电枢电压越高，如图7-9b所示。起动时所需的电枢电压 U_{a0i}，就是调节特性曲线的死区。

由以上分析可见，直流电动机的机械特性和调节特性均为直线（当然，这里未计及摩擦阻力等非线性因素，因此实际曲线还是略有弯曲的），而且调节的范围也比较宽（可达6000r/min以上），加上调速控制平滑、起动转矩大及运行效率高等优点，因此直流伺服电动机在高精度的自动控制系统中，如数控机床，机器人精密驱动，军用雷达天线驱动。天文望远镜驱动以及火炮、导弹发射架驱动等快速高精度伺服系统中获得了广泛的应用。

直流伺服电动机的数学模型与他励直流电动机相同。由于直流伺服电动机通常能满足 $T_a \ll T_m$ 的条件，因此其传递函数为

$$\frac{N(s)}{U_a(s)} = \frac{1/(K_e\Phi)}{T_m s + 1} \tag{7-2}$$

$$\frac{\varTheta(s)}{U_a(s)} = \frac{K_m}{s(T_m s + 1)} \tag{7-3}$$

式中，K_m 为电动机转矩系数。

（2）交流伺服电动机　交流伺服电动机在自动控制系统中应用比较广泛，它实质上是一个两相感应电动机。它的定子上装有两个在空间上相差 90° 的绕组：励磁绕组 W_A 和控制绕组 W_B。电动机工作时，励磁绕组 W_A 加上一定的交流励磁电压，控制绕组 W_B 则接上交流控制电压。一种常用的控制方式是在励磁回路中串接电容 C，如图 7-10 所示，这样控制电压在相位上（亦即在时间上）就与励磁电压相差 90°。

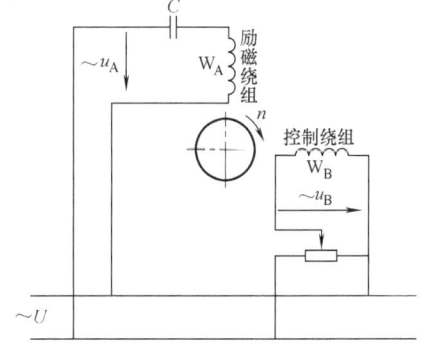

图 7-10　交流伺服电动机的电路

交流伺服电动机的转子通常有笼型和空心杯式两种。图 7-11a 为笼型（如 SL 型）交流伺服电动机，它与普通笼型转子相比，有两点不同：一是其形状细而长（主要是为了减小转动惯量）；二是其转子导体采用高电阻率材料（如黄铜、青铜等），这是为了获得近似线性的机械特性。图 7-11b 为空心杯转子（如 SK 型）交流伺服电动机，它是用铝合金等非导磁材料制成的薄壁杯形转子，杯内置有固定的铁心。这种转子的优点是惯量小，动作迅速灵敏，缺点是气隙大，因而效率低。

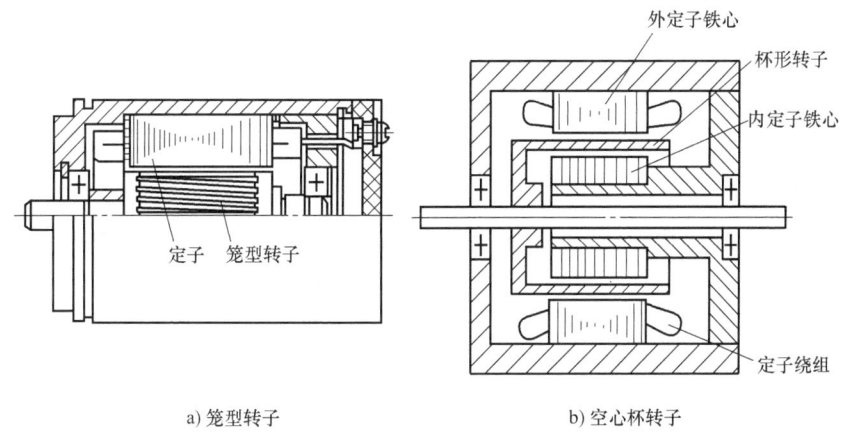

a) 笼型转子　　　　　　　　b) 空心杯转子

图 7-11　交流伺服电动机结构示意图

当向定子的两个在空间上相差 90° 的绕组中通以在时间上相差 90° 电角度的电流时，两个绕组产生的合成磁场是一个强度不均匀的旋转磁场。在此旋转磁场的作用下，转子导体相对地切割磁力线，产生感应电动势，由于转子导体为闭合回路，因而在转子导体中产生感应电流。此电流在磁场的作用下，产生电磁力，构成电磁转矩，使伺服电动机的转速增加。若改变控制电压的极性，将使旋转磁场反向，从而导致伺服电动机反转。

由于交流伺服电动机的转子电阻较大，因此它的机械特性为一略弯曲的下垂斜线，即当电动机转矩增大时，其转速将下降。对于不同的控制电压 u_B，它为一簇略带弯曲的下垂斜线，如图 7-12a 所示。由图可见，在低速时，它们近似为一簇直线，而交流伺服电动机较少

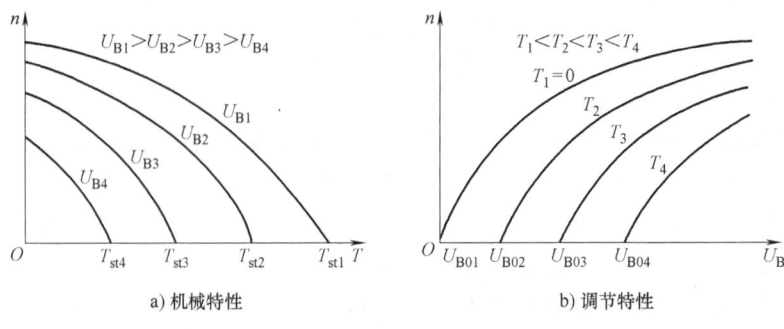

图 7-12 交流伺服电动机的机械特性与调节特性

用于高速,因此有时近似作线性处理。这样,交流伺服电动机的传递函数也可近似用式(7-2)和式(7-3)表示。

交流伺服电动机的调节特性是电磁转矩(或负载转矩)不变时,电机的转速 n 与控制电压 u_B 之间的关系。交流伺服电动机的调节特性如图 7-12b 所示。对不同的转矩,它们是一簇弯曲上升的斜线,转矩越大,则对应的曲线越低,这意味着,负载转矩越大,要求达到同样的转速,所需的电枢电压越大。此外,由图 7-12b 可见,交流伺服电动机的调节特性是非线性的。

交流伺服电动机的主要特点是结构简单、转动惯量小、动态响应快、运行可靠及维护方便,但它的机械特性与调节特性线性度差,且效率低、体积大,所以常用于中、小功率的伺服系统中。

任务三 火炮随动系统

一、任务引入

下面以火炮自动跟踪随动系统为例,具体分析一下位置随动系统的组成和工作原理。

二、任务分析

采用一般自动控制系统的分析方法(包括系统组成、系统框图的建立、结构特点分析、自动调节过程和系统可能达到的技术性能)对火炮随动系统进行分析。

三、相关知识

火炮随动系统的原理如图 7-13 所示。

1. 系统的组成

(1) 直流伺服电动机及

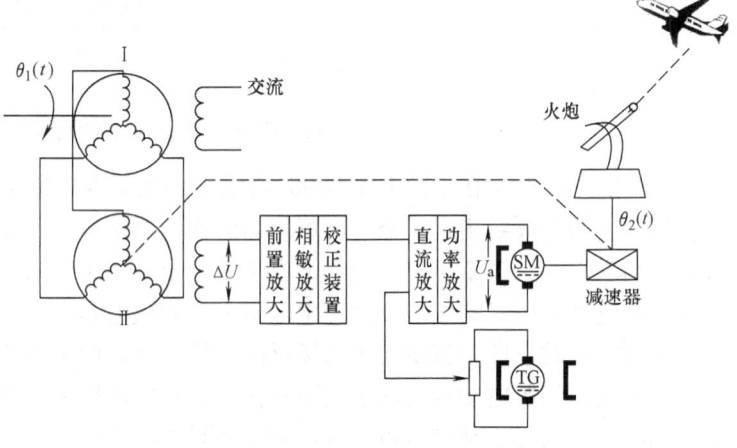

图 7-13 火炮随动系统原理

测速发电机 图 7-13 中的被控对象是直流伺服电动机,型号为 45SY83,是永磁式直流伺服电动机,适合用晶体管电路控制。与直流伺服电动机同轴安装了 CYH7 型直流测速发电机,作为调速系统的速度反馈元件。

(2) 位置检测装置 位置检测装置由两只相同型号的旋转变压器构成,分别装在系统的输入轴和输出轴上,分别用来测量两个轴的角位移,如图 7-13 所示,并输出角位移差信号。

(3) 发送机驱动电路 发送机驱动电路如图 7-14 所示,其本身就是一个调速系统,输入信号可以由低频信号发生器供给,也可以通过方波信号发生电路供给,或直接由直流电源供给。输入信号加在电位器上,通过调节可改变输入信号的大小,再经过直流电压放大电路及功率放大电路驱动伺服电动机转动,进而带动系统的输入轴运动(发送机旋转变压器的转子轴),作为角位移随动系统的输入信号。

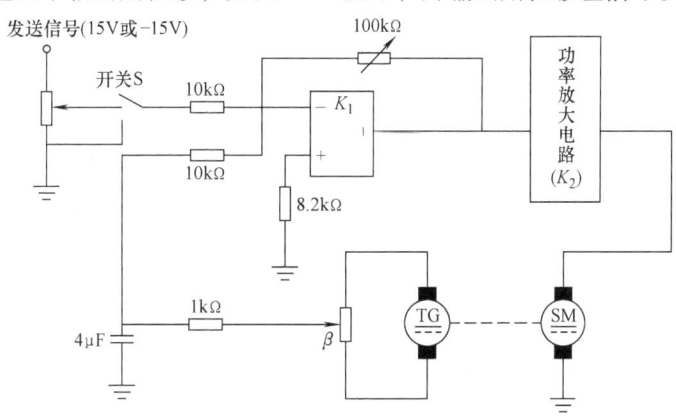

图 7-14 发送机驱动电路

(4) 方波信号发生电路 它可产生周期为 2s 的方波,可作为发送机驱动电路的速度阶跃输入信号。

(5) 400Hz 振荡电路 它是典型的 RC 串并联振荡电路。它产生的 400Hz 正弦电压信号经功率放大电路作为旋转变压器的励磁电压 U_B。

(6) 相敏检波电路 如图 7-15 所示,相敏检波电路的工作原理是:400Hz 参考信号经整形变为方波信号 U_C,分别加在 VT_1、VT_2 的基极上,使其轮流导通和截止,当参考信号为正半周时,VT_1 导通,VT_2 截止,$U_A = 0$。误差信号经 B 点进入运算放大器的同相输入端,放大后为

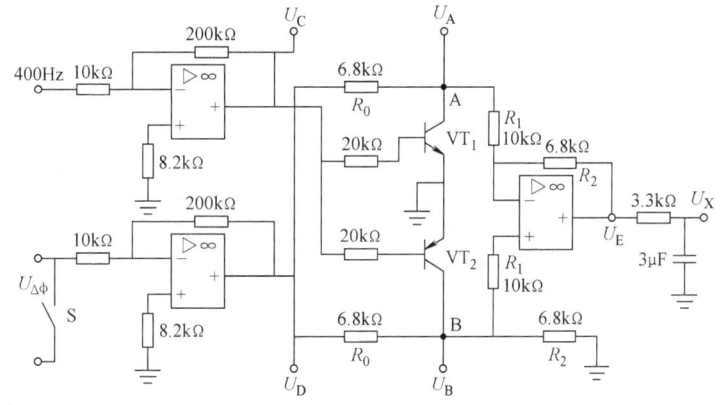

图 7-15 相敏检波电路原理

$$U_{E1} = U_D \frac{R_2}{R_0 + R_2}\left(1 + \frac{R_2}{R_1}\right)$$

当参考信号为负半周时,VT_2 导通,VT_1 截止,$U_B = 0$。误差信号经 A 点进入运算放大器的反相输入端,放大后为

$$U_{E2} = -\frac{R_2}{R_1}U_A$$

（7）功率放大电路　功率放大电路如图 7-16 所示。

此功率放大电路的电源采用 ±27V 电压，可保证电动机正反转。输出级采用互补电路，带负载能力较强，整个电路有深度电压负反馈，以减小功率放大电路的输出电阻。为使运放输出和功放输入级相匹配，中间用一个稳压管 2CW15 做为电平移动电路。整个功率放大电路结构简单，调整方便。

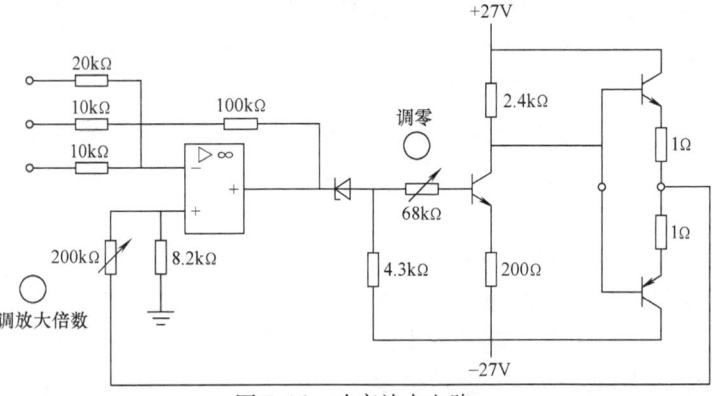

图 7-16　功率放大电路

2. 系统的组成框图

综上所述，可得到如图 7-17 所示的位置随动系统的组成框图。

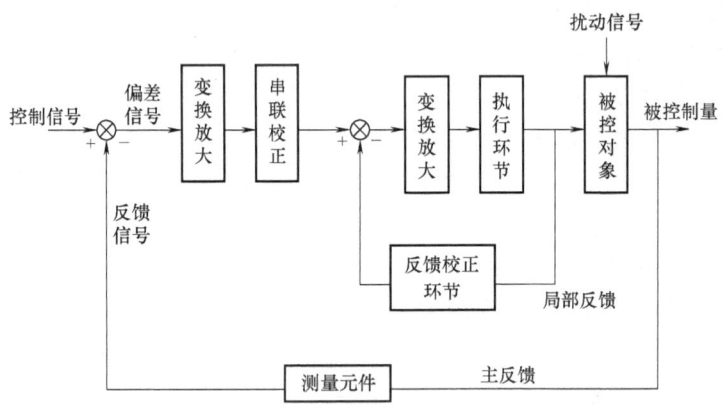

图 7-17　位置随动系统组成框图

3. 系统的工作原理

图 7-13 中一对旋转变压器组成测量角位移的电路，旋转变压器（Ⅰ）转轴的位置角度是由指挥仪来控制的。当炮瞄雷达已搜索到目标并且目标已进入火炮射程之内时，天线随动系统将进入自动跟踪工作状态。雷达接收机上的数据传输系统不断地把目标的方位角（俯仰角）数据传递给指挥仪，指挥仪根据当时的气候条件、炮弹在空中的飞行弹道、目标在空中移动的速度、角度及火炮与雷达站之间的坐标位置等数据，计算出炮弹在空中击中目标所应给出的火炮炮口的方位角（俯仰角）数据 $\theta_1(t)$，$\theta_1(t)$ 就是火炮随动系统的控制信号。发出控制信号后，使天线的轴线始终对准目标，并紧紧地跟踪目标而转动。当目标不在天线轴线上时，就产生偏差信号，此偏差信号经雷达接收机、指挥仪转换成电压信号，送入放大器，经放大电路控制直流伺服电动机运动，带动控制火炮炮口的方位角（俯仰角），直到找到合适的射击位置为止。

4. 系统框图

由图 7-17 所示的系统组成框图，应用建立系统数学模型的方法就可得到图 7-18 所示的系统框图。

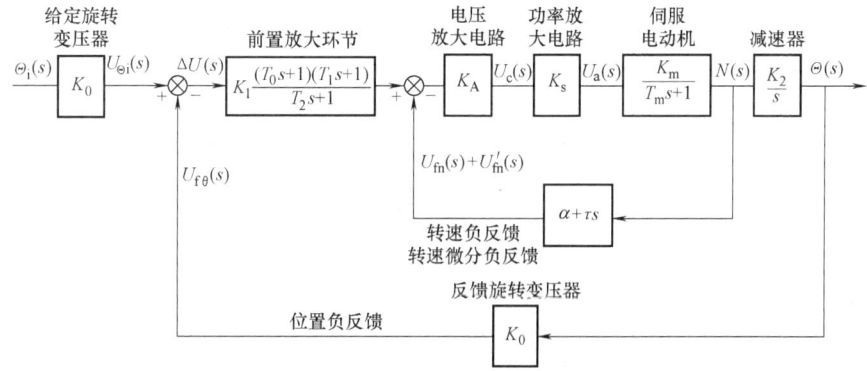

图 7-18 位置随动系统框图

框图中执行环节是直流伺服电动机,它的传递函数为

$$\frac{N(s)}{U_a(s)} = \frac{K_m}{(T_m s + 1)} \tag{7-4}$$

将转速 $N(s)$ 转换成角位移 $\Theta(s)$,并计及减速器的传动比 i（1/10）,则有

$$\frac{\Theta(s)}{N(s)} = \frac{2\pi i}{60s} = \frac{K_2}{s} \tag{7-5}$$

此外,功率放大电路和电压放大电路均为比例放大器,它们的增益分别为 K_s 和 K_A。给定旋转变压器和反馈旋转变压器也均为比例环节,它们的增益均为 K_0。图 7-13 中的前置放大环节的传递函数为

$$G_c(s) = K_1 \frac{(T_0 s + 1)(T_1 s + 1)}{T_2 s + 1} \tag{7-6}$$

转速反馈环节的传递函数 $G_f = \alpha + \tau s$,α 为转速反馈系数,τ 为微分反馈时间常数。$(\alpha + \tau s)$ 表示比例-微分负反馈。

5. 位置随动系统的性能分析

（1）系统稳态性能分析　首先分析该系统属于几阶几型系统。在如图 7-18 所示的系统中,未被 $(\alpha + \tau s)$ 反馈环包围时的传递函数为

$$G_1(s) = \frac{K_A K_s K_m}{T_m s + 1} = \frac{K}{T_m s + 1}$$

当 $G_1(s)$ 被 $(\alpha + \tau s)$ 包围后,则等效传递函数为

$$G_1'(s) = \frac{K/(T_m s + 1)}{1 + (\tau s + \alpha)K/(T_m s + 1)}$$

$$= \frac{K/(1 + \alpha K)}{\left(\dfrac{T_m + K\tau}{1 + \alpha K}\right)s + 1} = \frac{K'}{T's + 1} \tag{7-7}$$

式中　$K' = \dfrac{K}{1 + \alpha K}$;

$T' = \dfrac{T_m + K\tau}{1 + \alpha K}$。

由式（7-7）可见，$G_1'(s)$ 仍为一惯性环节，但其增益为原来的 $1/(1+\alpha K)$ 倍，明显降低。惯性时间常数视 K、α 和 τ 的值而定，其中通常以硬反馈为主，T 通常会减小些。由式（7-7）可以得到系统的开环传递函数 $G(s)$，即

$$G(s) = K_1 \frac{(T_0 s + 1)(T_1 s + 1)}{(T_2 s + 1)} \frac{K'}{T' s + 1} \frac{K_2}{s} K_0$$

$$= \frac{K_\Sigma (T_0 s + 1)(T_1 s + 1)}{s(T_2 s + 1)(T' s + 1)} \tag{7-8}$$

式中 $K_\Sigma = K_1 K' K_2 K_0$。

由式（7-8）可见，此为 I 型三阶系统。所以此系统对位置阶跃信号（相当给出一个恒定的位移指令）是无静差的（$e_{ss}=0$）；对单位斜坡输入信号（相当一个匀速的信号），它的稳态误差 $e_{ss}=1/K_\Sigma K_0$；对加速信号，$e_{ss}\to\infty$。在数控机床中，控制信号通常是一个确定的位移指令，所以可实现无静差的精确定位；在火炮跟踪系统中，显然 I 型系统是不够的，至少要 II 型系统。若要求动态和稳态误差更小，在随动系统中常增设顺馈补偿环节。

（2）系统稳定性分析　系统的相位稳定裕量为

$$\gamma = 180° - 90° + \arctan(T_1 \omega_c) + \arctan(T_0 \omega_c) - \arctan(T_2 \omega_c) - \arctan(T' \omega_c)$$

$$= 180° - 90° + \phi_1(\omega_c) + \phi_0(\omega_c) - \phi_2(\omega_c) - \phi'(\omega_c) \tag{7-9}$$

若要求 $\gamma > 30°$，则通过适当降低 K_1（即减小 R_2），再增大 T_0（$R_0 C_0$），减小 T'（增大转速负反馈系数 α），是可以使系统成为一个相位裕量较大的稳定系统的。由于位置随动系统较调速系统多一个积分环节 $\Theta(s)/N(s) = 2\pi i/60s$，所以稳定性相对较差，因此多采用 PID 调节器。

（3）系统动态性能分析　由以上分析可知，降低 K_1，可使 $\gamma\uparrow\to\sigma\downarrow$ 及 $N\downarrow$，但 ω_c 减小，快速性会变差。增大 T_0 及 T_1，可使 $\gamma\uparrow\to\sigma\downarrow$。

通过对位置随动系统进行动态性能分析可知：在位置随动系统中，若增设转速负反馈环节，将显著地改善系统的动态性能（位置最大超调量 σ 减小，调整时间减小）；增设转速微分负反馈环节，将限制加速度过大，有利系统平稳的运行。

任务四　直流位置随动系统

一、任务引入

直流位置随动系统是由直流伺服电动机作为执行机构的随动系统。虽然近年来直流电动机的地位受到很大的影响，尤其是在调速控制方面，有被交流电动机及其他电动机取代的趋势，但是在闭环的位置随动控制系统中，执行元件采用直流伺服电动机仍具有明显的优势。

二、任务分析

直流伺服电动机具有良好的线性特性，优异的控制性能及较高的性价比。特别是在中小功率的位置随动系统中，采用永磁式的宽调速直流伺服电动机，只需要对单个电枢回路进行控制即可，其线路较为简单。而交流伺服电动机驱动的位置随动系统都是多回路控制，其线路较复杂、成本较高且维修不便。另外，虽然专用控制集成电路日益完善，但直流位置随动

系统仍得到了很大的发展，如在航天仪器、人造卫星等高要求场合中，仍有着广泛的应用。

本任务采用一般自动控制系统的分析方法（包括系统组成、系统框图的建立、系统结构特点分析、系统自动调节过程和系统可能达到的技术性能）对典型的直流位置随动系统进行实例分析。

三、相关知识

1. 系统的组成

图 7-19 为直流位置随动系统的原理。

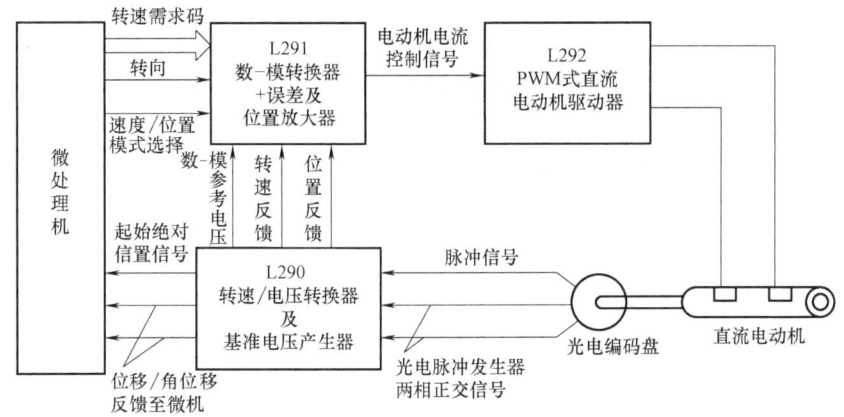

图 7-19　直流位置随动系统的原理

图 7-19 所示的位置随动系统是由 L290、L291 和 L292 三种专用集成电路与一台带光电编码盘的永磁式宽调速直流伺服电动机组成的、由微机控制的直流位置随动系统原理图。该随动系统使用的电动机参数为：额定电压 18V，最高工作电流 2A，电枢电阻 5.4Ω，电感 55mH，空载转速 3800r/min，反电动势系数 4.5mV/(r·min^{-1})，PWM 频率约 22kHz。该控制电路若用于机器人、机床进给等较大功率的系统时，通过 L292 最后一级 PWM 驱动器可外接大功率的晶体管，以扩大驱动功率。

系统中的 L290、L291、L292 三种专用集成电路是意大利 SGS 公司为直流电动机控制而专门设计的芯片，目前在国内的应用已形成有关产品的系列，控制的功率也越来越大。L290 为转速/电压转换器，L291 为 D-A（数-模）转换器和误差信号调节放大器，L292 为 PWM 式直流电动机驱动器。它们可以配合构成一个完整的控制器，也可以单独使用，非常灵活。例如，用 L292 可与一台直流测速发电机组成速度负反馈调速系统。

为了使系统的跟随性能进一步提高，能以最快的速度、极小的超调量甚至无超调量地精确定位，可以采用微机控制，从而构成数字式直流位置随动系统。这里采用了 8031 单片机与专用集成控制芯片构成了系统控制器，控制手段先进，系统结构简化，能满足高精度的伺服性能要求。

2. 专用集成控制芯片的工作原理

（1）L290 转速/电压转换器　L290 芯片为 16 脚双列直插式塑料封装、单片大规模集成电路，内部功能结构及外接电路如图 7-20 左上方的芯片所示。它有如下三个功能。

1）F/V 变换器（频率/电压变换器）产生测速电压。从直流伺服电动机所加装的增量式光电编码盘的三路输出信号（0、A、B）中，A 和 B 是两路正交的正弦信号，分别经 FTA 和 FTB 输入，其频率表示旋转速度，相位表示旋转方向。此信号经芯片内部电路处理后，转换成反映转速大小与方向的电压信号，作为转速反馈信号，经 4 脚送往 L291 芯片。

2）产生位置反馈信号。经 15 脚输出的 U_{AA} 信号作为系统的位置反馈信号送至 L291，再经 L291 芯片处理后，送往微机，作位置跟踪用。

3）产生基准（参考）电压。L290 为 L291 提供了一个基准电压 U_{REF}，从 3 脚送至 L291。

(2) L291 D-A 转换器和误差信号调节放大器　L291 也是 16 脚双列直插式塑料封装大规模集成电路，内部功能结构及外接电路如图 7-20 左下方的芯片所示。它由如下三部分组成。

1）5 位的 D-A 转换器。它将微机送来的数字信号，转换成模拟量。

2）误差调节放大器。

3）位置放大器。该放大器将 15 脚引入的（来自 L290）的位置反馈信号放大后，经 16 脚输出，通过外接电阻 R_{12} 在误差调节放大器输入端进行比较，8 脚的 STROBE 信号决定系统的工作方式：作为位置随动控制时，该信号为低电平，位置放大器的输出送至 16 脚；作为调速系统的速度闭环控制时，该信号为高电平，则位置放大器开路，16 脚接地。位置放大器的增益也由外接电阻单独调整，R_{11}、R_{12} 和 R_{14} 用于设定位置环增益，R_{13} 用于设定速度环增益。

(3) L292 PWM 式直流电动机驱动器　L292 是 15 脚塑料封装式高功率智能集成电路，内部功能结构及外接电路如图 7-20 右边芯片所示。芯片的主要功能如下。

1）形成脉宽调制方波（PWM）。L292 内部的振荡器产生一定频率的三角波，通过外接 R_{20} 将频率调整到 20~30kHz（视电动机工作性能而定）。它的 6 脚输入由 L291 送来的双向直流驱动信号，经电平移动（实现电机可逆运行）、放大后与三角波通过比较器形成一组 PWM 控制信号，加到 H 形功放电路上。该芯片还有两个逻辑使能端（12 脚和 13 脚），对 PWM 控制信号具有封锁功能，12 脚 $\overline{CE2}$ 低电平有效，13 脚 CE1 高电平有效。当 CE1 和 CE2 同时有效时，比较器有 PWM 信号输出，任一电平不符合上述要求时，输出将被封锁。

2）H 形功放。最大驱动能力为 2A、36V，如 L292 外接功率放大器输出，可使其最大驱动能力达到 150V、50A 左右。输出的电动机电压与 6 脚输入的驱动控制信号成正比。为了避免驱动的四个功率管桥臂出现上下两管同时导通（简称直通），造成电源短路、损坏芯片的危险，实际上末级有两个比较器，使输出的 PWM 控制信号有一定的延时，延时大小由 10 脚外接 C_{17} 及内阻决定。脉冲前后沿错开的时间与调制周期成正比，以防直通。

3）电流闭环。L292 还设有电流检测和电流放大器，参数可由外接电路调整。电动机的电流经检测差动放大、滤波电路，由 7 脚输入到误差放大器与输入信号比较后，再控制比较器使脉宽产生相应的变化。

4）L292 还具有过载保护和电源欠电压保护等。

5）L292 外接电路中各个元件的主要作用为：

① R_{15}、R_{16}、C_{12} 用于反馈电流滤波

② R_{17}、C_{13} 构成 PI 电流调节器的反馈阻抗。

③ R_{18}、R_{19} 为电流检测电阻。

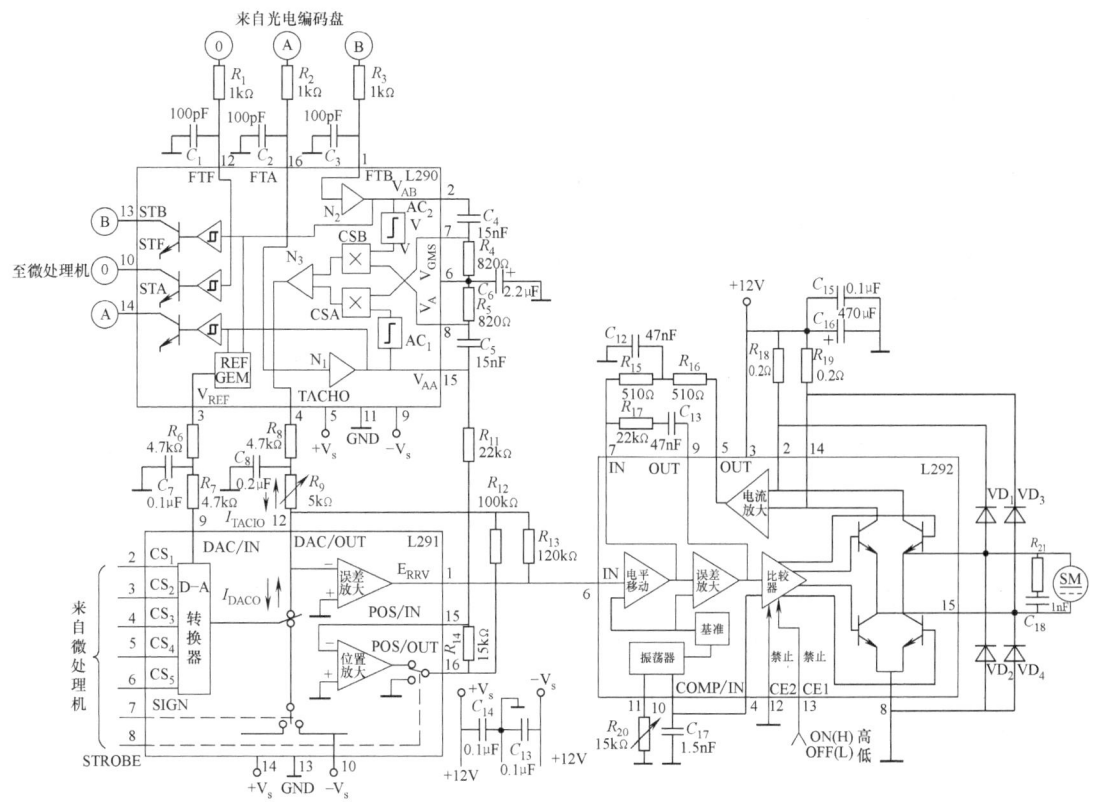

图 7-20 微机控制的直流位置随动系统

④ C_{15}、C_{16} 用于电源旁路。

⑤ R_{20} 用于设定 PWM 频率。

⑥ C_{17} 用于设定延时时间，防止桥臂直通。

3. 直流位置随动系统的工作原理

将 L290、L291 和 L292 组合在一起，并由微机进行控制，便可得到如图 7-20 所示的微机控制直流位置随动系统。该系统看上去很复杂，其实复杂在集成芯片内部，集成芯片外边的连线是很简明的，该系统连线很少，而且调整方便。

由图 7-20 可见，它是一个具有位置环、速度环和电流环的三闭环控制系统。其中，位置环为主环，速度环和电流环为副环。下面分析系统的工作过程。

电动机转动后，与直流伺服电动机同轴安装的光电编码盘产生的两相正交信号输入 L290，经处理后产生转速反馈信号和位置反馈信号，分别输入 L291，同时将位置信号由 STA、STB 两条线送入微机处理。光电编码盘产生的基准脉冲信号也经 L290 处理后，由 STF 线送至微机，实现系统的原点复位。为了跟踪电动机的实际位置，微机以 STA 计数，测量到实际的位移量，并以 STA 和 STB 之间的相位关系来判别运动方向，从而决定计数是加还是减。微机根据上述的目标位置和运动方向，通过运算决定每个运动的最佳速度曲线，以简单、合适的指令通过 7 条数据输出线送至 L291，其中 $CS_1 \sim CS_5$ 是 5 位速度指令码，SIGN 设置转向，STROBE 选择位置或速度工作方式。这样，微机就通过上述 10 条 I/O 线与 L290 和 L291 连接起来，进行实际运行信息的互相传送。

系统的设定运动位置由人工拨盘开关事先决定，或通过微机（也可以是单片机的上位机）以通信方式进行预置。微机通过对事先设定的位置值和当前实际的位置值进行比较，计算出位移，确定运动方向，即可起动系统。初始时，系统首先是工作在位置开环、速度闭环的状况，微机向 L291 发出最高跟踪速度指令码，L291 产生一个电压控制信号，驱动 L292 内 H 形 PWM 功放，给直流电动机提供斩波电压，带动工作平台位移。由于 L292 自身还构成电流闭环，因此，电动机将以最大的允许电流起动，使电动机加速至设定的稳定转速，使工作平台逐步接近目标位置，然后逐步减小速度指令码，电动机进入制动状况。通过 L291 进入最后的位置闭环控制，实现最终的精确定位。电动机在运动过程中的跟踪速度变化 $n = f(t)$ 如图 7-21 所示，图中曲线所包围的面积，就是电动机转动的位移。

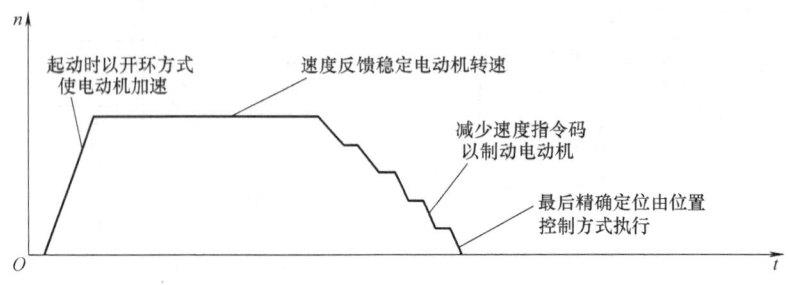

图 7-21　直流位置随动系统电机跟踪速度变化图

系统采用了微机控制，还可以实现定位误差和跟踪误差的显示。同时由于系统采用 L290、L291 和 L292 专用集成电路完成各闭环控制的反馈信号采样和模拟控制功能，从而减轻了微机的工作量，简化了控制软件的编程和系统的硬件结构。

任务五　数控机床的伺服系统

一、任务引入

现代的数控机床是一种高度数字化控制的高效率自动化加工设备，具有很好的通用性和灵活性，适用于加工零件形状复杂，精度要求高和改型频繁的中小批量生产过程。伺服系统是指以机械位置或角度作为控制对象的自动控制系统。它接收来自数控装置的进给指令信号，经变换、调节和放大后驱动执行元件实现直线或旋转运动。伺服系统是数控装置（计算机）和机床的联系环节，是数控机床的重要组成部分，也是一类具有较高精度的位置控制系统。

二、任务分析

伺服系统主要由驱动装置和执行机构两大部分组成。直流伺服电动机和交流伺服电动机是目前最常见的执行机构，这些电动机一般都带有光电编码盘、测速发电机等速度测量元件。伺服系统按其控制方式分为开环伺服系统，半闭环伺服系统和闭环伺服系统三大类。各类数控机床可按照它们对加工精度、生产率和成本的要求选用相应的伺服系统。

伺服系统的稳态、动态性能在很大程度上决定数控机床的速度和精度等技术指标。由于闭环控制的伺服系统能获得较高的控制性能,因此本任务从控制理论的角度分析数控机床的闭环伺服系统构成及原理。

三、相关知识

1. 数控机床伺服系统的原理

数控机床伺服系统由执行元件、驱动控制单元、机床以及反馈检测单元和比较控制环节等组成,其结构如图7-22所示。这是一个双闭环系统,内环是速度环,外环是位置环。速度环中用作速度反馈的检测装置,目前大多数是通过位置量的微分得到速度的。速度控制单元由速度调节器、电流调节器及功率驱动放大器等组成。位置环是由 CNC 装置中的位置控制模块、速度单元、位置检测及反馈控制等组成。位置控制主要是对机床运动坐标进行控制,使之满足一定的位置精度;速度控制是在满足位置控制的前提下,根据系统的参数与控制速度使之以最快响应且无超调量地满足进给要求。

在计算机数控系统中,基本上都是软件完成比较控制环节的功能,和非数字控制系统相比,在系统结构上有一些改变,但基本上还是由执行元件、反馈检测元件、比较控制环节、驱动控制单元和机床组成。

下面选择直线位移检测器作为位置检测元件,以晶闸管控制直流电动机为驱动装置的双闭环伺服进给系统为例,讨论数控机床伺服系统。

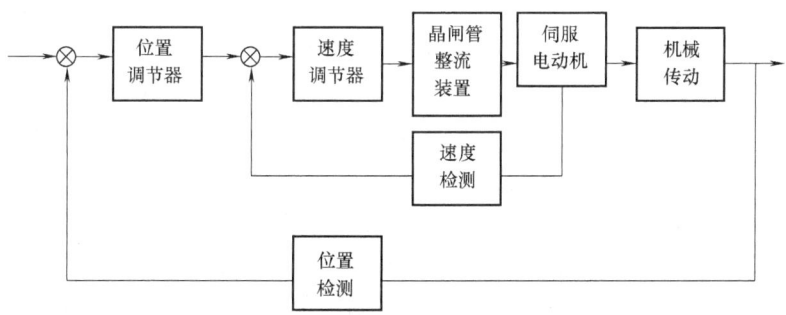

图7-22 数控机床伺服系统原理图

(1) 比较环节 比较环节是将反馈信号与控制信号进行比较,并得出偏差信号。

内环的速度比较环节为 $U_{ne}(s) = U_{sn}(s) - U_{fn}(s)$ (7-10)

外环的位置比较环节为 $U_{pe}(s) = U_{sp}(s) - U_{fp}(s)$ (7-11)

(2) 调节器 为了获得系统稳定需要的动态品质。在控制系统中加入了各种形式的串并联校正装置。在直流电动机驱动的控制系统中,串联校正装置通常采用比例调节器或比例-积分调节器为使讨论问题简便,这里假设位置调节器和速度调节器都为比例调节器,即设位置调节器的传递函数为

$$G_1(s) = K_1 \quad (7\text{-}12)$$

速度调节器的传递函数为

$$G_2(s) = K_2 \quad (7\text{-}13)$$

(3) 检测器 检测器的作用是将被测信号检测出来并转换成与指令信号相同量纲的物理量,从而构成反馈通道。通常检测器可以看成是一个比例环节,即速度检测器的传递函数为

$$H_n(s) = K_n \tag{7-14}$$

位置检测器的传递函数为

$$H_p(s) = K_p \tag{7-15}$$

（4）可逆功率放大器　在功率较大的位置伺服系统中，功率放大一般采用可逆的晶闸管可控整流器。在功率较小的位置伺服系统中，常采用晶体管脉宽调制型（PWM）开关放大器来进一步提高系统的快速性，其传递函数近似为比例环节。若采用晶闸管整流电路，则其传递函数可近似表达为 $K_{tr}/(\tau Ds + 1)$，当 τDs 远小于其他环节的时间常数时，可近似地认为 $\tau Ds = 0$，由此可得

$$G_{th}(s) = K_{tr} \tag{7-16}$$

（5）执行机构　作为执行机构，可选用直流伺服电动机或两相交流异步电动机。在系统性能要求较高时，可采用小惯量直流电动机或宽调速力矩电动机。

（6）机械传动装置　机械传动装置对位置伺服系统有重大影响，其中减速器速比的选择和分配将影响系统的惯性矩，并影响到快速性。考虑到传动装置的输入量为电动机的转角 θ，输出量为工作台的位移 x_L，如果忽略传动装置的折算惯量和折算阻尼系数，机械传动机构的传递函数可简化为一比例环节，其比例系数为 K_L，则有

$$G_L(s) = K_L \tag{7-17}$$

2. 数控机床伺服系统的性能分析

位置伺服系统也是一类自动控制系统，所以自动控制原理中系统分析的方法在这里也是适用的。下面讨论数控机床位置伺服系统的各项性能指标。

（1）系统的稳定性分析　稳定性是指系统受外界干扰时，能在短暂的时间内恢复到原来的平衡状态。伺服系统有较强的抗干扰能力，可确保以进给速度的正常。数控机床的伺服系统必须是稳定的，否则机床工作台就不可能稳定在指定位置，也无法进行切削加工。

利用劳斯-右尔维茨稳定判据和奈魁斯特稳定判据来判断线性伺服系统稳定性。工程上为了确保系统安全可靠，还应有足够的稳定裕量。对于数控机床，建议点位控制系统的对数幅频特性 Kg 为 $5\sim10$dB，γ 为 $50°$左右；轮廓控制系统的 Kg 为 $12\sim20$dB，γ 为 $50°\sim60°$。

位置环（外环）的主要作用是消除位置偏差，常采用 PID 串联校正。为稳定速度和限制加速度，改善系统的动态性能，又常采用转速负反馈进行局部反馈校正。

（2）系统的稳态性能分析　位置伺服系统的稳态性能指标主要是定位精度，即系统过渡过程结束时输出量实际值与期望值之间的偏差。一般数控机床的定位精度应不低于 0.01mm，而高性能数控机床的定位精度将达到 0.001mm 以下。影响伺服系统定位精度的因素有：①位置检测元件引起的检测误差；②系统误差，即由系统自身的结构、系统特征参数和输入信号的形式决定的误差。这里主要讨论系统误差对定位精度的影响。

1）典型输入信号。在伺服系统的分析中常用两种典型输入信号：位置阶跃输入和斜坡输入。前者多用于定位控制的数控机床，后者多用于直线插补的数控伺服系统。作用于伺服系统的输入信号除给定输入之外，还有扰动输入。典型的扰动输入有恒值负载扰动、正弦负载扰动、随机性负载扰动以及从检测装置输入的噪声干扰等。

伺服系统的任务主要是尽可能使系统的输出准确地跟随给定输入，同时在各种扰动输入的作用下，对系统跟随精度的影响应当减到最小。

2）定位阶跃给定输入时的稳态误差

可以利用前面讲到的稳态误差计算的方法求得位置伺服系统的各种稳态误差数值。对于Ⅰ型系统，阶跃输入下的系统稳态误差为零。由于伺服系统电动机的转速到位移之间有一个积分环节，只要输出 $x_L(t)$ 与输入 $U_{sp}(t)$ 不相等，它们之间的偏差电压经放大后就会使电动机旋转，当负载为零时电动机将一直转到偏差电压等于零为止，因此稳态误差为零。如果考虑负载的话，则当电动机输出转矩与负载转矩平衡时工作台停止进给。为了维持这个转动，放大器输入端需要有一定的偏差电压，因而稳态误差不等于零。

小　　结

随动系统是指给定值随时间任意变化的一类自动控制系统。其特点是：①控制量是机械位移或位移的时间函数；②给定值在很大范围内变化；③属于反馈控制；④能使系统的输出量快速、准确地随给定值任意变化；⑤输入功率小，在前向通路中进行功率放大；⑥能进行远距离控制。

典型的位置随动系统由位置检测器、电压比较放大器、可逆功率放大器及执行机构等组成。位置随动系统中常用的位移检测装置有自整角机、旋转变压器、感应同步器、伺服电位器及光电编码盘等。执行机构由交、直流伺服电动机组成。

本章重点分析了典型的位置随动系统——火炮随动系统，同时，对直流随动系统、数控机床的伺服系统也进行了介绍。火炮随动系统由位置检测装置、直流伺服电动机及直流测速发电机、发送机驱动电路、方波信号发生电路、400Hz 振荡电路、相敏检波电路及功率放大器等构成。在直流位置随动系统中，对由 L290、L291 和 L292 三种专用集成电路构成的随动系统进行了分析。

思考与练习

7.1 位置随动系统要解决的主要问题是什么？试比较位置随动系统和调速系统的异同点。

7.2 如果角位移检测装置只能检测角位移的大小，而不能分辨它的极性，位置系统能否正常工作？为什么？

7.3 伺服电动机和普通电力拖动电动机在结构和性能要求上有什么不同？

7.4 某位置随动系统的开环传递函数 $G(s) = \dfrac{500}{s(0.1s+1)}$。

1）画出该系统的开环伯德图，并分析它的稳定性。

2）当输入量为下列形式时

① $\theta_r(t) = t$；

② $\theta_r(t) = 1 + 2t + t^2$。

试计算它们的稳态误差。

项目八　交流调速系统

教学要点

变频调速系统的分析、检测与维护。

教学目标

知识目标：（1）能识读交流调速系统的原理图。
　　　　　（2）了解分析典型交流调速系统所需的知识和方法。
　　　　　（3）了解应用系统校正对交流调速系统进行分析和改进的方法。
能力目标：（1）具有识读交流调速系统原理图的能力。
　　　　　（2）能分析典型交流调速系统的三性。
　　　　　（3）能应用系统校正对交流调速系统进行分析和改进。
素质目标：（1）培养文献检索、资料查找与阅读的能力。
　　　　　（2）培养自主学习的能力。
　　　　　（3）培养团队精神与协作能力，具有一定的岗位意识及岗位适应能力。

教学内容

（1）交流调速的基本类型。
（2）变频调速的构成及基本要求。
（3）变频器的分类和特点。
（4）正弦波脉宽调制（SPWM）变频器。
（5）转速开环、恒压频比控制的变频调速系统。
（6）转速闭环、转差频率控制的变频调速系统。

一、任务引入

在交流调速系统中，调速的方法有改变电源频率调速（变频调速），改变磁极对数调速和改变转差率调速。由于变频调速系统在调速时转差功率不变，在各种异步电动机调速系统中效率最高，同时性能也最好，因此，它是交流调速的主要发展方向。

二、任务分析

从变频调速的构成及基本要求入手，介绍变频器的分类和特点，介绍正弦波脉宽调制（SPWM）变频器的工作原理，进而介绍转速开环、恒压频比控制的变频调速系统和转速闭环，转差频率控制的变频调速系统，从而对交流调速系统有一个整体的了解。

三、相关知识

1. 交流调速的基本类型

由电动机学已知,异步电动机的转速可表示为

$$n = n_0(1-s) = \frac{60f_1}{p}(1-s) \tag{8-1}$$

式中 n_0——同步转速（r/min）；
f_1——电源频率（Hz）；
p——磁极对数；
s——转差率。

式（8-1）表明,异步电动机调速可以通过三条途径进行：改变电源频率 f_1、改变磁极对数 p 及改变转差率 s。其中,改变转差率 s 的调速方法又可通过调整定子电压、转子电阻、转差电压及定子供电频率等方法实现。这样,交流调速就有如下几种方式。

$$
\text{异步电动机交流调速}\begin{cases} \text{变极调速：笼型} \\ \text{变转差率调速}\begin{cases} \text{调压（定子电压）} \\ \text{调转子电阻：绕线转子、电磁转差离合器} \\ \text{串级调速（转差电压）：绕线转子} \end{cases} \\ \text{变频调速：绕线转子、笼型} \end{cases}
$$

异步电动机从定子传入转子的电磁功率 P_m 可分为两部分：一部分为 $P_2 = (1-s)P_m$,是拖动负载的有效功率；另一部分是转差功率 $P_s = sP_m$,与转差率 s 成正比。从能量转换的角度来看,转差功率是否增大、被消耗掉还是被回收,是评价交流调速系统效率高低的一种标志。从这一点出发,可把异步电动机的调速系统分成三大类。

1) 转差功率消耗型调速系统。在调速过程中,全部转差功率都转换成热能被消耗掉。上述的调压、转子串电阻及电磁转差离合器的调速方法均属于这一类。这类调速系统的效率最低,它是以增加转差功率的消耗来换取转速的降低（恒转矩负载时）的,越向下调速,效率越低。但因该系统结构简单,所以仍有一定的应用场合。

2) 转差功率回馈型调速系统在调速过程中,转差功率的小部分被消耗掉,大部分则通过变流装置回馈给电网或转化为机械能予以利用。应用这类调速系统,转速越低,回馈功率就越多,串级调速就属于这一类,该调速系统的调速效率显然比第一类要高,但因增设了变流装置,而多消耗了一部分功率。

3) 转差功率不变型调速系统转差功率中转子铜损部分的消耗是不可避免的。在这类调速系统中,无论转速高低,转差功率的消耗基本不变,因此其效率最高。变极调速和变频调速都属于这一类。其中,变极调速只能进行有级调速,不能做到宽范围内无级平滑调速,其应用场合有限；而变频调速的调速范围宽、平滑性好、效率高、具有优良的稳态性能和动态性能,是应用最广泛的一种高性能的交流调速方式,有着很好的发展前景。

2. 变频调速的构成及基本要求

（1）变频调速的构成　要实现变频调速,必须有频率可调的交流电源,但电力系统只能提供固定频率的交流电,因此,需要一套变频装置来完成变频的任务。历史上曾出现过旋转变频机组,但由于它存在许多缺点,如今已很少使用。现代的变频器都是由大功率电子元

器件构成的,相对于旋转变频机组,被称为静止式变频装置,它们是构成变频调速系统的核心环节。一个变频调速系统主要由静止式变频装置、交流电动机和控制电路三大部分组成,如图 8-1 所示。图中,静止式变频装置的输入是三相或单相恒频、恒压电源,输出则是频率和电压均为可调的三相交流电。至于

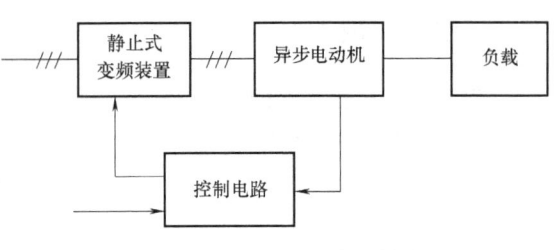

图 8-1 变频调速系统的构成

控制电路,变频调速系统要比直流调速系统和其他交流调速系统复杂得多,这是由于被控对象(异步电动机)本身的电磁关系以及变频器的控制均较复杂所致。因此,变频调速系统的控制任务大多是由微处理机承担的。变频调速系统的具体结构及形式很多,本模块将选择常用的典型系统予以介绍。

(2) 变频调速的基本要求 为了充分利用铁心材料,在设计电动机时,总是让电动机在额定频率和额定电压下工作时的气隙磁通接近饱和值。因此,在电动机调速时,一个重要的因素就是希望保持每极磁通量为额定值不变。若磁通量太小,则没有充分利用铁心而造成浪费;如果过分增大磁通,又会使铁心过分饱和,从而导致励磁电流急剧增加、绕组过分发热,使得功率因数降低,严重时甚至会损坏电动机。故希望在频率变化时仍能保持磁通恒定,即实现恒磁通变频调速,这样,调速时才能保持电动机的最大转矩不变。对于他励直流电动机,因励磁系统是独立的,只要对电枢反应的补偿合适,保持 Φ_m 不变就很容易做到。但在交流异步电动机中,磁通是定子和转子的磁动势合成产生的,这时,应怎样才能保持磁通恒定呢?对于三相异步电动机,定子每相电动势的有效值是

$$E_g = 4.44 f_1 N_1 K_1 \Phi_m \tag{8-2}$$

式中 N_1——定子每相绕组串联匝数;

K_1——基波绕组系数;

Φ_m——每极气隙磁通(Wb);

E_g——气隙磁通在每相定子绕组中产生的感应电动势有效值(V);

f_1——定子电源频率(Hz)。

由此可得

$$\Phi_m = \frac{1}{4.44 N_1 K_1} \frac{E_g}{f_1} = k \frac{E_g}{f_1} \tag{8-3}$$

式(8-3)表明,为了保持磁通 Φ_m 不变,必须按比例改变感应电动势 E_g,才能有效地利用铁心。对此,需要考虑基频(额定频率)以下调速和基频以上调速两种情况。

1) 基频以下调速。由式(8-3)可知,要保持 Φ_m 不变,当频率 f_1 从额定值向下调节时,必须同时降低 E_g,使 E_g/f_1 为常数。然而,绕组中的感应电动势是难以直接控制的,只能控制定子外加电压及其频率。由图 8-2 可知,二者之间存在下列关系:

$$\dot{U}_1 = \dot{E}_g + (R_1 + j\omega_1 L_{11}) \dot{I}_1 = \dot{E}_g + Z \dot{I}_1 \tag{8-4}$$

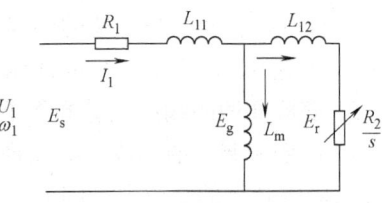

图 8-2 异步电动机稳态等效电路

只要频率不是太低,上式中的定子阻抗压降 $Z\dot{I}_1$ 便比 $\dot{E}_g$ 小得多。因此,在一般情况下,可以忽略定子绕组的漏磁阻抗压降,认为定子外加电压与定子电动势近似相等,即 $\dot{U}_1 \approx \dot{E}_g$,则可得

$$\frac{U_1}{f_1} = 常值 \tag{8-5}$$

这是恒压频比的控制方式,简称 V/F 控制,即只要保持外加电压 U_1 和频率 f_1 的比值恒定,气隙磁通就可以近似保持恒定。因此,在基频以下调速的基本要求就是保持电压、频率比基本恒定。这样,当有功电流为额定值时,转矩也是恒定的,因此,恒压频比控制属于恒转矩调速。

低频时,U_1 和 E_g 都较小,定子阻抗压降所占的分量就比较显著,不再能忽略。这时,可以人为地把电压 U_1 调高一些,以便近似地补偿定子压降。带定子压降补偿的恒压频比控制特性如图 8-3 中的曲线 b 所示,无补偿的控制特性则为图 8-3 中曲线 a。

2)基频以上调速。当外加电源的频率超过电动机的额定频率时(即基频以上),若要保持气隙磁通近似恒定,那么,电压也应成比例增加。但是,这将造成电动机的外加电压超过其额定值,是不允许的。因此,在基频以上调速,定子外加电压只能保持为额定电压。由式(8-3)可知,保持电压恒定而频率增加时,将迫使磁通与频率成反比地减小,因此,基频以上调速为恒功率调速,相当于直流电动机弱磁升速的情况,如图 8-4 所示。

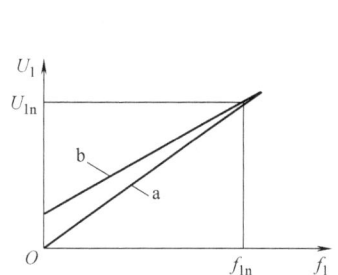
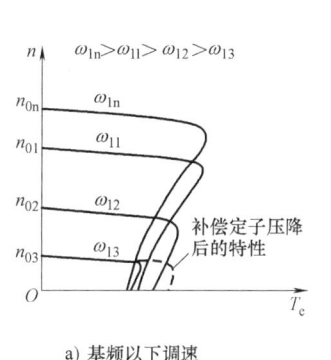
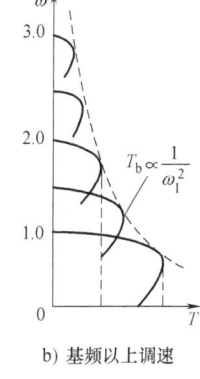

图 8-3 恒压频比的控制特性
a—不带定子压降补偿的特性曲线
b—带定子压降补偿的特性曲线

图 8-4 变频调速的机械特性

基频以下调速的机械特性控制特性如图 8-4a 所示,基频以上调速的机械特性如图 8-4b 所示。异步电动机变频调速特性如图 8-5 所示,如果电动机在不同转速下都达到额定电流,则电动机都能在允许温升条件下长期运行,这时转矩基本上随磁通变化。按照电力拖动原理,在基频以下,磁通恒定时转矩也恒定,属于恒转矩调速;而在基频以上,转速升高时,转矩降低,基本上属于恒功率调速。由上述内容可知,变频调速时,电动机内部阻抗也将改变,如果

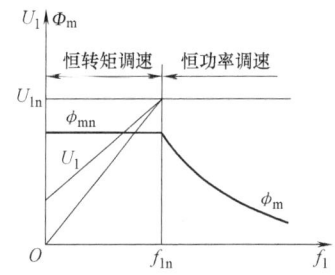

图 8-5 异步电动机变频调速特性

仅仅改变频率将产生由弱磁引起的转矩不足。倘若过励磁又会引起磁饱和等现象，导致电动机的功率因数、效率显著下降。V/F 控制必须在改变频率的同时改变变频器的输出电压，这样才能保证调速电动机的效率及功率因数不下降。V/F 控制比较简单，多用于通用型变频器和风机泵类的节能控制、生产流水线的工作台传动、空调等。

综上所述，异步电动机的变频调速是分段进行控制的；基频以下采取（恒磁）恒压频比的控制方式；基频以上采取恒压（弱磁升速）的控制方式。

3. 变频器的分类和工作原理

在图 8-1 所示的变频调速系统中，静止式变频装置是系统的核心环节，它的任务是把频率和电压恒定的电网电压变成频率和电压可调的电压，这样的装置通称为变压变频（VVVF）装置。

从结构上看，静止式变频装置可分为间接变频和直接变频两类。间接变频装置先将工频交流电通过整流器变成直流电，然后再经过逆变器将直流电变换为可控频率的交流电（简称交-直-交变频器），因此，又称为有中间直流环节的变频装置。直接变频装置则将工频交流电一次变换成可控频率的交流电，没有中间直流环节。目前应用较多的是间接变频装置，本书主要以间接变频装置为例来说明变频装置的工作原理及其电压和频率的控制方法。

（1）间接变频装置的构成及控制方式　图 8-6 绘出了间接变频装置的主要构成环节。按照不同的控制方式，它又可分为可控整流器变压、逆变器变频，直流斩波器调压、逆变器变频和逆变器自身调压、变频三种。各种结构形式如图 8-7 所示。

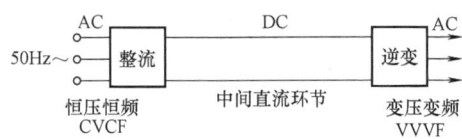

图 8-6　间接变频装置（交-直-交）

1）可控整流器变压、逆变器变频。如图 8-7a 所示，这种变频装置的调压和调频分别在两个环节上进行，两者要在控制电路上协调配合。这种装置结构简单、控制方便，输出环节是由晶闸管（或其他电子元器件）组成的三相六拍变频器（每周换流 6 次）。但由于输入环节采用可控整流器，在低压深控时电网端的功率因数较低，将产生较大的谐波成分，一般用于电压变化不太大的场合。

2）直流斩波器调压、逆变器变频。如图 8-7b 所示，这种装置采用不可控整流器，保证变频器的电网侧有较高的功率因数，在直流环节上设置直流斩波器来完成电压的调节。这种调压方法有效地提高了变频器电网侧的功率因数，并能方便灵活地调节电压，但增加了一个电能变换环节（斩波器），仍存在谐波成分较大的问题。

3）逆变器自身调压、变频。如图 8-7c 所示，这种装置采用不可控整流器，通过逆变器自身的电子开关进行斩波控制，使输出电压为脉冲列，改变输出电压脉冲列的脉冲宽度，便可达到调节输出电压的目的。这种方法称为脉宽调制（PWM）。因采用不可控整流器，故功率因数较

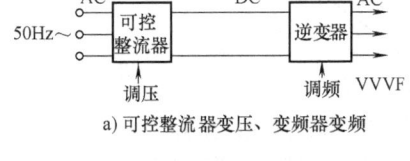

a) 可控整流器变压、变频器变频

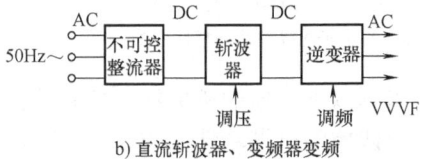

b) 直流斩波器、变频器变频

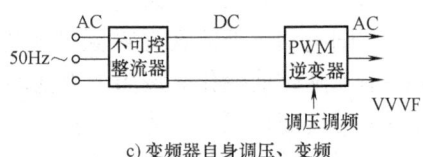

c) 变频器自身调压、变频

图 8-7　间接变频装置的各种结构形式

高；采用 PWM 逆变器，故谐波成分大大减少。谐波减少的程度取决于电子开关频率，而电子开关频率则受器件开关时间的限制。若仍采用普通晶闸管，电子开关的频率相比六拍变频器提高有限，只有采用全控型器件，电子开关频率才能得以大大提高，其输出波形几乎可以成为非常逼真的正弦波，因而又称为正弦波脉宽调制（SPWM）变频器。该变频器将变频和调压功能集于一身，主电路不用附加其他装置，其结构简单，性能优良，已成为当前最有发展前途的一种结构形式。

（2）电压源和电流源变频器　从变频器电源的性质上看，变频器又可分为电压源变频器和电流源变频器两大类。

1）电压源变频器。对于交-直-交变频器而言，当中间直流环节主要是采用大电容滤波时，则直流电压波形比较平直，在理想情况下这是一种内阻抗为零的恒压源，其输出的交流电压波形是矩形波或阶梯波，这样的变频器称为电压源变频器或电压型变频器。其主电路如图 8-8a 所示；采用大容量电容滤波是电压源变频器的特征，其电压、电流波形如图 8-8b 所示。

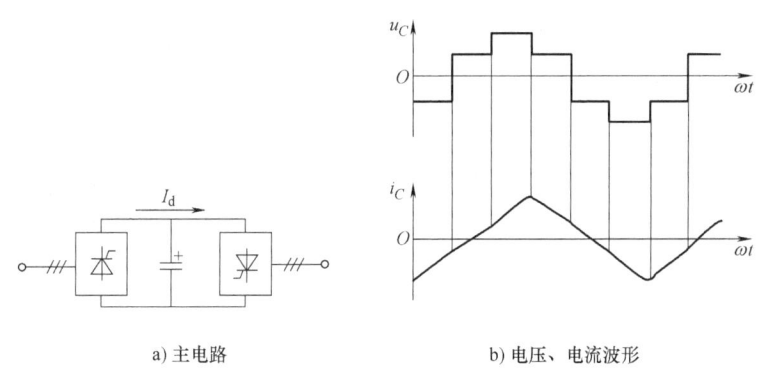

a) 主电路　　　　　　b) 电压、电流波形

图 8-8　电压型变频器的主电路及波形

由于整流环节电流的方向不能改变，且直流侧并联大电容后，电压极性也不能突变，故该电路的整流器不能改变能量的传输方向，即不能向电网回馈电能。因此，欲使电压型变频器供电的电动机工作于再生制动状态，必须在整流器侧附加一套反并联变流器。当电动机工作于再生制动状态时，附加变流器工作于有源逆变状态，向电网回馈电能，其电路如图 8-9 所示。

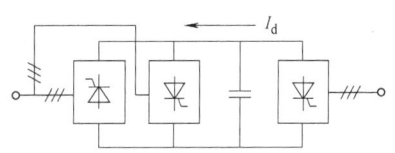

图 8-9　工作于再生发电状态的电压型变频器主电路

显然，这样做既增加了设备的复杂程度也增加了设备成本。所以，电压型变频器适用于不经常起动、制动和不需要再生发电回馈的负载和装置。

2）电流源变频器。当交-直-交变频器的中间直流环节采用大电感滤波时，直流回路中的电流波形比较平直，对负载来说基本上为一个恒流源，输出的交流电流波形是矩形波或阶梯波，这样的变频器称为电流源变频器或电流型变频器，其主电路如图 8-10 所示。采用大电感滤波是电流源变频器的特征，其电压、电流波形如图 8-10b 所示。

采用电感作为中间滤波环节时，可以迅速地改变变频器输出电压的极性而使变频器进入逆变工作状态。对于电动机负载而言，可以方便地实现再生制动，这种变频器多用于要求频

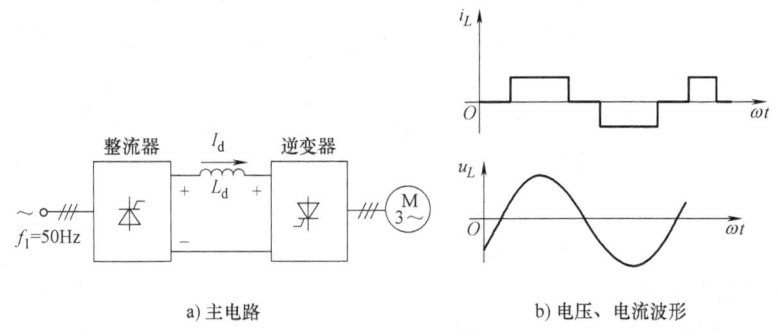

a) 主电路　　　　　　　b) 电压、电流波形

图 8-10　电流型变频器的主电路及波形

繁起动、制动的场合。电流型变频器具有主电路结构简单、动态响应较快及便于实现过电流保护等优点，但不适合在较大滞后无功功率负载下运行。对于变频调速系统来说，由于异步电动机属于感性负载，故在中间直流环节与电动机之间总存在无功功率的交换。由于变频器中的电子开关元件无法储能，所以无功功率只能靠直流环节中的储能元件来缓冲，因此，也可以说电压源变频器和电流源变频器的主要区别在于用什么储能元件来缓冲无功功率。

（3）交-直-交电压源变频器的工作原理

1）主电路结构。电压源三相六拍式交-直-交变频器的主电路如图 8-11 所示。它由相控整流电路、滤波电容 C 和有源逆变电路构成。变频器由主晶体管 $VT_1 \sim VT_6$ 和续流二极管 $VD_1 \sim VD_6$（也称反馈二极管）组成。续流二极管的作用是当主开关器件关断时，接续感性负载电流（如 VT_1 关断时由 VD_4 接续 U 相负载电流）。具有续流二极管是电压源变频器的另一个特征。

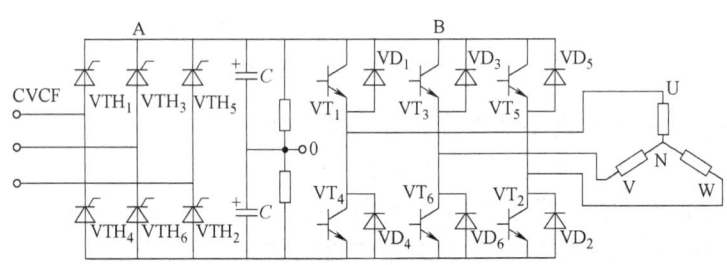

图 8-11　交-直-交变频器主电路

2）输出电压波形分析。为了分析方便，假设直流电源存在一中点，如图 8-11 中的 0 点。三相变频器有两种工作方式，分别称为 180°导通型和 120°导通型。

① 180°导通型工作方式。在 180°导通型工作方式下，变频器每只晶闸管的导通角均为 180°。设变频器输出波形的周期为 T，则在一个周期内每隔 $T/6$ 按 $VT_1 \sim VT_6$ 的次序依次导通六个主开关器件，并按惯例，一个周期用 360°来表示。六只晶体管的导通情况如图 8-12 所示，粗黑线的覆盖段为各晶体管的导通时间。从图中可以看出，每一瞬间均有三只晶体管处于导通状态，它们分别处于不同的桥臂上，换流则按规定的顺序在同一桥臂的上、下两晶体管之间进行。一个周期中的工作情况及输出电压波形如图 8-13 所示。图 8-13a 为根据图 8-12 标出的时间段内导通的晶体管管号，图 8-13b 为据此作出的各相负载阻抗的等效电路

图,图 8-13c~e 为根据图 8-11 所示电路中负载上电压的假定正向和图 8-13b 中等效电路作出的变频器三相输出相电压的波形,图 8-13f~h 为线电压波形。可以看出,当变频器采用 180°导通型工作方式时,变频器输出的相电压为阶梯波,线电压为间断式矩形波。波形的幅值取决于相控整流器输出直流平均电压值 U_d 的大小,频率则取决于换流频率,即每 60°导通角所代表的时间长短。显然两者均可以人为控制,因而不难达到 VVVF 的要求。由于在每一个输出电源周期内产生六次切换动作,故称此类变频器为三相六拍式变频器。

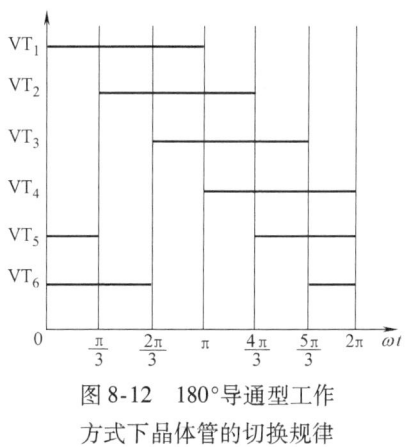

图 8-12 180°导通型工作方式下晶体管的切换规律

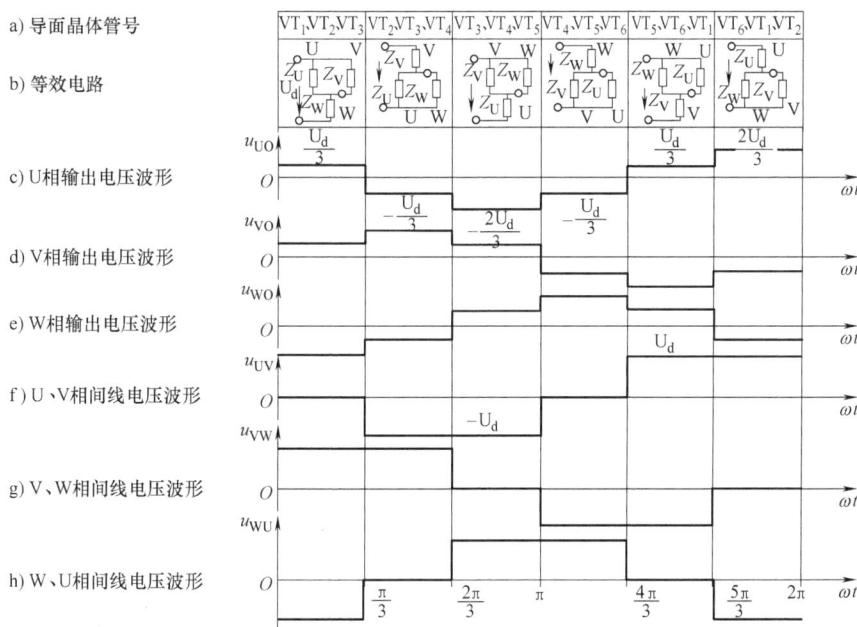

图 8-13 180°导通型变频器的工作原理

② 120°导通型工作方式。在 120°导通型工作方式下,变频器每只晶闸管的导通角均为 120°,晶体管的导通顺序和导通时间的表示方法与 180°导通型的工作方式相同。图 8-14 则是按照图 8-12 作出的 120°导通型变频器主电路的工作情况和输出电压波形。从图中不难看出,在 120°导通型工作方式下,变频器输出的相电压为间断式矩形波,而线电压则为阶梯波,其幅值和频率均可采用与 180°导通型工作方式完全相同的方式人为调节。

应当指出,180°导通型变频器的换流是在同一相的两桥臂上进行的,需要准确的控制,对电子开关的导通和关断速度也有较高的要求;而 120°导通型变频器的换流是在同一组相邻桥臂上进行的,同一相两桥臂电子开关交替导通,中间有 60°的间隔,有利于安全换流,但其输出电压波形及基波幅值和相位均受负载功率因数的影响,稳定性较差。

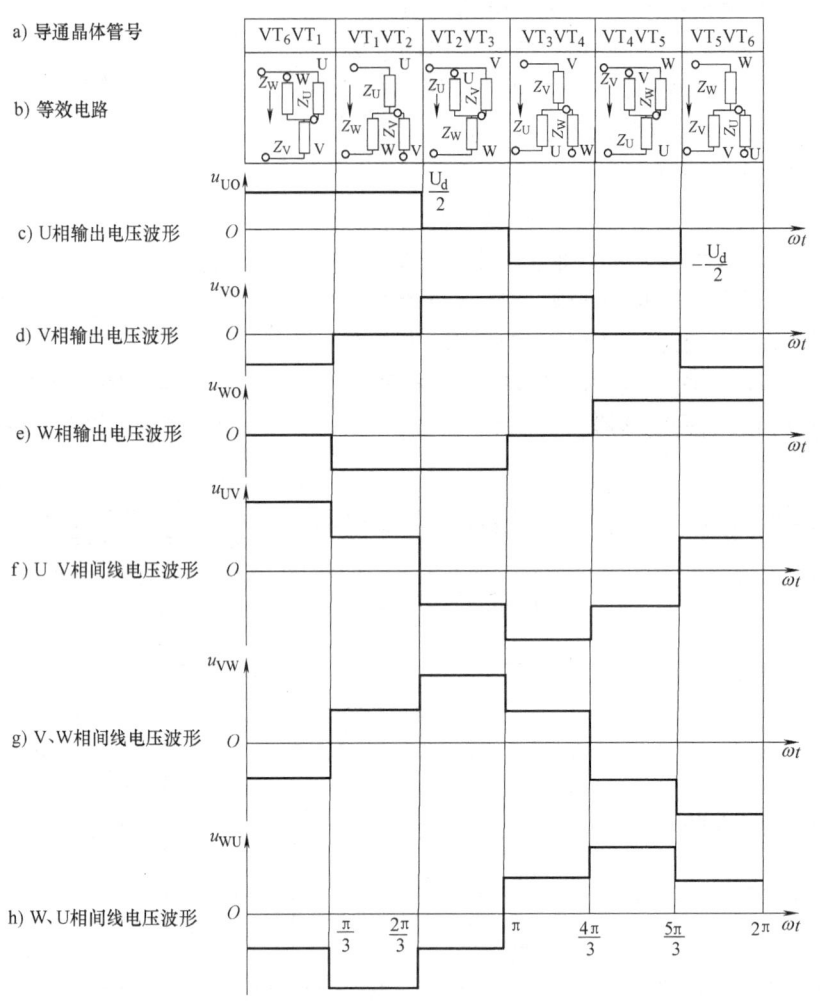

图 8-14 120°导通型变频器的工作原理

4. 正弦波脉宽调制（SPWM）变频器

在前面介绍了间接变频装置的三种控制方式，其中正弦波脉宽调制（SPWM）变频器将变频和调压功能集于一身。图 8-15 为 SPWM 变频器的基本结构，该电路的主要特点是：①主电路只有一个可控的功率环节，简化了结构；②使用了不可控整流器，使电网功率因数与变频器输出电压的大小无关且接近 1；③变频器在调频的同时实现调压，而与中间直流环节的元件参数无关，加快了系统的动态响应；④可获得比常规六拍阶梯波更好的输出电压波形，能抑制或消除低次谐波，可使负载电动机在近似正弦波的交变电压下运行，转矩脉振小，大大扩展了拖动系统的调速范围，并提高了系统的性能。所以，SPWM 变频器以其结构简单、性能优良，且主电路不用附加其他装置的优势成为当前最有发展前途的一种结构形式。下面介绍 SPWM 变频器。

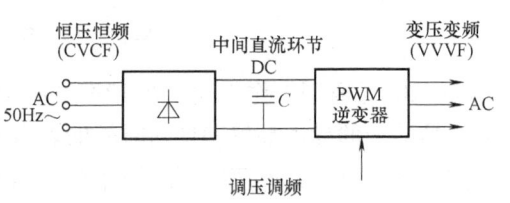

图 8-15 SPWM 变频器的基本结构

(1) SPWM 变频器介绍 所谓正弦波脉宽调制（SPWM）就是把正弦波等效为一系列等幅不等宽的矩形脉冲波，如图 8-16 所示，等效的原则是每一区间的面积相等。如果把一个正弦半波分成 n 等分（图中 $n=7$），然后把每一等分的正弦曲线与横轴所包围的面积都用一个与此面积相等的等高矩形脉冲来代替，矩形脉冲的中点与正弦波每一等分的中点重合，这样，由 n 个等幅而不等宽的矩形脉冲所组成的波形就与正弦半波等效，称其为 SPWM 波。同样，正弦波负半周也可用相同的方法与一系列负脉冲波来等效。图 8-16b 的一系列脉冲波形就是所期望的变频器输出 SPWM 波形。

可以看出，由于各脉冲的幅值相等，所以变频器可由恒定的直流电源供电，即这种交-直-交变频器中的整流器采用不可控的二极管整流器即可，变频器输出脉冲的幅值就是整流器的输出电压幅值。当变频器各开关器件都在理想状态下工作时，驱动相应开关器件的信号也应为与图 8-16b 形状相似的一系列脉冲波形。从理论上讲，这一系列脉冲波形的宽度可以严格地用计算机算法求得，作为控制变频器中各开关器件通断的依据。但较为实用的方法是引用通信技术中的"调制"这一概念，以所期望的波形（这里是正弦波）作为调制波，而

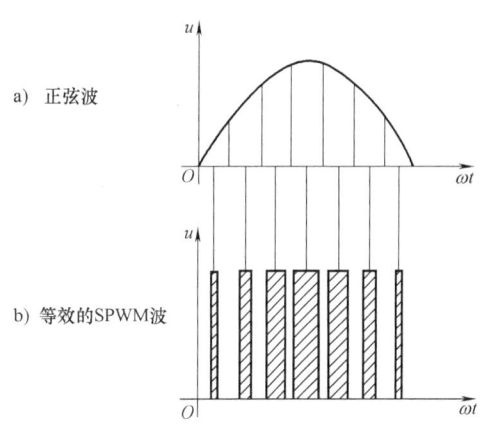

图 8-16 正弦波等效的等幅矩形脉冲序列

受它调制的信号称为载波。在 SPWM 技术中常用等腰三角波作为载波，因为等腰三角波是上下宽度线性对称变化的波形。当它与任何一个光滑的曲线相交时，控制开关器件的通断，即可得到一组等幅而脉冲宽度正比于该曲线函数值的矩形脉冲，这正是 SPWM 所需要达到的结果。

(2) SPWM 变频器的工作原理 SPWM 技术中可用等腰三角波电压作为载波信号，正弦波电压作为调制信号，通过正弦波电压与三角波电压信号相比较的方法，确定各分段矩形脉冲的宽度。由于三角波两腰间的宽度随其高度线性变化，当任一条不超过三角波幅值的光滑曲线与三角波相交时，都会得到宽度正比于该曲线值的一组等幅、等矩的矩形脉冲。故用正弦波电压信号作为调制信号时，可获得脉宽正比于正弦波的等幅、等距的矩形脉冲列。该信号用于变频器电子开关的导通与关断控制时，变频器就是 SPWM 变频器。

图 8-17a 是全控型三相桥式 SPWM 变频器的主电路，图中，$VT_1 \sim VT_6$ 是变频器的六个功率开关器件，

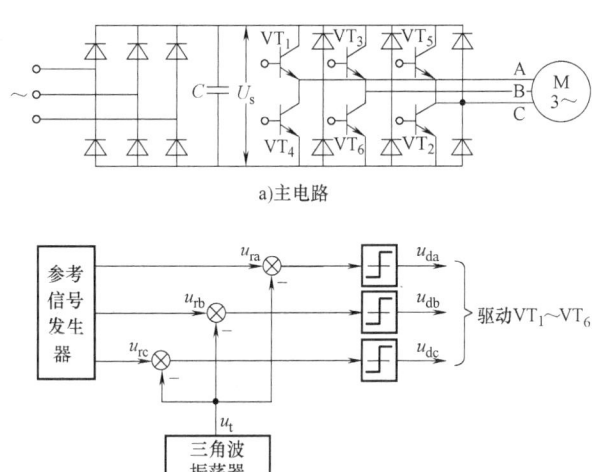

图 8-17 SPWM 变频器电路原理图

各由一个续流二极管反并联,整个变频器由三相整流器提供的恒值直流电压 U_s 供电。图 8-17b 是它的控制电路,一组三相对称的正弦参考电压信号 u_{ra}、u_{rb} 和 u_{rc} 由参考信号发生器提供,其频率决定变频器输出的基波频率,应在所要求的输出频率范围内可调。参考信号的幅值也可在一定范围内变化,以决定输出电压的大小。三角波载波信号 u_t 是公用的,分别与每相参考电压比较后,给出"正"或"零"的饱和输出,产生 SPWM 脉冲序列波 u_{da}、u_{db} 和 u_{dc},作为变频器功率开关器件的驱动控制信号。根据三角波和正弦波相对极性的不同,正弦波脉宽调制可分为单极性和双极性两种方式。例如,采用单极性控制时,在正弦波的半个周期内每相只有一个开关器件导通或关断,如 A 相电压反复通断,图 8-18 表示了此时的调制情况。当参考电压 u_{ra} 高于三角波电压 u_t 时,相应比较器的输出电压 u_{da} 为"正"电平,反之则产生"零"电平。只要正弦调制波的最大值低于三角波的幅值,由图 8-18a 的调制结果必然形成图 8-18b 所示的等幅不等宽的 SPWM 脉宽调制波形 $u_{da} = f(\omega t)$,此时,变频器输出的相电压在任何半个周期内始终为一个极性。负半周是用同样的方法调制后再倒相而成。

在图 8-17 中,比较器输出的 u_{da}"正"和"零"两种电平分别对应于功率开关器件 VT_1 的通和断两种状态。由于 VT_1 在正半周内反复通断,在变频器的输出端可获得重现 u_{da} 形状的 SPWM 相电压。$u_{A0} = f(\omega t)$,小脉冲的幅值为 $U_s/2$,宽度按正弦规律变化,如图 8-19 所示。与此同时,必然有 B 相或 C 相的负半周出现(VT_6 或 VT_2 导通),u_{B0} 或 u_{C0} 脉冲幅值为 $-u_s/2$,$u_{A0} = f(\omega t)$ 的负半波则由 VT_4 的通和断来实现。其他两相同此,只是相位上分别相差 120°。

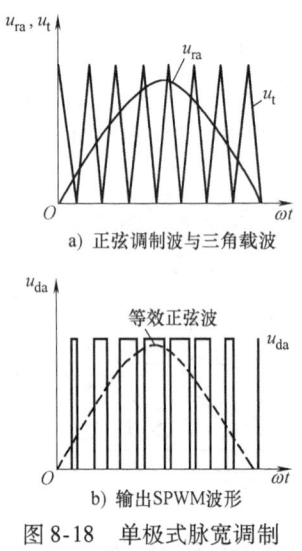

图 8-18 单极式脉宽调制

a) 正弦调制波与三角载波

b) 输出 SPWM 波形

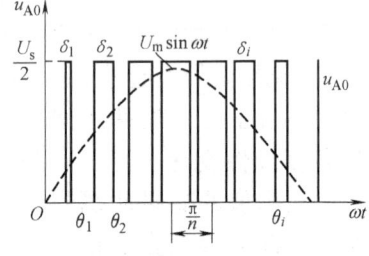

图 8-19 单极式 SPWM 输出相电压

(3) 对脉宽调制的制约条件 根据脉宽调制的特点,变频器主电路的开关器件在其输出电压半周内要开关 n 次,而器件本身的开关能力与主电路的结构及换流能力有关。所以,把脉宽调制技术应用于交流调速系统必然受到一定条件的制约,主要有下列两点:

1) 开关频率。变频器各功率开关器件的开关损耗限制了 PWM 变频器的每秒脉冲数,即变频器每个开关器件的每秒动作次数。普通晶闸管的换流能力较差,其开关频率一般不超过 300Hz,目前在 SPWM 变频器中已很少使用。取而代之的是电力晶体管 GTR(开关频率可达 1~5kHz)、可关断晶闸管 GTO(开关频率为 1~2kHz)、双极性晶体管 IGBT(开关频率可达20kHz以上）及功率场效应晶体管P-MOSFET（开关频率可达50kHz以上）。后面都以GTR作为开关器件。

2）调制度。为保证主电路开关器件的安全工作，必须使所调制的脉冲波有最小脉宽与最小间隙的限制，以保证最小脉冲宽度大于开关器件的导通时间t_{on}，而最小脉冲间隙大于开关器件的关断时间t_{off}。这就要求参考信号的幅值不能超过三角载波峰值的某一百分数（称为临界百分数）。一般定义调制度为

$$m = \frac{U_{rm}}{U_{tm}} \tag{8-6}$$

上式中，U_{rm}和U_{tm}分别为正弦调制波参考信号与三角载波的峰值。在理想情况下，m可在0~1之间变化，以调节输出电压的幅值。在m较大时，一般取m的最高取值0.8~0.9。当调制度超过最小脉宽的限制时，可以改为按固定的最小脉宽工作，而不再遵守正常的脉宽调制规律。但这样会使变频器输出电压的幅值不再是调制电压幅值的线性函数，而是偏低，并会引起输出电压谐波的增大。

(4) SPWM变频器的调制方式　定义载波的频率f_t与调制波频率f_r之比为载波比N，即$N = \frac{f_t}{f_r}$。根据载波比是否变化可分为同步调制与异步调制。

1）同步调制。在同步调制方式中，N为常数，变频时三角载波的频率与正弦调制波的频率同步变化，因而变频器输出电压半波内的矩形脉冲数是固定不变的。如果取N等于3的倍数，则同步调制能保证变频器输出电压波形的正、负半波始终保持对称，并能严格保证三相输出电压波形间具有互差120°的对称关系。但是，当输出频率很低时，由于相邻两脉冲间的间距增大，谐波会显著增加，使负载电动机产生较大的脉振转矩和较强的噪声，这是同步调制方式的主要缺点。

2）异步调制。为了消除同步调制的缺点，可以采用异步调制的方式。顾名思义，异步调制中，变频器在整个变频范围内，载波比N不等于常数。一般在改变参考信号频率f_r时保持三角载波频率f_t不变，因而提高了低频时的载波比。这样变频器输出电压半波内的矩形脉冲数可随输出频率的降低而增加，相应地可减少负载电动机的转矩脉振与噪声，从而改善了低频工作的特性。但是，异步调制在改善低频特性的同时，又会失去同步调制的优点。当载波比随着输出频率的降低而连续变化时，势必使变频器输出电压的波形及其相位都发生变化，很难保持三相输出电压间的对称关系，因而会引起负载电动机工作的不平稳。为了充分应用两种调制方式的优势并避开它们的劣势，可将同步和异步两种调制方式结合起来，成为分段同步的调制方式。

3）分段同步调制。在一定频率范围内采用同步调制，保持输出电压波形对称的优点。当频率降低较多时，使载波比分段有级地增加，又采用了异步调制的优势。这就是分段同步调制方式。具体来说，把变频器整个变频范围划分成若干个频段，在每个频段内都维持载波比N恒定，对不同频段取不同的N值，频率低时N值取大些，一般按等比级数安排。

图8-20所示为相应的关系曲线。由图可见，在变频器输出频率的不同频段内，用不同的N值进行同步调制，而各频段载波频率的变化范围基本一致，从而满足了功率开关器件对开关频率的限制。

载波比N的选定与变频器的输出频率、功率开关器件的允许工作频率以及所用的控制

方式都有关。为了使变频器的输出尽量接近正弦波,应尽可能增大载波比,但若从变频器本身看,载波比又不能太大,应受到下述关系式的限制,即

$$N \leqslant \frac{功率开关器件的允许工作频率}{频率段内最高的正弦波参考信号频率}$$

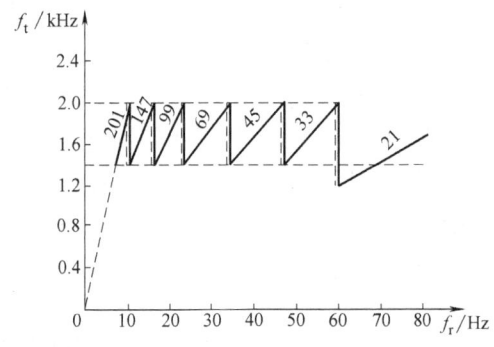

图 8-20　分段同步调制时 f_1 与 f_2 的关系曲线

上式中的分母实际上就是 SPWM 变频器的最高输出频率。分段同步调制虽然比较麻烦,但在微电子技术迅速发展的今天,这种调制方式是很容易实现的。当利用微处理机生成 SPWM 脉冲波时,还应注意使三角载波的周期大于微处理机的采样计算周期。SPWM 波的生成方法总体上可分为两大类,一类是用模拟器件实现,称为模拟控制方法;另一类是用数字器件实现,称为数字控制方法。如今,模拟控制方法已很少使用,主要采用数字控制方法。数字控制方法又分为三种:一种是用微处理机通过软件生成 SPWM 波;另一种是由专门用于 SPWM 控制的集成电路芯片产生 SPWM 波;再一种是采用微处理机和专用集成电路相结合的方法共同完成控制功能。目前,SPWM 控制大多使用后两种方法,请读者参考相关书籍。

5. 转速开环、恒压频比控制的变频调速系统

和直流调速系统一样,变频调速系统也可分为转速开环和转速闭环两大类。在不要求动态性能或电动机经常处于恒速运行的传动系统中,可以采用转速开环的控制方案。转速开环的控制系统结构简单、成本比较低,如风机、水泵等的节能调速就经常采用这一方案。此外,在由一台变频器向多台电动机供电的传动系统中,无法使用测速反馈,也只能采用转速开环的控制方案。但是如果稳态精度要求较高,并有快速加、减速的要求时,转速开环方案则不能满足要求,必须采用转速闭环的方案。向异步电动机供电的变频器既可以是电压源变频器,也可以是电流源变频器,由它们供电时的控制系统略有不同。变频器可以是电压和频率分别独立控制的方波变频器,也可以是二者一起控制的 PWM 变频器。

电压源变频器供电的转速开环变频调速系统在基频以下调速一般采用带低频电压补偿的恒压频比运行方式。因为在这种运行方式下,电压和频率的关系非常简单,可使控制系统得以简化。

恒压频比控制、转速开环变频调速系统的基本结构如图 8-21 所示。图中,UR 是可控整流器,用电压控制环节控制它的输出电压;VSI(Voltage Source Inverter)是电压源变频器,用频率控制环节控制它的输出频率。电压和频率控制采用同一个控制信号 U_{abs},以保证二者的协调。系统中各环节的功能说明如下。

(1) 给定积分器(GI)　给定积分器的作用是:当转速给定信号 U_ω^* 发生阶跃变化时,可防止变频器的频率和电压也发生阶跃变化。否则,由于电动机的转速不能快速跟上频率和电压的变化。必然使其运行于大转差条件下,将引起很大的电流冲击。经过给定积分器 GI 后,阶跃的转速给定信号变为按规定斜率上升的斜坡信号,使变频器的输出频率和电压都能平缓上升,从而限制了冲击电流。

由模拟电子电路组成的给定积分器原理如图 8-22 所示,它由三个运算放大器 A_1、A_2 和

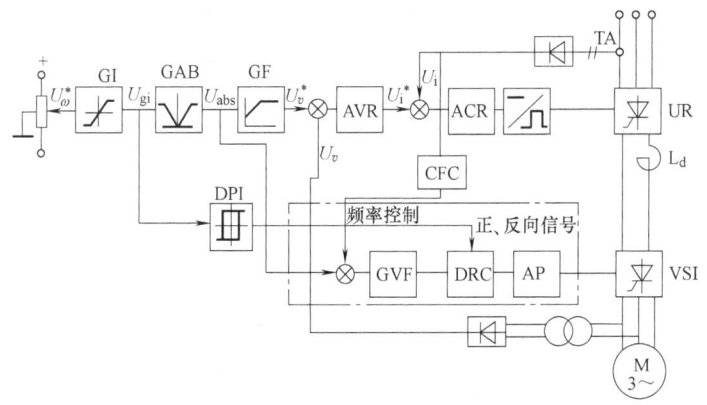

图 8-21 转速开环的交-直-交电压源变频调速系统
GI—给定积分器 GAB—绝对值变换器

A_3 组成。A_1 为高放大倍数的比较器（在此做极性鉴别器），可使其输出电压 U_1 只取与 U_ω^* 相反的极性，不管 U_ω^* 大小如何，U_1 都是饱和值。A_2 是反相器，可使其输出电压 U_2 的极性与给定 U_ω^* 极性相同。A_3 为积分器，经 RC 积分电路使输出电压 U_{gi} 成为斜坡信号，积分的变化率用电位器 RP 来调节。三个

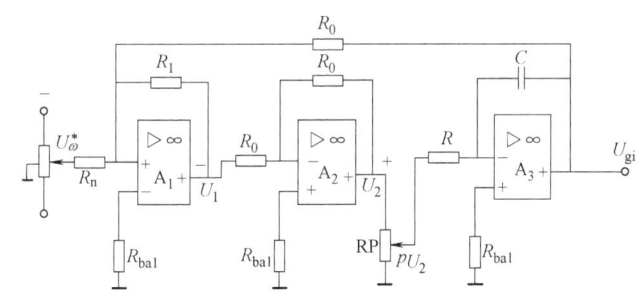

图 8-22 给定积分器的原理

运算放大器通过电阻 R_0 构成一个负反馈闭环，以决定积分的终止时刻。只要 U_{gi} 的绝对值小于 U_ω^*，则 A_1 的输出 U_1 始终饱和，负反馈对它没有影响，直到 $|U_{gi}|=|U_\omega^*|$ 时，U_1、U_2 很快下降到零，积分终止，U_{gi} 保持恒值。

图 8-23 中标出了给定电压 U_ω^* 为正时各级运放的输出极性。这时，突增 U_ω^* 和突降 U_ω^* 后各处电压的波形如图 8-23 所示。积分器的积分时间可从其虚地点的电流平衡方程式推导出来，即

$$\frac{pU_{2m}}{R} = \frac{U_{gi}}{\frac{1}{C}} \tag{8-7}$$

$$U_{gi} = \frac{pU_{2m}}{RC} = -\frac{U_{2m}}{\frac{1}{p}T} \tag{8-8}$$

式中 $T=RC$——积分时间常数；p——电位器分压比。

调节 p 和 T 都能改变 U_{gi} 的斜率，从而改变调速系统的加（减）速度。一般系统要求积分时间在 5~50s 可调。

给定积分器的输出 U_{gi} 的波形实际上代表了调速系统转速的起动、运行和制动波形，因此给定积分器又称软起动器，它是任何转速开环调速系统可靠工作所不可缺少的控制部件。

（2）绝对值变换器（GAB） 在变频调速系统中，只要改变三相变频器输出电压的相序，就可以使电动机转速改变方向。因此，不论转速给定信号 U_ω^* 为正还是为负，即不论要求电动机正转还是反转，变频器输出电压和频率的指令值均应为正值。但是，经给定积分器 GI 后的转速给定信号 U_{gi} 却有正有负，因此，需要经过绝对值变换器 GAB 将 U_{gi} 变换成只输出其绝对值信号的 U_{abs}，从而控制变频器的输出频率。

绝对值变换器的电路如图 8-24 所示。从图中可以看出，如果忽略二极管 VD_1 和 VD_2 的正向压降，则其输出电压 U_{abs} 的大小与输入信号 U_{gi}（来自给定积分器）相等，而极性则不随 U_{gi} 的极性变化而变化，即 $U_{abs} = |U_{gi}|$。

（3）电压控制环节 电压控制环节一般采用电压、电流双闭环的结构，如图 8-25 所示。该控制环节的内环设置电流调节器 ACR 用以限制动态电流，兼起保护作用；外环设置电压调节器 AVR，用以控制输出电压。简单的小容量系统也可用单电压环结构。电压-频率控制信号加到电压调节器上之前，应先通过函数发生器 GF 把电压给定信号 U_v^* 提高一些，以补偿定子阻抗压降，改善调速时（特别是低速时）的机械特性。

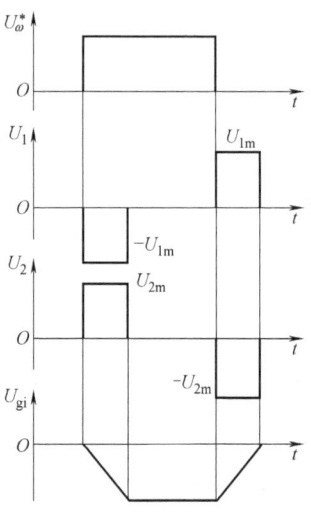

图 8-23 给定积分器各级输入、输出电压波形

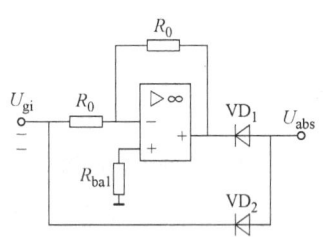

图 8-24 绝对值变换器

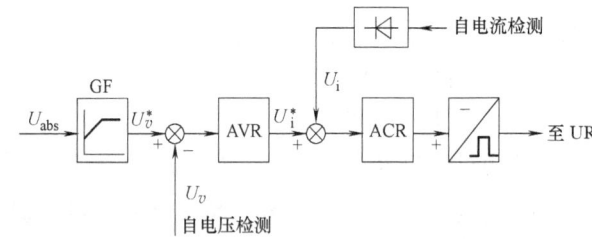

图 8-25 电压源变频调速系统的电压控制环节

由绝对值变换器 GAB 输出的频率指令信号 U_{abs} 分为两路，一路通过频率控制环节控制变频器的输出频率，另一路通过电压控制环节控制整流电路的输出电压。由于在变频调速系统中，频率和电压之间必须满足一定的关系，为此，二者的指令信号之间也必须满足对应的关系，这一关系由函数发生器 GF 实现。

图 8-26a 中绘出了函数发生器 GF 的原理图，其输入信号为 U_{abs}，输出信号为 AVR 的给定电压 U_v^*。通过调节电位器 RP_1 和 RP_2 可获得图 8-26b 所示的函数特性。

当 $U_{abs} = 0$ 时，加在运算放大器 A 上的只有偏差信号 $+U_b$，输出信号 U_v^* 为负值（图 8-26b 中曲线 A 点），可控整流器

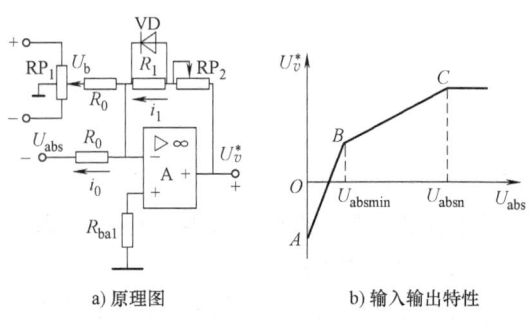

a) 原理图　　b) 输入输出特性

图 8-26　函数发生器

UR 处在待逆变状态，无电压输出。当 U_{abs} 信号增大，U_v^* 逐渐变为正值，使 UR 进入整流区工作，但 U_v^* 的数值还不足以使二极管 VD 完全导通，此时 GF 的放大系数 $K_{gf} = (R_1 + R_2)/R_0$（其中，R_2 为电位器 RP_2 的电阻值），输入输出特性是图 8-26b 中曲线比较陡的 AB 段。在 B 点，$i_1R_1 = 0.7V$，VD 刚好完全导通，电阻 R_1 被短路，放大系数变成 $K_{gf}' = R_2/R_0$，输入输出特性斜率开始减小（实际上是平滑过渡的），B 点对应于最低于转速的工作点，此时压频控制电压为 U_{absmin}。在曲线 BC 段，运算放大器虚地点的电流平衡方程式为

$$\frac{U_{abs}}{R_0} - \frac{U_b}{R_0} = \frac{U_v^* - 0.7}{R_2} \tag{8-9}$$

因此
$$U_v^* = \frac{R_2}{R_0}(U_{abs} - U_b) + 0.7 \tag{8-10}$$

这就是 GF 在变频调速时的工作特性，C 点对应于基频工作点。调节电位器 RP_2 可以改变输入输出特性的斜率，调节 RP_1 可以改变 GF 的偏压值，即改变工作特性的起始点。超过 C 点以后，利用运算放大器的限幅作用使 U_v^* 保持恒定，系统可进入恒压调频阶段，即弱磁升速阶段。

（4）频率控制环节 频率控制环节主要由压频变换器 GVF、环形分配器 DRC 和脉冲放大器 AP 三部分组成。变频器的频率控制环节是将电压-频率控制信号转变成具有一定频率的脉冲列，再按六个脉冲一组依次分配给变频器，分别触发桥臂上相应的六个晶闸管，如图 8-27 所示。

压频变换器 GVF 是一个由电压控制的振荡器，它的作用是将电压信号转变成一系列脉冲信号，脉冲列的频率与控制电压的大小成正比，从而得到恒压频比的控制作用。如果变频器输出的最高频率是 f_{max}，则压频变换器应能给出的最高频率为 $6f_{max}$，以便在变频器的一个工作周期内发出六个触发脉冲，分别触发六个桥臂的晶闸管。变频调速系统对压频变换器的主要要求有：有较好的电压-频率变化线性度；有较好的频率稳定性；能方便地改变参数来调节变频范围。

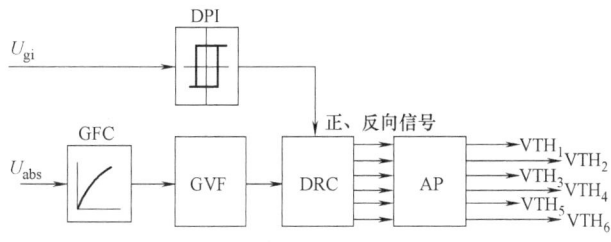

图 8-27 变频器频率控制环节

环形分配器 DRC 是一个具有六分频的环形计数器，它将 GVF 输出的脉冲分配成六个一组相互间隔 60°的具有一定宽度的脉冲信号。对于可逆调速系统，只要用改变晶闸管触发顺序的方法来改变输出电压的相序，就可改变电动机的转向，对此，可采用可逆计数器来实现。当计数器做 -1 运算时，按 6~1 的顺序触发晶闸管，得到负相序电压。加、减法运算由正、反向信号来控制，正、反向信号从 U_{gi} 经极性鉴别器 DPI 获得。

脉冲放大器 AP 的主要任务是脉冲功率的放大和保证触发脉冲宽度。当变频器输出频率在 50Hz 以上时，采用一般功率放大电路就可以了。当输出频率在 50Hz 以下时，为了减小

脉冲变压器的体积，同时还能得到很好的脉冲波形，须对 DRC 送来的脉冲信号施加高频调制，高频载波频率一般为 3~5kHz。

此外，在频率指令信号和压频变换器 GVF 之间还可加入频率给定动态校正环节 GFC。这是因为在交-直-交电压源变频调速系统中，由于中间直流回路存在大滤波电容使得动态过程中电压的变化比较缓慢，但频率控制环节的响应却比较快，这势必造成动态过程中压频比的大幅度变化，从而引起磁通的波动。为此，在 GVF 前设置 GFC，可使频率的变化慢一些（如采用一阶惯性环节），使频率与电压的变化在动态过程中基本保持一致。GFC 的具体参数只能在调试中确定。

6. 转速闭环、转差频率控制的变频调速系统

前面所述的转速开环变频调速系统可以满足一般平滑调速的要求，但动态性能和稳态性能都有限。要提高动态性能和稳态性能，首先要采用转速反馈的闭环控制。转速闭环控制系统的稳态性能比开环系统强，这是肯定无疑的，但怎样才能真正提高系统的动态性能和稳态性能呢？从前面的学习可知，任何电气传动自动控制系统都可以用以下的基本运动方程式表示，即

$$T_e - T_L = J \frac{d\omega}{dt} \tag{8-11}$$

式中　T_L——摩擦和负载阻力矩；
　　　J——转动惯量。

可以看出，要提高调速系统的动态性能，主要依靠控制转速的变化率 $d\omega/dt$，显然，控制电磁转矩 T_e 就能控制 $d\omega/dt$。因此，调速系统的动态性能就是控制其转矩的能力。

直流电动机的转矩与电流成正比，控制电流就能控制转矩，问题比较简单。因此，直流双闭环调速系统转速调节器的输出信号 U_i^* 就是转矩给定信号，电流环就是转矩环。在交流异步电动机中，影响转矩的因素很多，电动机的转矩公式为

$$T_e = K_T \Phi_m I_2 \cos\varphi_2 \tag{8-12}$$

可以看出，气隙磁通、转子电流和转子功率因数都影响转矩，而这些量又都和转速有关，所以控制交流异步电动机转矩的问题就复杂得多。

(1) 转差频率控制的基本概念　前面已经指出，在 s 很小的稳态运行范围内，如果能够保持气隙磁通 Φ_m 不变，异步电动机的转矩就近似与转差频率 ω_s 成正比，这就是说，在异步电动机中控制 ω_s，就和在直流电动机中控制电流一样，能够达到间接控制转矩的目的。

(2) 控制规律　由转矩近似公式 $T_e = K_m \Phi_m^2 \dfrac{\omega_s}{R_2}$ 可知，ω_s 较大时，情况就要改变了。现在来研究一下精确的转矩公式，转矩特性（机械特性）$T_e = f(\omega_s)$ 曲线如图 8-28 所示。

可以看出，在 ω_s 较小的运行段上，转矩 T_e 基本上与 ω_s 成正比，当达到其最大值 T_{emax} 时，ω_s 也达到其临界值 ω_{smax}。对于转矩公式，取 $dT_e/d\omega_s = 0$，可得

$$T_{emax} = \frac{K_m \Phi_m^2}{2 L_{l2}}$$

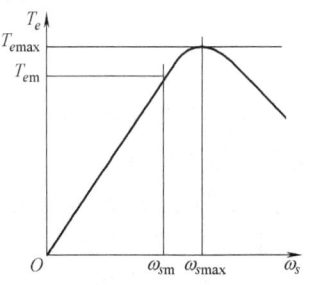

图 8-28　$T_e = f(\omega_s)$ 特性曲线

$$\omega_{smax} = \frac{R_2}{L_{12}}$$

式中，L_{12} 为等效漏感。

在转差频率控制系统中，只要给 ω_s 限幅，使其幅值为 $\omega_{sm} < \omega_{smax} = \frac{R_2}{L_{12}}$，就可以保持 T_e 与 ω_s 的正比关系，也就可以用转差频率代表转矩控制变频调速系统了。

上述规律是保持 Φ_m 恒定的前提下才成立的，对于如何能保持 Φ_m 恒定，可以从分析磁通与电流的关系来解决。

已知当忽略磁饱和与铁损时，气隙磁通与励磁电流 I_0 成正比，而向量 $\dot{I}_0$ 是定子、转子电流向量之差，即

$$\dot{I}_1 = \dot{I}'_2 + \dot{I}_0$$

由于 $I_1 = I_0 \sqrt{\dfrac{R'^2_2 + \omega_s^2(L_m + L'_{12})^2}{R'^2_2 + \omega_s^2 L'^2_{12}}}$，当 Φ_m 或 I_0 不变时，I_1 与转差频率 ω_s 的函数关系如图 8-29 所示。可以看出，它具有下列性质：

1) $\omega_s = 0$ 时，$I_1 = I_0$，即在理想空载时，定子电流等于励磁电流。

2) ω_s 值增大，分子中含 ω_s 项的系数大于分母中含 ω_s 项的系数，所以 I_1 也应增大。

3) 当 $\omega_s \to \infty$ 时，$I_1 \to I_0 \left(\dfrac{L_m + L'_{12}}{L'_{12}} \right)$，这是 $I_1 = f(\omega_s)$ 的渐近线。

4) ω_s 为正、负值时，I_1 的对应值不变，即 $I_1 = f(\omega_s)$ 曲线左右对称。

上述分析表明：只要 I_1 与 ω_s 的关系符合图 8-29 所示的曲线关系，Φ_m 就能保持恒定。这样，用转差频率控制代表转矩控制的前提也就解决了。这是转差频率控制的另一个规律。

总结起来，转差频率控制的规律是：

1) 在 $\omega_s \leq \omega_{sm}$ 的范围内，转矩 T_e 基本上与 ω_s 成正比，条件是气隙磁通不变。

2) 用图 8-29 中的函数关系控制定子电流，就能保持气隙磁通 Φ_m 恒定。

（3）转差频率控制的变频调速系统的特点 实现上述转差频率控制的转速闭环变频调速系统的结构原理如图 8-30 所示。由图中可以看出，该系统具有以下特点：

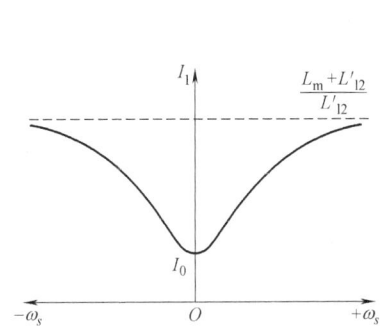

图 8-29 保持 Φ_m 恒定时的 $I_1 = f(\omega_s)$ 的函数曲线

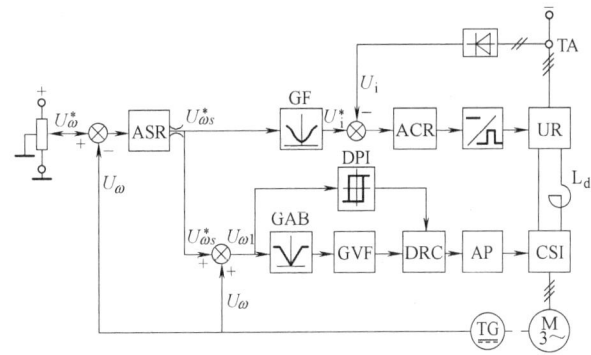

图 8-30 转差频率控制变频调速系统的结构原理

1) 采用电流源变频器,使控制对象具有较好的动态响应,而且便于回馈制动,这是提高系统动态性能的基础。

2) 和直流电动机双闭环调速系统一样,外环是转速环,内环是电流环。转速调节器 ASR 的输出是转差频率给定值 $U_{\omega s}^*$,代表转矩给定。

3) 转差频率 ω_s 分两路分别作用在可控整流器 UR 和电流源逆变器 CSI 上。前者通过 $I_1 = f(\omega_s)$ 函数发生器 CF 按 $U_{\omega s}^*$ 大小产生相应的 U_1^* 信号,再通过电流调节器 ACR 控制定子电流,以保持 Φ_m 为恒值。另一路按 $\omega_s + \omega = \omega_1$ 的规律产生对应于定子频率 ω_1 的控制电压 $U_{\omega 1}$,它决定变频器的输出频率。这样就形成了在转速外环内的电流、频率协调控制。

4) 转速给定信号 U_{ω}^* 反向时,$U_{\omega s}^*$、U_ω 和 $U_{\omega 1}$ 都反向。用极性鉴别器 DPI 判断 $U_{\omega 1}$ 的极性,以决定环形分配器 DRC 的输出相序,而 $U_{\omega 1}$ 信号本身则经过绝对值变换器 GAB 决定输出频率的高低。这样就很方便地实现了可逆运行。

转速闭环、转差频率控制的变频调速系统基本上具备了直流电动机双闭环控制系统的优点,是一个比较优越的控制策略,结构也不算复杂,因而有广泛的应用价值。然而,如果认真考察一下它的动态性能和稳态性能,就会发现图 8-30 所示的转差频率控制的变频调速系统还不能完全达到直流双闭环调速系统的水平。这是因为在分析转差频率控制规律时是从异步电动机稳态等效电路和稳态转矩公式出发的,所得到的"保持磁通 Φ_m 恒定"的结论也只有在稳态情况下才成立。在动态过程中,Φ_m 如何变化还没有研究,但肯定不会恒定,这必然会影响系统的实际动态性能。电流调节器 ACR 只控制了定子电流的幅值,并没有控制其相位,而在动态过程中电流相位如果不能及时赶上去,将延缓动态转矩的变化。所以转差频率控制的变频调速系统还不能像直流双闭环调速系统那样对异步电动机的瞬时转矩进行控制。鉴于基本转差频率控制系统存在的上述问题,许多学者提出了各种改进方案,最突出且最具有革命性的方案当属矢量控制系统,它从根本上解决了上述的多数问题,为高性能的交流变频调速系统的研究带来了突破性的进展。

小　　结

由电动机学已知,异步电动机的转速可表示为

$$n = n_0(1-s) = \frac{60f_1}{p}(1-s)$$

由异步电动机的转速可以知,异步电动机调速可以通过三条途径进行:改变电源频率 f_1 调速、改变磁极对数 p 调速及改变转差率 s 调速。其中改变转差率 s 的调速方法又可通过调整定子电压、转子电阻、转差电压以及定子供电频率等方法实现。异步电动机的变压变频调速系统一般简称为变频调速系统。

由于变频调速系统在调速时转差功率不变,在各种异步电动机调速系统中效率最高,同时性能也最好,所以它是交流调速的主要发展方向。本模块以转差功率不变型调速系统——异步电动机变频调速系统为主,介绍了交流调速的方法。

电压源型三相六拍式交-直-交 180°导通型变频器的换流是在同一相的两桥臂上进行的,它需要准确的控制,对电子开关的导通和关断速度也有较高的要求;而 120°导通型变频器

的换流是在不同桥臂中同一排左、右两个电子开关之间进行的，同一相两桥臂的电子开关交替导通，中间有60°的间隔，有利于安全换流，但其输出电压波形及基波幅值和相位均受负载功率因数的影响，稳定性较差。

正弦波脉宽调制（SPWM）变频器的特点是：简化了电路结构；使用了不可控的整流器，使电网功率因数与变频器输出电压的大小无关且接近1；变频器在调频的同时实现调压，而与中间直流环节的元件参数无关，加快了系统的动态响应；可获得比常规六拍阶梯波更好的输出电压波形，能抑制或消除低次谐波，可使负载电动机在近似正弦波的交变电压下运行，转矩脉振小，大大扩展了拖动系统的调速范围，并提高了系统的性能。

思考与练习

8.1 变频调速时，为什么要对电压和频率进行协调控制？基本的协调控制原则是什么？

8.2 试总结交-直-交电压源变频器的主要特点。

8.3 以恒压频比方式运行时，异步电动机机械特性的主要特点是什么？存在什么问题？

8.4 恒气隙磁通运行有什么好处？恒气隙磁通运行时异步电动机机械特性的主要特点是什么？

8.5 简述恒转子磁通运行时异步电动机机械特性的主要特点。

8.6 恒电压运行方式适用于什么情况？恒电压运行时异步电动机的机械特性有何特点？什么条件下可实现恒功率运行？

8.7 简述转速开环变频调速系统中给定积分器的作用。以电压源系统为例说明：如果给定积分器参数调整不当（积分输出过快或过慢），将对调速系统的起动过程有什么影响？

8.8 为什么可以通过控制转差率来控制异步电动机的转矩？它的先决条件是什么？

8.9 转差频率控制系统的起动、制动过程和直流双闭环系统极为相似，那么，为什么它的动态性能仍不如后者呢？

项目九　MATLAB 在自动控制中的应用

教学要点

(1) 认识 MATLAB。
(2) 在自动控制中应用 MATLAB。

教学目标

知识目标：(1) 熟悉 MATLAB 的集成环境。
　　　　　(2) 了解一、二阶控制系统的仿真。
　　　　　(3) 了解自动控制系统的仿真。
能力目标：(1) 能熟练使用 MATLAB 的集成环境。
　　　　　(2) 能运用 MATLAB 工具分析自动控制系统的性能。
素质目标：(1) 培养分析能力。
　　　　　(2) 培养自学能力。

教学内容

(1) 初识 MATLAB。
(2) MATLAB 的基本操作。
(3) 传递函数的 MATLAB 建模。
(4) MATLAB 的时域分析。

任务一　初识 MATLAB

一、任务引入

在研究系统结构和参数的变化对系统性能的影响时，采用解析和作图的方法比较麻烦，而且误差较大。那么，有没有一种便捷的工具能仿真自动控制系统，使分析变得直观、简捷呢？MATLAB 正是分析自动控制系统的有力工具。

二、任务分析

从正确使用 MATLAB 集成环境入手，了解 MATLAB 的命令窗口，进而掌握 MATLAB 的基本操作，包括一些基本知识和操作命令，从而对 MATLAB 语言的特点有一个整体的了解。

三、相关知识

MATLAB 是一种高级矩阵语言，它由 MathWorks 公司于 1984 年正式推出，它的基本处理对象是矩阵，即使是一个标量纯数，MATLAB 也认为它是只有一个元素的矩阵。随着 MATLAB 技术的发展，特别是它所包含的大量工具箱（应用程序集）的集结，MATLAB 已经成为一种带有独特数据结构、输入/输出、流程控制语句和函数并且面向对象的高级语言了。

MATLAB 语言被称为一种"演算纸式的科学计算语言"，它在数值计算、符号运算、数据处理、自动控制、信号处理、神经网络、优化计算、模糊逻辑、系统辨识、小波分析、图像处理及统计分析，甚至金融财会等广大领域都有着十分广泛的用途。

MATLAB 语言在工程计算与分析方面具有无可比拟的优异性能。它集计算、数据可视化和程序设计于一体，并能将问题和解决方案以使用者所熟悉的数学符号或图形表示出来。

MATLAB 语言和 C 语言的关系与 C 语言和汇编语言的关系类似。例如，当需要求一个矩阵的特征值时，在 MATLAB 下只需输入由几个字符组成的一条指令即可得出结果，而不必去考虑用什么算法以及如何实现的问题，也不必深入了解相应算法的具体内容。就像在 C 语言下不必像在汇编语言中去探究乘法是怎样实现的一样，只需采用乘积的结果就可以了。

MATLAB 语言还有一个巨大的优点就是其高度的可靠性。例如，对于一个病态矩阵的处理，MATLAB 不会得出错误的结果，而用 C 语言或其他高级语言编写出来的程序则可能得出错误的结果。这是因为 MATLAB 的函数集及其工具箱都是由一些在该领域著有研究成果且造诣很深的权威学者经过反复比较所得出来的最优方法，而且这些方法经过多年的实践检验已被证明是正确可靠的。

1. MATLAB 集成环境

MATLAB 的集成环境是由桌面平台以及桌面组件共同构成的，如图 9-1 所示。桌面平台用于各桌面组件的展示，它提供了一系列的菜单操作以及工具栏操作，不同功能的桌面组件构成了整个 MATLAB 操作平台。桌面组件主要包含如下 8 个部分：①命令窗口（Command Window）；②历史命令窗口（Command History）；③组件平台（Launch Pad）；④路径浏览器（Current Directory Browser）；⑤帮助浏览器（Help Browser）；⑥工作空间浏览器（Workspace

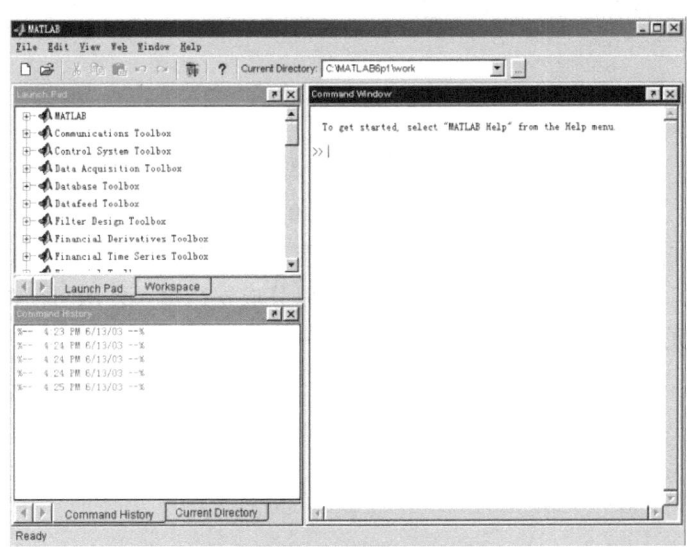

图 9-1　MATLAB 集成环境

Browser）；⑦数组编辑器（Array Editor）；⑧M 文件编辑调试器（Editor-Debugger）。

用户可以在 View 菜单下选择打开或关闭某个窗口。

2. 命令窗口

MATLAB 可以被认为是一种解释性语言。在 MATLAB 命令窗口中，"≫"为命令提示符，在命令提示符后面键入一个 MATLAB 命令时，MATLAB 会立即对其进行处理，并显示处理结果。

这种方式简单易用，但在编程过程中要修改整个程序比较困难，并且用户编写的程序不容易保存。如果想把所有的程序输入完再运行调试，可以用鼠标单击快捷 🗋 或 File→New→M-file 菜单，在弹出的编程窗口（程序编辑器）中逐行输入命令，输入完毕后单击 Debug→Run（或 F5）运行整个程序。运行过程中的错误信息和运行结果显示在命令窗口中。整个程序的源代码可以保存为扩展名为".m"的 M 文件。如果用户第一次使用 MAT-LAB，则建议首先在"≫"提示符下键入"DEMO"命令，它将启动 MATLAB 的演示程序，用户可以在此演示程序中领略 MATLAB 所提供的强大的运算和绘图功能。

3. MATLAB 的基本操作

下面简单介绍一些与本书内容相关的基本知识和操作命令。

（1）简单矩阵的输入　MATLAB 是一种专门为矩阵运算设计的语言，所以在 MATLAB 中处理的所有变量都是矩阵。也就是说，MATLAB 只有一种数据形式，那就是矩阵或者数的矩形阵列。标量可看做 1×1 的矩阵，向量可看做 $n \times 1$ 或 $1 \times n$ 的矩阵。这就是说，MAT-LAB 语言对矩阵的维数及类型没有限制，即用户无需定义变量的类型和维数，MATLAB 会自动获取所需的存储空间。

1）输入矩阵最便捷的方式为直接输入矩阵的元素，其定义如下：

① 元素之间用空格或逗号间隔；

② 用中括号（[ ]）把所有元素括起来；

③ 用分号（;）指定行结束。

例如，在 MATLAB 的命令窗口中输入：

≫a = [2 3 4; 5 6 9]

则输出结果为

$$a =$$
$$\begin{matrix} 2 & 3 & 4 \\ 5 & 6 & 9 \end{matrix}$$

矩阵 a 被一直保存在工作空间中，以供后面使用，直至修改它。

MATLAB 的矩阵输入方式很灵活，大矩阵可以分成 n 行输入，用回车符代替分号或用续行符号（…）将元素续写到下一行。

例如，a = [1, 2, 3; 4, 5, 6; 7, 8, 9]

也可以为

a = [1　　2　　3
　　　4　　5　　6
　　　7　　8　　9]

还可以为

$$a = [1, 2, 3; 4, 5, \cdots$$
$$6; 7, 8, 9]$$

以上三种输入方式的结果是相同的。一般若长语句超出一行，则换行前使用续行符号（…）。

2）在 MATLAB 中，矩阵元素不仅限于常量，还可以采用任意形式的表达式。同时，除了直接输入方式之外，还可以采用如下方式输入矩阵：

① 利用内部语句或函数产生矩阵；

② 利用 M 文件产生矩阵；

③ 利用外部数据文件装入到指定矩阵。

（2）复数矩阵的输入　　MATLAB 允许在计算或函数中使用复数。输入复数矩阵有如下两种方法：

① a = [1　2; 3　4] + i * [5　6; 7　8];

② a = [1 + 5i　2 + 6i; 3 + 7i　4 + 8i]。

注意，当矩阵的元素为复数时，在复数的实部与虚部之间不允许使用空格符。如"1 + 5i"将被认为是 1 和 5i 两个数。另外，MATLAB 表示复数时，复数单位也可以用 j。

（3）MATLAB 语句和变量　　MATLAB 是一种描述性语言，它对输入的表达式边解释边执行，就像 BASIC 语言中直接执行语句一样。

MATLAB 语句的常用格式为

变量 = 表达式 [;]

或简化为

表达式 [;]

表达式可以由操作符、特殊符号、函数及变量名等组成。表达式的结果为一矩阵，它赋给左边的变量，同时显示在屏幕上。如果省略变量名和"="，则 MATLAB 将自动产生一个名为 ans 的变量来表示结果，如

$$[1900 / 81]$$

结果为

ans =

23.4568

ans 是 MATLAB 提供的固定变量，具有特定的功能，是不能由用户清除的。常用的固定变量还有 eps、pi、Inf 和 NaN 等。

MATAB 允许在函数调用时同时返回多个变量，而一个函数又可以由多种格式进行调用，语句的典型格式可表示为

[返回变量列表] = fun-name（输入变量列表）

例如，用 bode（）函数来求取或绘制系统的 Bode 图，可由下面的格式调用：

[mag，phase] = bode（num，den，W）

其中，变量 num、den 表示系统传递函数的分子和分母，W 表示指定频段，mag 为计算幅值，phase 为计算相位。

（4）语句以"%"开始和以";"结束的特殊效用　　在 MATLAB 中以"%"开始的程序行，表示注解和说明。符号"%"类似于 C + + 中的"//"。这些注解和说明是不执行

的,也就是说,在 MATLAB 程序行中出现"%"以后的一切内容都是可以忽略的。

";"用来取消打印。如果语句最后一个符号是";",则打印被取消,但是命令仍在执行,而结果不再在命令窗口或其他窗口中显示。这一点在 M 文件中大量采用,以抑制不必要的信息显示。

(5) 获取工作空间信息　MATLAB 开辟有一个工作空间,用于存储已经产生的变量。变量一旦被定义,MATLAB 系统会自动将其保存在工作空间里。在退出程序之前,这些变量将被保留在存储器中。

为了得到工作空间中的变量清单,可以在命令提示符"≫"后输入"who"或"whos"命令,当前存放在工作空间的所有变量便会显示在屏幕上。

命令"clear"能清除工作空间中的所有非永久性变量。如果只需要从工作空间中清除某个特定变量,比如"x",则应输入命令"clear x"。

(6) 常数与算术运算符　MATLAB 采用人们习惯使用的十进制数。如

3　　-99　　0.0001　　9.6397238

2i　　-3.14159i　　3e5i

其中,$i = \sqrt{-1}$。

数值的相对精度为 eps,它是一个符合 IEEE 标准的 16 位十进制数,其范围为 $10^{-308} \sim 10^{308}$。

MATLAB 提供了常用的算术运算符: +,-,,/(\)和^(幂指数)。应该注意的是,应用右除法(/)和左除法(\)这两种符号对数值操作时,结果相同,斜线下为分母,如 1/4 与 4\1,其结果均为 0.25。但对矩阵操作时,左、右除法是有区别的。

(7) 选择输出格式　输出格式是指数据显示的格式。MATLAB 提供的 format 命令可以控制结果矩阵的显示,而不影响结果矩阵的计算和存储。所有计算都是以双精度方式完成的。

1) 如果矩阵的所有元素都是整数,则矩阵以不带小数点的格式显示。

如输入为

$$x = \begin{bmatrix} -1 & 0 & 1 \end{bmatrix}$$

则显示为

x =

　　-1　　0　　1

2) 如果矩阵中至少有一个元素不是整数,则有多种输出格式。常见的格式有以下四种:

① format short (短格式,也是系统默认格式);

② format shorte (短格式科学表示);

③ format long (长格式);

④ format long e (长格式科学表示)。

如

$$x = \begin{bmatrix} 4/3 & 1.2345e-6 \end{bmatrix}$$

对于以上四种格式,其显示结果分别为

x =

| 1.3333 | 0.0000 | 短格式 5 位表示 |

x =

| 1.3333e+00 | 1.2345e-06 | 短格式科学表示 |

x =

| 1.333333333333333 | 0.000001234500000 | 长格式 16 位表示 |

x =

1.333333333333333 e+00   1.234500000000000e-06 长格式科学表示

一旦调用了某种格式，则这种被选用的格式将保持，直到对格式进行了改变为止。

(8) MATLAB 图形窗口　当调用了一个产生图形的函数时，MATLAB 会自动建立一个图形窗口。这个窗口还可分裂成多个窗口，并可在它们之间选择，这样，在一个屏幕上就可显示多个图形。

图形窗口中的图形可通过打印机打印出来。若想将图形导出并保存，可用鼠标单击菜单 File→Export，导出格式可选 emp、bmp 及 jpg 等。

(9) 剪切板的使用　利用 Windows 的剪切板可在 MATLAB 与其他应用程序之间交换信息。

1) 要将 MATLAB 的图形移到其他应用程序时，首先按"Alt-Print Screen"键，将图形复制到剪切板中，然后激活其他应用程序，选择"edit"（编辑）中的"paste"（粘贴），就可以在应用程序中得到 MATLAB 中的图形。当然还可以借助于"copy to Bitmap" 或"copy to Metafile"选项来传递图形信息。

2) 要将其他应用程序中的数据传送到 MATLAB 时，应先将数据放入剪切板，然后在 MATLAB 中定义一个变量来接收。

如键入"q = ["，然后选择"Edit"中的"paste"，最后加上"]"，这样，就可将应用程序中的数据送入 MATLAB 的"q"变量中了。

(10) MATLAB 编程指南　MATLAB 的编程效率比 BASIC、C、FORTRAN 和 PASCAL 等语言要高，且易于维护。在编写小规模的程序时，可直接在命令提示符"≫"后面逐行输入，逐行执行。对于较复杂且经常重复使用的程序，可按前面介绍的方法进入程序编辑器编写 M 文件。

M 文件是用 MATLAB 语言编写的可在 MATLAB 集成环境中运行的磁盘文件。它分为脚本文件（Script File）和函数文件（Function File），这两种文件的扩展名都是".m"。

1) 脚本文件是将一组相关命令编辑在一个文件中，也称为命令文件。脚本文件的语句可以访问 MATLAB 工作空间中的所有数据，运行过程中产生的所有变量都是全局变量。例如，下述语句如果以".m"为扩展名存盘，就构成了 M 脚本文件，将其文件名取为"Step _ Response"。输入的语句为

　　% 用于求取一阶跃响应
num = [1 4];
　den = [1 2 8];
step (num, den)

当键入"help Step_ Response"时，屏幕上将显示文件开头部分的注释："用于求取一阶跃响应"。

很显然，在每一个 M 文件的开头建立详细的注释是非常有用的。由于 MATLAB 提供了大量的命令和函数，想记住所有函数及调用方法一般不太可能，通过联机帮助命令"help"可容易地对想查询的函数的有关信息进行查询。该命令格式为

help　命令或函数名

注意：若用户把文件存放在自己的工作目录上，在运行之前应该使该目录处在 MATLAB 的搜索路径上。当调用时，只需输入文件名，MATLAB 就会自动按顺序执行文件中的命令了。

2）函数文件是用于定义专用函数的，文件的第一行是以"function"作为关键字引导的，后面为注释和函数体语句。

函数文件就像一个黑箱，把一些数据送进去，经过加工处理，再把结果送出来。在函数体内使用的变量中，除返回变量和输入变量这些在第一行"function"语句中直接引用的变量外，其他所有变量都是局部变量，执行完后，这些局部变量就被清除了。

函数文件的文件名与函数名相同（文件名后缀为".m"），它的执行与命令文件不同，不能键入其文件名来运行，M 函数文件必须由其他语句来调用，这类似于 C 语言中的可被其他函数调用的子程序。M 函数文件一旦建立，就可以同 MATLAB 基本函数库一样加以使用。

[实例 9-1] 求一系列数的平均数，该函数的文件名为"mean.m"。

```
function  y = mean (x)
% 这是一个用于求平均数的函数
w = length (x);      % length 函数表示取向量 x 的长度
y = sum (x) /w;      % sum 函数表示求各元素的和
```

该文件第一行为定义行，指明是"mean"是函数文件，"y"是输出变量，"x"是输入变量，其后"%"开头的文字段是说明部分。真正执行的函数体部分仅为最后二行。其中，变量"w"是局部变量，程序执行完后，便被清除了。

在 MATLAB 命令窗口中键入：

≫r = 1：10；　% 表示 r 变量取 1~10 共 10 个数

mean (r)

运行结果显示

　　ans =

　　　5.5000

该例就是直接使用所建立的 M 函数文件求取数列 r 的平均数。

任务二　MATLAB 在自动控制系统中的应用

一、任务引入

在熟悉 MATLAB 的集成环境后，如何使用这一先进工具来分析自动控制系统中的问题就是在本任务中研究的内容。

二、任务分析

在运用 MATLAB 对自动控制系统进行仿真时,可以采用控制系统工具箱(Control Systems Toolbox)和仿真环境(Simulink)来建立传递函数的 MATLAB 模型及进行自动控制系统的仿真,然后再基于上述模型分析系统的性能。

三、相关知识

1. 用 MATLAB 建立传递函数模型

(1)有理函数模型 线性系统的传递函数模型一般可表示为

$$G(s) = \frac{b_m s^m + b_{m-1} s^{m-1} + \cdots + b_1 s + b_0}{a_n s^n + a_{n-1} s^{n-1} + \cdots + a_1 s + a_0} \quad (n \geq m) \tag{9-1}$$

将系统分子多项式和分母多项式的系数按降幂的方式以向量的形式输入给两个变量 num 和 den,就可以轻易地将传递函数模型输入到 MATLAB 环境中。命令格式为

$$\text{num} = [b_m, b_{m-1}, \cdots, b_1, b_0]; \tag{9-2}$$

$$\text{den} = [a_n, a_{n-1}, \cdots, a_1, a_0]; \tag{9-3}$$

在 MATLAB 控制系统工具箱中,定义了 tf() 函数,它可由传递函数分子分母给出的变量构造出单个的传递函数对象,从而使得系统模型的输入和处理更加方便。

该函数的调用格式为

$$G = \text{tf}(\text{num}, \text{den}); \tag{9-4}$$

[**实例 9-2**] 一个简单的传递函数模型为

$$G(s) = \frac{s+5}{s^4 + 2s^3 + 3s^2 + 4s + 5}$$

可以由下面的命令输入到 MATLAB 工作空间,即

>> num = [1, 5];
den = [1, 2, 3, 4, 5];
G = tf (num, den)

运行结果为

Transfer function:

    s + 5

----

s^4 + 2s^3 + 3s^2 + 4s + 5

这时,对象 G 可以用来描述给定的传递函数模型,作为其他函数调用的变量。

[**实例 9-3**] 一个稍微复杂一些的传递函数模型为

$$G(s) = \frac{6(s+5)}{(s^2 + 3s + 1)^2 (s+6)}$$

该传递函数模型可以通过下面的语句输入到 MATLAB 工作空间,即

>> num = 6 * [1, 5];
den = conv (conv ([1, 3, 1], [1, 3, 1]), [1, 6]);
G = tf (num, den)

运行结果为

Transfer function：

$$\frac{6s+30}{s^5+12s^4+47s^3+72s^2+37s+6}$$

其中，conv（）函数（标准的 MATLAB 函数）用来计算两个向量的卷积，多项式乘法当然也可以用这个函数来计算。该函数允许任意地多层嵌套，从而实现复杂的计算。

（2）零极点模型　线性系统的传递函数还可以写成零极点的形式，即

$$G(s)=K\frac{(s+z_1)(s+z_2)\cdots(s+z_m)}{(s+p_1)(s+p_2)\cdots(s+p_n)} \quad (9\text{-}5)$$

将系统增益、零点和极点以向量的形式输入给三个变量 KGain、z 和 p，就可以将系统的零极点模型输入到 MATLAB 工作空间中，命令格式为

$$\text{KGain}=K; \quad (9\text{-}6)$$

$$z=[-z_1;-z_2;\cdots;-z_m]; \quad (9\text{-}7)$$

$$p=[-p_1;-p_2;\cdots;-p_n]; \quad (9\text{-}8)$$

在 MATLAB 控制系统工具箱中，定义了 zpk（）函数，由它可通过以上三个 MATLAB 变量构造出零极点对象，从而简单地表述零极点模型。该函数的调用格式为

$$G=\text{zpk}(z,p,\text{KGain}) \quad (9\text{-}9)$$

[**实例9-4**]　某系统的零极点模型为

$$G(s)=6\times\frac{(s+1.9294)(s+0.0353\pm0.9287\text{j})}{(s+0.9567\pm1.2272\text{j})(s-0.0433\pm0.6412\text{j})}$$

该模型可以由下面的语句输入到 MATLAB 工作空间，即

≫ KGain = 6;
z = [-1.9294; -0.0353 + 0.9287j; -0.0353 - 0.9287j];
p = [-0.9567 + 1.2272j; -0.9567 - 1.2272j; 0.0433 + 0.6412j; 0.0433 - 0.6412j];
G = zpk（z, p, KGain）

运行结果为

Zero/pole/gain：

$$\frac{6(s+1.9294)(s^2+0.0706s+0.8637)}{(s^2-0.0866s+0.413)(s^2+1.913s+2.421)}$$

注意：对于单变量系统，其零极点均是用列向量来表示的，故 Z、P 向量中各项均用分号（;）隔开。

（3）反馈系统结构图模型　设反馈系统的结构如图 9-2 所示。

控制系统工具箱中提供了 feedback（）函数，该函数用来求取反馈连接下总的系统模型，其调用格式为

$$G=\text{feedback}(G1,G2,\text{sign}) \quad (9\text{-}10)$$

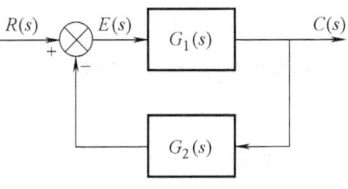

图 9-2　反馈系统的结构

其中，变量 sign 用来表示正反馈或负反馈结构。若 sign = -1，表示负反馈系统的模型；若 sign = 1，表示正反馈系统的模型；若省略 sign 变量，则仍表示负反馈结构。G1 和 G2 分别表示前向模型和反馈模型的 LTI（线性时不变）对象。

[**实例 9-5**] 若图 9-2 所示反馈系统中的两个传递函数分别为

$$G_1(s) = \frac{1}{(s+1)^2} \qquad G_2(s) = \frac{1}{s+1}$$

则反馈系统的传递函数可由下列 MATLAB 命令得出，即

≫ G1 = tf ([1], [1, 2, 1]);
G2 = tf ([1], [1, 1]);
G = feedback (G1, G2)

运行结果为

Transfer function：

```
        s + 1
-------------------------------
s^3 + 3 s^2 + 3 s + 2
```

若采用正反馈结构，输入命令应为

≫ G = feedback (G1, G2, 1)

运行结果为

Transfer function：

```
        s + 1
----------------------
s^3 + 3 s^2 + 3 s
```

[**实例 9-6**] 若反馈系统为较复杂的结构，如图 9-3 所示。其中，$G_1(s) = \dfrac{s^3 + 7s^2 + 24s + 24}{s^4 + 10s^3 + 35s^2 + 50s + 24}$，$G_2(s) = \dfrac{10s+5}{s}$，$H(s) = \dfrac{1}{0.01s+1}$。

则闭环系统的传递函数可以由下面的 MATLAB 命令得出：

≫G1 = tf([1, 7, 24, 24], [1, 10, 35, 50, 24]);
G2 = tf ([10, 5], [1, 0]);
H = tf ([1], [0.01, 1]);
G = feedback (G1 * G2, H)

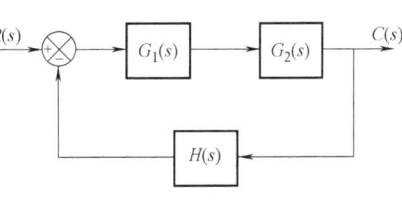

图 9-3 复杂的反馈系统

运行结果为

Transfer function：

```
0.1 s^5 + 10.75 s^4 + 77.75 s^3 + 278.6 s^2 + 361.2 s + 120
--------------------------------------------------------------------
0.01 s^6 + 1.1 s^5 + 20.35 s^4 + 110.5 s^3 + 325.2 s^2 + 384 s + 120
```

2. Simulink 建模方法

在一些实际应用中，如果系统的结构过于复杂，不适合用前面介绍的方法建模，在这种

情况下，就可以应用功能完善的 Simulink 程序来建立新的数学模型。Simulink 是由 Math-Works 软件公司于 1990 年为 MATLAB 提供的一种新的控制系统模型图形的输入仿真工具。它具有两个显著的功能：Simul（仿真）与 Link（连接），即可以利用鼠标在模型窗口上"画"出所需的控制系统模型，然后利用 Simulink 提供的功能来对系统进行仿真或线性化分析。与 MATLAB 中逐行输入命令相比，这种方法输入更容易，分析更直观。下面简单介绍 Simulink 建立系统模型的基本步骤。

（1）Simulink 的启动　在 MATLAB 命令窗口的工具栏中单击按钮 ▤ ，或者在命令提示符"≫"下键入 simulink 命令，回车后即可启动 Simulink 程序。Simulink 程序启动后，软件自动打开 Simulink 模型库窗口，如图 9-4 所示。这一模型库中含有许多子模型库，如 Sources（输入源模块库）、Sinks（输出显示模块库）及 Nonlinear（非线性环节）等。若想建立一个控制系统的结构框图，则应该选择 File→New 菜单中的"Model"选项或选择工具栏上 new Model 按钮 ▢ ，来打开一个空白的模型编辑窗口，如图 9-5 所示。

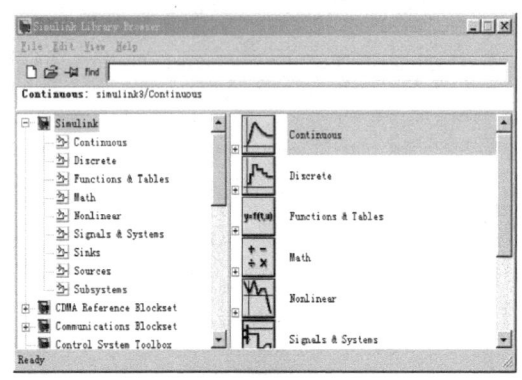 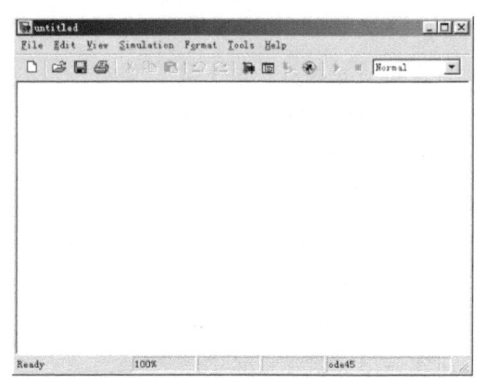

图 9-4　simulink 模型库　　　　　　　　图 9-5　模型编辑窗口

（2）画出系统的各个模块　打开相应的子模型库，选择所需要的元素，用鼠标左键点中后拖到模型编辑窗口的合适位置。

（3）给出各个模块参数　由于选中的各个模块只包含默认的模型参数，如默认的传递函数模型为 $1/(s+1)$ 的简单格式，则必须通过修改得到实际的模块参数。要修改模块的参数，用鼠标双击该模块图标，则会出现一个相应的对话框，提示用户修改模块参数。

（4）画出连接线　当所有的模块都画出来之后，可以再画出模块间所需要的连线，从而构成完整的系统。模块间连线的画法很简单，只需要用鼠标点中起始模块的输出端（三角符号），再拖动鼠标到终止模块的输入端后释放鼠标键即可，系统会自动地在两个模块间画出带箭头的连线。若需要从连线中引出节点，可在鼠标单击起始节点时按住 Ctrl 键，再将鼠标拖动到目的模块。

（5）指定输入和输出端子　在 Simulink 下允许有两类输入、输出信号。第一类是仿真信号，可从 Sources（输入源模块库）图标中取出相应的输入信号端子，从 Sinks（输出显示模块库）图标中取出相应的输出端子即可。第二类是要提取系统线性模型的信号，需打开 Con-

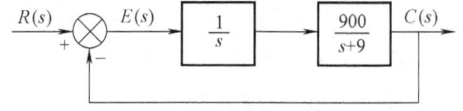

图 9-6　典型二阶系统的结构

nection（连接模块库）图标，从中选取相应的输入、输出端子。

[**实例 9-7**] 典型二阶系统的结构如图 9-6 所示，用 Simulink 对系统进行仿真分析。

按前面步骤，启动 Simulink 程序并打开一个空白的模型编辑窗口。

1）画出所需模块，并给出正确的参数。

① 在 Sources 子模型库中选中阶跃输入（step）图标，将其拖入模型编辑窗口，并用鼠标左键双击该图标，打开参数设定对话框，将参数 step time（阶跃时刻）设为"0"。

② 在 Math（数学）子模型库中选中加法器（sum）图标，将其拖到模型编辑窗口中，双击该图标将参数 List of signs（符号列表）设为" + - "（表示输入为正，反馈为负）。

③ 在 Continuous（连续）子模型库中，选积分器（Integrator）和传递函数（Transfer Fcn）图标，将它们拖到模型编辑窗口中，并将传递函数的分子（Numerator）改为 [900]，分母（Denominator）改为 [1, 9]。

④ 在 Sinks（输出）子模型库中选择 Scope（示波器）和 Out1（输出端口模块）图标，并将它们拖到模型编辑窗口中。

2）将画出的所有模块按图 9-6 用鼠标画出连接线，构成一个原系统的框图，如图 9-7 所示。

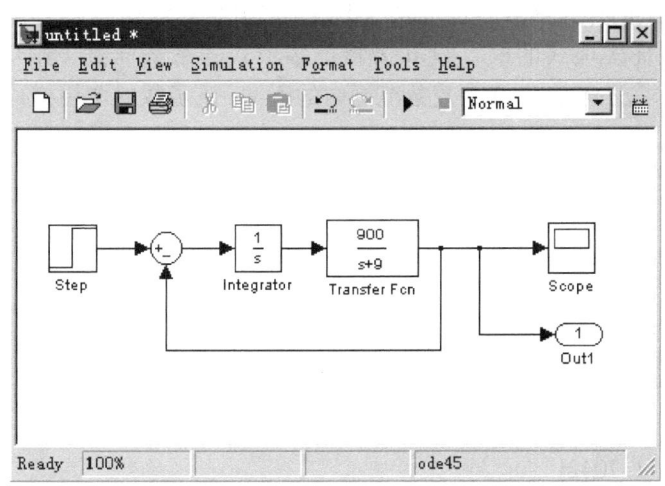

图 9-7 二阶系统的 simulink 实现

3）选择仿真算法和仿真控制参数，启动仿真过程。在模型编辑窗口中单击 Simulation→Simulation parameters 菜单，会出现一个参数对话框，在 Solver 模板中设置响应的仿真范围 StartTime（开始时间）和 StopTime（终止时间）、仿真步长范围 Maximum step size（最大步长）和 Minimum step size（最小步长）。对于本例，StopTime 可设置为 2。最后单击 Simulation→Start 菜单或单击相应的热键启动仿真，双击示波器，在弹出的图形上会实时地显示出仿真结果。输出结果如图 9-8 所示。

在命令窗口中键入 whos 命令，会发现工作空间中增加了两个变量"tout"和"yout"，这是因为 Simulink 中的 Out1 模块自动将结果写到了 MATLAB 的工作空间中。利用 MATLAB 命令"plot（tout，yout）"，可将结果绘制出来，如图 9-9 所示。比较图 9-8 和 9-9，可以发现这两种输出结果是完全一致的。

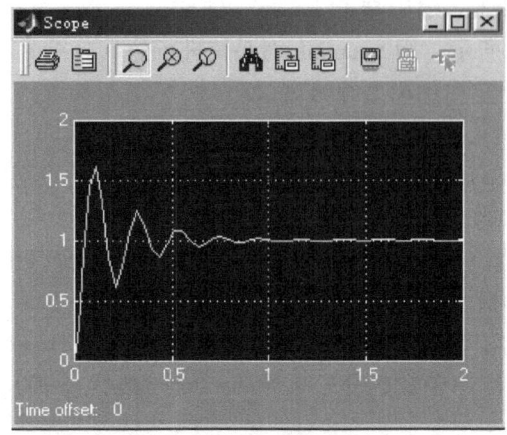
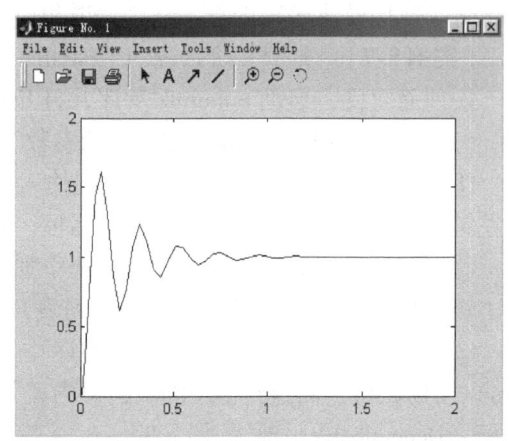

图 9-8　仿真结果示波器显示　　　　　图 9-9　MATLAB 命令得出的系统响应曲线

3. 利用 MATLAB 进行时域分析

线性系统稳定的充要条件是系统的特征根均位于 S 平面的左半部分。系统的零极点模型可以直接被用来判断系统的稳定性，如可用 C_{ss} = dcgain（G）求稳态值。另外，MATLAB 语言提供了有关多项式的操作函数，也可以用于系统的分析和计算。

（1）直接求特征多项式的根　设 p 为特征多项式的系数向量，则应用 MATLAB 函数 roots（）可以直接求出方程 p = 0 在复数范围内的解 v，该函数的调用格式为

$$v = \text{roots}(p) \tag{9-11}$$

[**实例 9-8**]　已知系统的特征多项式为

$$x^5 + 3x^3 + 2x^2 + x + 1$$

特征方程的解可由下面的 MATLAB 命令得出：
≫ p = [1, 0, 3, 2, 1, 1];
v = roots（p）
结果显示为
v =
　　0.3202 + 1.7042i
　　0.3202 − 1.7042i
　　−0.7209
　　0.0402 + 0.6780i
　　0.0402 − 0.6780i

利用多项式求函数 roots（），可以很方便地求出系统的零点和极点，然后根据零极点来分析系统的稳定性和其他性能。

（2）由根创建多项式　如果已知多项式的因式分解式或特征根，可由 MATLAB 函数 poly（）直接得出特征多项式的系数向量，其调用格式为

$$p = \text{poly}(v) \tag{9-12}$$

如[实例 9-8]中：
v = [0.3202 + 1.7042i; 0.3202 − 1.7042i;
　−0.7209; 0.0402 + 0.6780i; 0.0402 − 0.6780i];

≫ p = poly（v）

结果显示为

p =

    1.0000   0.0000   3.0000   2.0000   1.0000   1.0000

由此可见，函数 roots（）与函数 poly（）是互为逆运算的。

（3）多项式求值　在 MATLAB 中通过函数 polyval（）可以求得多项式在给定点的值，该函数的调用格式为

$$\text{polyval}(p,v) \tag{9-13}$$

对于［实例9-8］中的 p 值，求取多项式在 x 点的值，可输入如下命令：

≫ p =［1, 0, 3, 2, 1, 1］;

x = 1;

polyval（p, x）

结果显示为

ans =

8

4. 系统动态性能分析

（1）时域响应解析算法——部分分式展开法　用拉普拉斯变换法求系统的单位阶跃响应，可直接得出输出 $c(t)$ 随时间 t 变化的规律。对于高阶系统，单位阶跃响应输出的拉普拉斯变换象函数为

$$C(s) = G(s)\frac{1}{s} = \frac{\text{num}}{\text{den}}\frac{1}{s} \tag{9-14}$$

对函数 $C(s)$ 进行部分分式展开，用 num,［den, 0］来表示 $C(s)$ 的分子和分母。

［**实例9-9**］　给定系统的传递函数为

$$G(s) = \frac{s^3 + 7s^2 + 24s + 24}{s^4 + 10s^3 + 35s^2 + 50s + 24}$$

用以下命令对 $\dfrac{G(s)}{s}$ 进行部分分式展开：

≫ num =［1, 7, 24, 24］;

den =［1, 10, 35, 50, 24］;

　［r, p, k］= residue（num,［den, 0］）

输出结果为

r =	p =	k =
-1.0000	-4.0000	[ ]
2.0000	-3.0000	
-1.0000	-2.0000	
-1.0000	-1.0000	
1.0000	0	

输出函数 $C(s)$ 为

$$C(s) = \frac{-1}{s+4} + \frac{2}{s+3} - \frac{1}{s+2} - \frac{1}{s+1} + \frac{1}{s} + 0$$

对其进行反拉普拉斯变换得

$$c(t) = -e^{-4t} + 2e^{-3t} - e^{-2t} - e^{-t} + 1$$

(2) 单位阶跃响应的求法 控制系统工具箱中给出了一个 step（）函数来直接求取线性系统的阶跃响应，如果已知传递函数为

$$G(s) = \frac{\text{num}}{\text{den}}$$

则该函数可有以下几种调用格式：

step（num，den）；   (9-15)

step（num，den，t）；   (9-16)

step（G）；   (9-17)

step（G，t）。   (9-18)

该函数将绘制出系统在单位阶跃输入条件下的动态响应图，同时给出稳态值。对于式（9-16）和式（9-18），t 为图像显示的时间长度，是用户指定的时间向量。式（9-15）和式（9-17）的显示时间由系统根据输出曲线的形状自行设定。

如果需要将输出结果返回到 MATLAB 工作空间中，则采用以下调用格式：

$$c = \text{step}(G)$$ (9-19)

此时，屏幕上不会显示响应曲线，必须利用 plot（）命令去查看响应曲线。该命令可以根据两个或多个给定的向量绘制二维图形，详细介绍可以查阅相关资料。

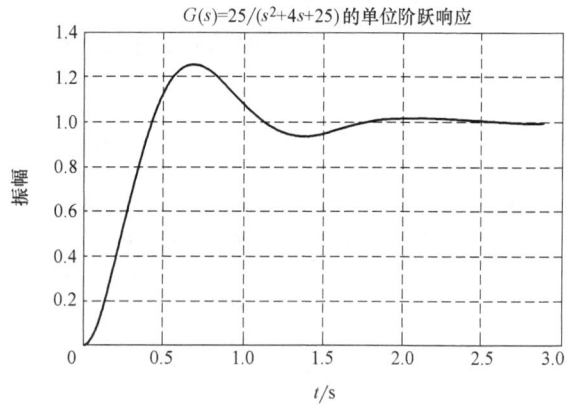

图 9-10 MATLAB 绘制的响应曲线

[**实例 9-10**] 已知传递函数为

$$G(s) = \frac{25}{s^2 + 4s + 25}$$

利用 MATLAB 命令得到的阶跃响应曲线如图 9-10 所示。

输入的命令为

≫ num = [0，0，25]；
den = [1，4，25]；
step（num，den）
grid   % 绘制网格线
title('Unit-Step Response of G(s) = 25/(s^2 + 4s + 25)')   % 图像标题

还可以用下面的语句来得出阶跃响应曲线：

≫ G = tf([0,0,25],[1,4,25])；
t = 0：0.1：5；   % 从 0 到 5 每隔 0.1 取一个值
c = step（G，t）； % 动态响应的幅值赋给变量 c
plot（t，c）   % 绘制二维图形，横坐标取 t，纵坐标取 c
Css = dcgain（G）   % 求取稳态值

系统显示的图形类似于 [实例 9-10]，在命令窗口中显示了如下结果

Css =

   1

5. 用 MATLEB 求取稳定裕量

（1）用 MATLAB 作奈魁斯特图　控制系统工具箱中提供了一个 MATLAB 函数 nyquist（）。该函数可以用来直接求解奈魁斯特阵列或绘制奈魁斯特图。当命令中不包含左端返回变量时，nyqulist（）函数仅在屏幕上产生奈魁斯特图，其命令调用格式为

nyquist（num，den）　　　　　　　　　　　　　　　　　　　　　　　（9-20）

nyquist（num，den，w）　　　　　　　　　　　　　　　　　　　　　（9-21）

或

nyquist（G）　　　　　　　　　　　　　　　　　　　　　　　　　　（9-22）

nyquist（G，w）　　　　　　　　　　　　　　　　　　　　　　　　（9-23）

（2）用 MATLAB 作伯德图　控制系统工具箱里提供的 bode（）函数可以直接求取、绘制给定线性系统的伯德图。当命令中不包含左端返回变量时，函数运行后会在屏幕上直接画出伯德图。如果命令表达式含有左端返回变量，bode（）函数计算出的幅值和相角将返回到相应的矩阵中，这时屏幕上不显示频率响应图。其命令的调用格式为

[mag,phase,w] = bode（num，den）　　　　　　　　　　　　　　　（9-24）

[mag,phase,w] = bode（num，den，w）　　　　　　　　　　　　　（9-25）

或

[mag,phase,w] = bode(G)　　　　　　　　　　　　　　　　　　　（9-26）

[mag,phase,w] = bode(G,w)　　　　　　　　　　　　　　　　　（9-27）

矩阵 mag、phase 包含了系统频率响应的幅值和相角，这些幅值和相角是在用户指定的频率点上计算得到的。

（3）子图命令　MATLAB 允许将一个图形窗口分成多个子窗口，分别显示多个图形，这就要用到 subplot（）函数，其调用格式为

$$\text{subplot}（m,n,k） \quad (9\text{-}28)$$

该函数将一个图形窗口分割成 m×n 个子图区域，m 为行数，n 为列数，用户可以通过参数 k 调用各子图区域进行操作，子图区域编号为按行从左至右编号。对某一个子图进行的图形设置不会影响到其他子图，而且允许各子图具有不同的坐标系。例如，subplot（4，3，6）表示将窗口分割成 4×3 个子图区域，在第 6 部分上绘制图形。MATLAB 最多允许 9×9 的分割。

（4）稳定裕量的求取　控制系统工具箱中提供的 margin（）函数用来求取给定线性系统的幅值裕量和相位裕量，该函数可以由下面的命令格式来调用：

[Gm，Pm，Wcg，Wcp] = margin（G）；　　　　　　　　　　　　　　（9-29）

可以看出，幅值裕量与相位裕量可以由 LTI 对象 G 求出，返回的变量（Gm，Wcg）为幅值裕量的值与相应的相角穿越频率，而（Pm，Wcp）则为相位裕量的值与相应的幅值穿越频率。若得出的裕量为无穷大，则其值为 Inf，这时相应的频率值为 NaN（表示非数值），Inf 和 NaN 均为 MATLAB 软件保留的常数。

如果已知系统的频率响应数据，还可以由下面的格式调用此函数：

[Gm，Pm，Wcg，Wcp] = margin（mag，phase，w）

其中，mag、phase、w 分别为频率响应的幅值、相位与频率向量。

[实例 9-11] 已知三阶系统的开环传递函数为

$$G(s) = \frac{7}{2(s^3 + 2s^2 + 3s + 2)}$$

利用 MATLAB 程序画出系统的奈魁斯特图，求出相应的幅值裕量和相位裕量，并求出闭环单位阶跃响应曲线。

输入的命令为

```
>> G = tf([3.5], [1, 2, 3, 2]);
subplot (1, 2, 1);
% 第一个图为奈魁斯特图
nyquist (G);
grid
xlabel ('Real Axis')
ylabel ('Imag Axis')
% 第二个图为时域响应图
[Gm, Pm, Wcg, Wcp] = margin (G);
G = feedback (G, 1);
subplot (1, 2, 2);
step (G)
grid
xlabel ('Time (s)')
ylabel ('Amplitude')
```

显示结果为

  ans = 1.1429 1.1578
     1.7321 1.6542

画出的图形如图 9-11 所示。由奈魁斯特曲线可以看出，该曲线并不包围（-1，j0）

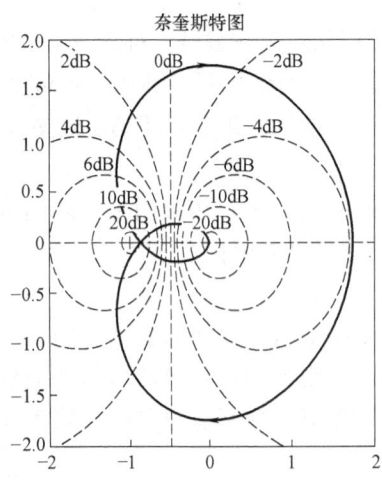
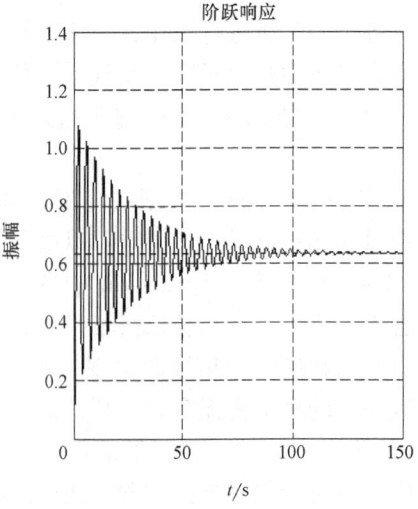

图 9-11 三阶系统的奈魁斯特图和阶跃响应图

点，故闭环系统是稳定的。由于幅值裕量虽然大于1，但很接近1，故奈奎斯特曲线与实轴的交点离临界点（-1，j0）很近，且相位裕量也只有7.1578°，所以系统尽管稳定，但其性能不会太好。观察时域响应图，可以看到波形有较强的振荡。如果系统的相位裕量 $\gamma > 45°$，一般称该系统有较好的相位裕量。

小　　结

（1）MATLAB 是 Mathworks 公司开发的一种集数值计算、符号计算和图形可视化三大基本功能于一体的功能强大、操作简单的工程计算应用软件。它不仅可以处理代数问题和数值分析问题，而且还具有强大的图形处理及仿真模拟等功能。

（2）MATLAB 的桌面系统由桌面平台以及桌面组件共同构成。其基本操作由简单的矩阵输入、复数矩阵输入和基本语句等组成。

（3）详细介绍了一、二阶自动控制系统的 MATLAB 建模和仿真。

（4）介绍了运用 MATLAB 工具对一般自动控制系统进行时域分析和动态分析的方法。

思考与练习

9.1　用 MATLAB 建立数学模型 $G(s) = \dfrac{4(s+2)(s^2+6s+6)^2}{(s+1)^3(s^3+3s^2+2s+5)}$。

9.2　求多项式 $p(s) = s^3 + 3s^2 + 4$ 的根，再由根建立多项式。

9.3　系统闭环特征方程为 $q(s) = s^3 + s^2 + 2s + 24 = 0$，用 MATLAB 判断系统稳定性。

9.4　开环传递函数为 $G(s)H(s) = \dfrac{2.33}{(0.162s+1)(0.0368s+1)(0.00167s+1)}$，做出开环传递函数的伯德图，并求系统的稳定裕量。

9.5　设系统的开环传递函数为 $G(s) = \dfrac{K}{s(0.8s+1)}$，系统采用超前校正，要求校正后系统速度误差系数 $K_v = 100$，相位裕量 $\gamma \geq 45°$，用 MATLAB 设计校正装置的参数。

参 考 文 献

[1] 孔凡才. 自动控制原理与系统 [M]. 北京：机械工业出版社，2005.
[2] 黄坚. 自动控制原理及其应用 [M]. 北京：高等教育出版社，2001.
[3] 俞眉芳. 自动控制原理与系统 [M]. 北京：高等教育出版社，2001.
[4] 余发山，郑征. 自动控制系统 [M]. 北京：中国矿业大学出版社，2004.
[5] 杨仲平. 自动控制系统 [M]. 北京：煤炭工业出版社，1993.
[6] 孔凡才. 自动控制系统 [M]. 北京：机械工业出版社，2003.
[7] 于长官. 自动控制原理 [M]. 哈尔滨：哈尔滨工业大学出版社，1996.
[8] 陈铁牛. 自动控制原理 [M]. 北京：机械工业出版社，2006.
[9] 李友善. 自动控制原理 [M]. 北京：国防工业出版社，1987.
[10] 史国生. 交直流调速系统 [M]. 北京：化学工业出版社，2002.